新编高等院校计算机科学与技术规划教材

西安邮电大学学术专著出版基金资助出版

云计算环境下的信任管理技术

吴 旭 著

北京邮电大学出版社
www.buptpress.com

内容简介

本书作者长期在信任管理领域中从事科学研究，本书基于作者多年的研究成果而编写。全书包括六个部分。第一部分：云计算基本概念。包括云计算的概述和云安全威胁及研究基于信任的安全机制的重要性。第二部分：信息系统的安全。包括信息系统安全模型、安全保障和方法。第三部分：传统网络安全保障技术及方法。第四部分：信任管理基础理论。信任模型、信任管理以及信任管理发展趋势。第五部分：信任管理系统的设计原则及实例；层次化的信任管理模型以及基于稳定组的信任管理模型。第六部分：可信决策及隐私保护的应用及实例。

本书可作为信息安全、计算机科学与技术、软件工程及相关信息类专业的"信任管理技术"或"信任管理研究与进展"课程的参考资料，供本科生及研究生使用；也可作为参考资料，供云计算信息安全和信任管理领域的研究人员使用。

图书在版编目（CIP）数据

云计算环境下的信任管理技术 / 吴旭著．-- 北京 ：北京邮电大学出版社，2015.6

ISBN 978-7-5635-4373-1

Ⅰ．①云… Ⅱ．①吴… Ⅲ．①计算机网络－安全技术 Ⅳ．①TP393.08

中国版本图书馆 CIP 数据核字（2015）第 113168 号

书　　名：云计算环境下的信任管理技术
著作责任者：吴　旭　著
责 任 编 辑：刘　颖
出 版 发 行：北京邮电大学出版社
社　　址：北京市海淀区西土城路 10 号（邮编：100876）
发 行 部：电话：010-62282185　传真：010-62283578
E-mail：publish@bupt.edu.cn
经　　销：各地新华书店
印　　刷：北京鑫丰华彩印有限公司
开　　本：787 mm×1 092 mm　1/16
印　　张：14.75
字　　数：366 千字
版　　次：2015 年 6 月第 1 版　2015 年 6 月第 1 次印刷

ISBN 978-7-5635-4373-1　　定　价：32.00 元

前　言

在云环境中，各种资源被动态地连接到 Internet 上，通过 Internet 通信服务，用户能够向云计算系统申请服务，而且，云环境中的所有服务参与者都可以动态地加入服务或者退出服务。除此之外，Internet 还是一个开放的网络环境，节点间不可避免地要进行交互，所以新一代的基于云环境的网络都面临如何安全、有效、正确地实现节点间的交互问题。信任作为一个人工学的概念被引入计算机安全领域，被认为是实现云环境安全的一个核心要素。信任管理技术也越来越多地被众多读者所关注。

本书的读者对象面向目前从事云计算信息安全和信任管理领域的科研人员，此外本书也能够作为信息安全、计算机科学与技术、软件工程及相关信息类专业的“信任管理技术”或“信任管理研究与进展”课程的参考资料，供本科生及研究生使用。本书力图将信任管理技术发展至今的最基本的概念和原理进行清晰的阐述，然后对信任管理领域所涉及的技术和方法进行系统的介绍，目的是使读者能够对云计算环境中信任的问题和基本解决思路及方法有一个初步的、较全面的理解和掌握，做到深入浅出，为今后读者在某些信息安全的专门领域进行进一步学习和深入研究打下一个良好基础。

本书是以作者所积累的学习和工作经历以及长期在信任管理领域中从事科学研究的经历和取得的丰硕成果为背景，并在此基础上进行编写的。因此，本书的关键内容不仅大量借鉴和引用国外的相关文献资料，也对国际上信任管理领域的最新研究成果有所涉及，对于读者进一步深入学习或开拓信任管理领域的研究能够起到一个很好的引导作用，对云环境下安全问题的深度及广度研究方面也很有帮助。

本书作为一本信任管理方面的专著书籍，首先介绍云计算所涉及的基本概念、信息系统的安全、信息系统的保障模型和方法、传统网络安全保障技术及方法。在介绍了以上基本概念和理论的基础上，本书将从信任管理基础理论、信任模型、信任管理及信任管理系统的设计等方面全面介绍信任管理的相关技术、手段及所取得的研究成果。

云环境下的信任管理技术涉及的知识面很广，本书的主旨是为读者较全面地提供信任管理的相关基本概念以及解决主要信任问题的基本方法，因此，本书主要包含以下六个方面的内容。

第一部分：云计算基本概念。包括云计算的概述和云安全威胁及研究基于信任的安全机制的重要性。

第二部分：信息系统的安全。包括信息系统安全模型，安全保障和方法。

第三部分：传统网络安全保障技术及方法。

第四部分：信任管理基础理论；信任模型、信任管理以及信任管理发展趋势。

第五部分：信任管理系统的设计原则及实例；层次化的信任管理模型以及基于稳定组的

信任管理模型。

第六部分：可信决策及隐私保护的应用及实例。

本书的定位是给目前从事云计算信息安全和信任管理领域的科研人员提供最前沿的理论和方法，同时也作为信息安全、计算机科学与技术、软件工程及相关信息类专业本科生及研究生“信任管理技术”或“信任管理研究与进展”课程的参考资料。本书将覆盖信任管理技术的基本概念及解决主要信任问题的基本方法。本书以介绍基本概念、方法及最新的研究成果为主，覆盖面宽。读者通过本书的学习，能够对信任管理技术的基本情况有一个较全面的了解和掌握，为后续信息安全方面的学习及开展科学研究打下一个良好的基础。

最后，由于作者的水平有限，书中难免存在不妥或错误之处，敬请广大读者批评指正。

作者

目　录

第1章　绪　　论

很少有一种技术能够像云计算这样，在短短的两三年间就产生巨大的影响力。Google、Amazon、IBM和微软等IT巨头们以前所未有的速度和规模推动云计算技术和产品的普及，相关的一些学术活动广泛展开。

1.1　云计算的概述

云计算即为新的Web 2.0，一种既有技术的市场绽放。就像以前人们在自己的网站上放一点Ajax就宣称自己为Web 2.0一样，云计算是一个新的概念。积极的一面是，Web 2.0最终抓住了主流眼球，同样，云计算概念也会改变人们的思维，最终派生出各种各样的概念，如托管服务、ASP、网格计算、软件作为服务、平台作为服务、任何东西作为服务。从消费者的角度看，SaaS是云计算的一种，然而行业内的人必须明白其含义。简单地说，云计算就是SaaS的升华。

1.1.1　云计算的定义

云计算(Cloud Computing)是在2007年第三季度才诞生的新名词，但仅过了半年多，其受到的关注程度就超过了网格计算(Grid Computing)，如图1-1所示。云计算是一种基于互联网的计算方式，通过这种方式，共享的软硬件资源和信息可以按需要提供给计算机和其他设备。“云”其实是网络、互联网的另一种说法。云计算的核心思想是将大量用网络连接的计算资源统一管理和调度，构成一个计算资源池，向用户按需服务。提供资源的网络被称为“云”。狭义的云计算即指IT基础设施的交付和使用模式，指通过网络以按需、易扩展的方式获取所需资源；广义的云计算指服务的交付和使用模式，指通过网络以按需、易扩展的方式获取所需服务，这种服务可以是与IT和软件、互联网相关的服务，也可是其他服务。

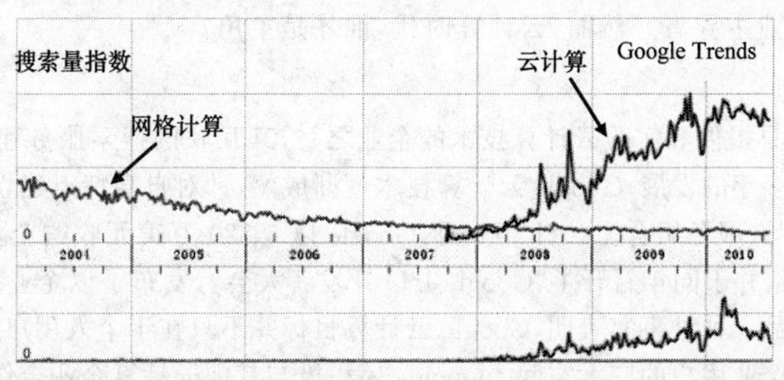

图1-1　云计算和网格计算在Google中的搜索趋势图

1.1.2 云计算产生的背景

有人说云计算是技术革命的产物,有人说云计算只不过是已有技术的重新包装,是设备厂商或软件厂商"换汤不换药"的一种商业策略。而笔者认为,云计算的发展是需求推动、技术进步及商业模式转换共同作用下的结果。

(1) 需求是云计算的动力

IT 设施要成为社会基础设施,现在面临高成本的瓶颈,这些成本至少包括人力成本、资金成本、时间成本、应用成本和环境成本。云计算带来的益处是显而易见的:用户不需要专门的 IT 团队,不需要购买、维护、安放有形的 IT 产品,可以低成本、高效率、随时、快捷地按需使用 IT 服务;云计算服务提供商可以极大提高资源(硬件、软件、空间、人力、物力、资源等)的利用率和业务响应速度,有效聚合产业链。

(2) 技术是云计算发展的基础

云计算自身核心技术的发展,如硬件技术、虚拟化技术(计算虚拟化、网络虚拟化、存储虚拟化、桌面虚拟化、应用虚拟化)、海量存储技术、分布式并行计算、多用户构架、自动管理与部署;云计算赖以存在的移动互联网技术的发展,如高速、大容量的网络,无处不在的接入,灵活多样的终端,集约化的数据中心 Web 技术。

(3) 商业模式是云计算的内在要求

商业模式是用户需求的外在体现,并且云计算技术为这种特定商业模式提供了现实可能性。

从商业模式的角度看,云计算的主要特征是以网络为中心、以服务为产品形态、按需使用与付费,这些特征分别对应于传统的用户自建基础设施、购买有形产品或介质(含 Licence)、一次性买断。

纯粹从技术角度看,云计算是很多技术自然发展、精心优化与组合的产物,是这些技术的集大成者;另一方面,如果同时考虑到商业模式,那么可断言,云计算将给整个社会的信息化带来革命性的改变。所以,在此绝不能离开技术谈云计算,否则有"忽悠"之嫌;也不能离开商业模式谈云计算,否则云计算就是"无源之水,无本之木"。

1.1.3 云计算的主要推动者

纵观整个 ICT 产业发展历程,每一次计算模式的变革都会引发一场产业变革,同时也会造就一批"明星"厂商。主机时代,IBM 风光无限,称霸一时;互联网时代,微软、英特尔即为名副其实的行业主导者。然而,云计算时代,谁才是主角?

1. Google

Google 是最早提倡和实践云计算技术的企业之一,其互联网搜索服务建立在云计算基础架构之上。经过多年的发展,Google 云计算技术逐渐成熟,针对自身特点建立了一套极其有效的商业模式与产品、服务组合。2011 年 8 月,Google 以 6 820 万美元收购企业级 IP 通信解决方案提供商 GIPS,并于同年召开了"Google I/O 开发者大会",发布了以企业级 Google App 为核心的云计算产品。种种事实表明,Google 云计算目标并不只在于个人用户,它的野心在于覆盖从个人用户至企业用户的广大空间。Google 还积极与其他云计算企业合作。作为全球最具有影响力的高科技企业之一的 Google,正以一种先行者的姿态拥抱云计算时代的到来。

Google 标志如图 1-2 所示。

2. IBM

IBM 是云计算领域中名副其实的巨头,2007 年高调启动"蓝云"计划,推出一系列云计算产品。2008 年 IBM 在云计算领域的累计投入超过了 10 亿美元,将其云计算产品和服务扩展到亚洲、欧洲、非洲、美洲市场。为了进一步抢占全球云计算市场,从 2009 年开始 IBM 加大了在云计算领域上的投入。有消息透露,IBM 将投资 200 亿美元进行并购、开发云计算终端、推出网络软件……摆出了一副势在必得的架势。IBM 在 IaaS、PaaS、SaaS 3 个层面都有方案推出,公有云、私有云、混合云一应俱全。近两年来,IBM 的"智慧"战略如火如荼,智慧地球、智慧城市、智慧通信、智慧医疗……一切都是智慧的。IBM 智慧的云计算也是其智慧战略中的重要组成部分,其云智慧正不断向云计算领域延伸。

IBM 标志如图 1-3 所示。

图 1-2　Google 标志

图 1-3　IBM 标志

3. 微软

云+端、软件+服务是对微软云计算的最佳诠释,其云计算平台 Windows Azure 被认为是 Windows NT 之后,16 年来最重要的产品。关乎微软的未来,微软 CEO 史蒂夫·鲍尔默多次公开表示,云计算是微软的又一次机遇。与其他云计算厂商相比,微软在用户上有着明显的优势。微软的操作系统和操作习惯,在个人用户和企业用户中都有很广泛的影响力。微软可以借助这些优势迅速推广其云计算产品和服务,微软基于云计算的解决方案正在得到越来越广泛的应用。近日有消息称,微软云计算用户已经超过 Google App 用户。这表明,微软云计算产品的势力范围正在逐步扩大,将对产业链上下游产生深远影响。

微软标志如图 1-4 所示。

图 1-4　微软标志

1.1.4 云计算的特征

之所以称为“云”,是因为它在某些方面具有现实中云的特征:

- 云一般都较大。
- 云的规模可以动态伸缩,它的边界是模糊的。
- 云在空中飘忽不定,无法也无须确定它的具体位置,但它确实存在于某处。同时还因为云计算的鼻祖之一亚马逊公司将大家曾经称为网格计算的东西,取了一个新名为“弹性计算云”(Elastic Computing Cloud),并取得了商业上的成功。

有人将这种模式比作从单台发电机供电模式转向电厂集中供电的模式,这意味着计算能力也可以作为一种商品进行流通,就像天然气、水和电一样,使用方便,费用低廉。最大的不同在于,它是通过互联网进行传递的。

云计算是并行计算(Parallel Computing)、分布式计算(Distributed Computing)及网格计算(Grid Computing)的发展,或者说是这些计算科学概念的商业实现。云计算是虚拟化(Virtualization)、效用计算(Utility Computing),将基础设施作为服务 IaaS(Infrastructure as a Service),将平台作为服务 PaaS(Platform as a Service)和将软件作为服务 SaaS(Software as a Service)等概念混合演进并跃升的结果。从研究现状上看,云计算具有以下特点:

(1) 超大规模。“云”具有相当的规模,Google 云计算已经拥有一百多万台服务器,亚马逊、IBM、微软和雅虎等公司的“云”均拥有几十万台服务器。“云”能赋予用户前所未有的计算能力。

(2) 虚拟化。云计算支持用户随时、随地使用各种终端获取服务。所请求的资源来自“云”,而不是固定的有形的实体。应用在“云”中某处运行,但实际上用户无须了解应用运行的具体位置,只需要一台笔记本电脑或一个 Pad,就可以通过网络服务来获取各种能力超强的服务。

(3) 提高设备计算能力。云计算把大量计算资源集中到一个公共资源池中,通过多主租用的方式共享计算资源。虽然单个用户在云计算平台获得的服务水平受到网络带宽等各因素影响,未必获得优于本地主机所提供的服务,但是从整个社会资源的角度而言,整体的资源调控降低了部分地区峰值荷载,提高了部分荒废的主机的运行率,从而提高了资源的利用率。

(4) 高可靠性。“云”使用了数据多容错性、计算节点可互换等措施来保障服务的高可靠性,使用云计算比使用本地计算机更加可靠。

(5) 减少设备依赖性。虚拟化层将云平台上方的应用软件和下方的基础设备隔离开来。技术设备的维护者无法看到设备中运行的具体应用。同时对软件层的用户而言基础设备层是透明的,用户只能看到虚拟化层中虚拟出来的各类设备。这种架构减少了设备依赖性,也为动态的资源配置提供可能。

(6) 通用性。云计算不针对特定的应用,在“云”的技术支撑下可以构造出千变万化的应用,同一片“云”可以同时支撑不同的运行程序。

(7) 高可扩展性。“云”的规模可以动态伸缩,满足应用和用户规模增长的需要。

(8) 弹性服务。云平台管理软件将整合的计算资源根据应用访问的具体情况进行动态调整,包括增大或减少资源的要求。因此云计算对于非恒定需求,如对需求波动很大、阶段性需求等，具有非常好的应用效果。在云计算环境中，既可以对规律性需求通过事先预测事先分配，也可根据事先设定的规则进行实时公告调整。弹性的云服务可帮助用户在任意时间得到满足需求的计算资源。

(9) 按需服务。“云”是一个庞大的资源池，用户按需购买，就像自来水、电和天然气那样计费。

(10) 极其廉价。“云”的特殊容错措施使得可以采用极其低价的节点来构成云；“云”的自动化管理使数据中心管理成本大大降低；“云”的公用性和通用性使资源的利用率大幅提升；“云”设施可以构建在电力资源丰富的地区，从而大大降低能源成本，因此“云”具有前所未有的性价比。

Google 中国区前总裁李开复声称：Google 每年投入约 16 亿美元构建云计算数据中心，所获得的能力相当于使用传统技术投入 640 亿美元，节省了约 40 倍的成本。因此，用户可以充分享受“云”的低成本优势，需要时，花费几百美元、一天时间就能完成以前需要数万美元、数月时间才能完成的数据处理任务。

1.1.5 云计算的发展史

云计算的起源要先从互联网演进讲起，如图 1-5 所示为云计算的演进与由来。云计算从根本上改变了原有的互联网结构，将计算能力从个人终端向服务端靠拢，弱化了端的概念，提高了计算资源的整体利用率。在量化计算资源的基础上，云计算实现了商业模式由设置向服务进化的过程。更令人满意的是，随着全球互联网的发展，云计算被赋予了更为广泛的定义：从连接计算资源到连接所有的人和机器设置，计算能力也将进一步智能化。

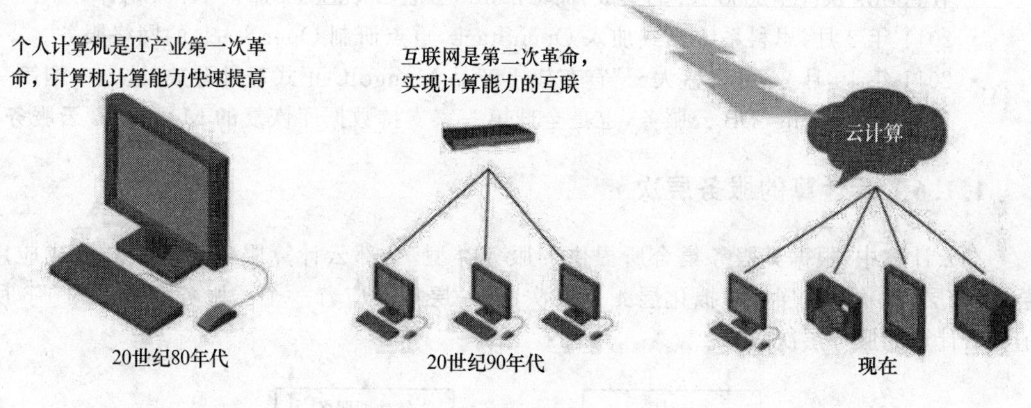

图 1-5 云计算的演进与由来

云计算的发展过程如下：

- 1983 年，太阳电脑（Sun Microsystems）提出“网络是电脑（The Network is the Computer）”；2006 年 3 月，亚马逊（Amazon）推出弹性计算云（Elastic Compute Cloud，EC2）服务。
- 2006 年 8 月 9 日，Google 首席执行官埃里克·施密特（Eric Schmidt）在搜索引擎大会（SES San Jose 2006）首次提出“云计算”（Cloud Computing）的概念。Google“云端计算”源于 Google 工程师克里斯托弗·比希利亚的 Google 101 项目。
- 2007 年 10 月，Google 与 IBM 开始在美国大学校园推广云计算的计划，包括卡内基·梅隆大学、麻省理工学院、斯坦福大学、加州大学柏克莱分校及马里兰大学等,这项计划希望能降低分布式计算技术在学术研究方面的成本,并为这些大学提供相关的软硬件设备及技术支持(包括数百台个人计算机及 BladeCenter 与 System X 服务器,这些计算平台将提供 1 600 个处理器,支持包括 Linux、Xen、Hadoop 等开放源代码平台)。而学生则可以通过网络开发各项以大规模计算为基础的研究计划。

- 2008 年 1 月 30 日,Google 宣布在台湾地区启动“云计算学术计划”,将与“台湾大学”“台湾交通大学”等学校合作,将这种先进的大规模、快速计算技术推广到校园。
- 2008 年 2 月 1 日,IBM(NYSE:IBM)宣布将在中国无锡太湖新城科教产业园为中国的软件公司建立全球第一个云计算中心(Cloud Computing Center)。
- 2008 年 7 月 29 日,雅虎、惠普和英特尔宣布一项涵盖美国、德国和新加坡的联合研究计划,推出云计算研究测试床,进而推进云计算。该计划要与合作伙伴创建 6 个数据中心作为研究试验平台,每个数据中心配置 1 400～4 000 个处理器。这些合作伙伴包括新加坡资讯通信发展管理局、德国卡尔斯鲁厄大学 Steinbuch 计算中心、美国伊利诺伊大学香槟分校、英特尔研究院、惠普实验室和雅虎。
- 2008 年 8 月 3 日,美国专利商标局网站信息显示,戴尔正在申请“云计算(Cloud Computing)”商标。
- 2010 年 3 月 5 日,Novell 与云安全联盟(CSA)共同宣布一项供应商中立计划,名为“可信任云计算计划(Trusted Cloud Initiative)”。
- 2010 年 7 月,美国国家航空航天局和包括 Rackspace、AMD、英特尔、戴尔等支持厂商共同宣布 OpenStack 开放源代码计划,微软在 2010 年 10 月表示支持 OpenStack 与 Windows Server 2008 R2 的集成;而 Ubuntu 已把 OpenStack 加至 11.04 版本中。
- 2011 年 2 月,思科系统正式加入 OpenStack,重点研制 OpenStack 的网络服务。
- 2011 年 10 月 20 日,“盛大云”宣布旗下产品 MongoIC 正式对外开放,这是中国第一家专业的 MongoDB 云服务,也是全球第一家支持数据库恢复的 MongoDB 云服务。

1.1.6 云计算的服务层次

在云计算中,根据其服务集合所提供的服务类型,全部云计算服务集合被划分成应用层、平台层、基础设施层和虚拟化层 4 个层次,每一层都对应着一个子服务集合。图 1-6 所示为云计算的服务层次效果。

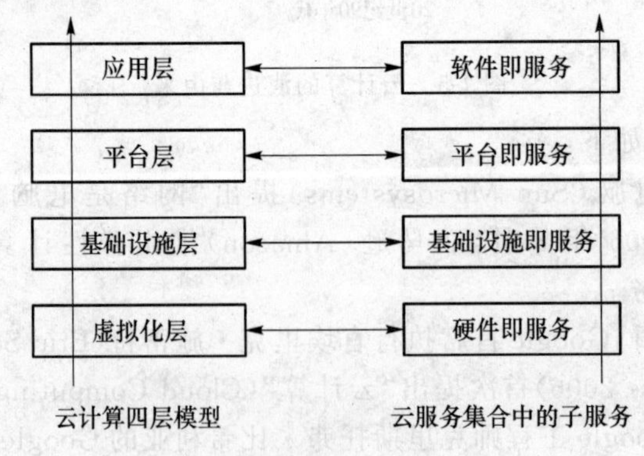

图 1-6 云计算的服务层次图

云计算的服务层次是根据服务类型即服务集合来划分的，与大家熟悉的计算机网络体系结构中层次的划分不同。在计算机网络中每个层次都实现一定的功能，层与层之间有一定关联。而云计算体系结构中的层次是可以分割的，即某一层次可以单独完成一项用户的请求而不需要其他层次为其提供必要的服务和支持。

在云计算服务体系结构中各层次与相关云产品对应。

1.1.7 云计算的服务形式

云计算还处于萌芽阶段，有庞杂的各类厂商在开发不同的云计算服务。云计算的表现形式多种多样，简单的云计算在人们日常网络应用中随处可见，如腾讯QQ空间提供的在线制作Flash图片、Google的搜索服务、Google Docs、Google Apps等。目前，云计算的主要服务形式有将基础设施作为服务SaaS（Software as a Service）、将平台作为服务PaaS（Platform as a Service）和将软件作为服务IaaS（Infrastructure as a Service），如图1-7所示。

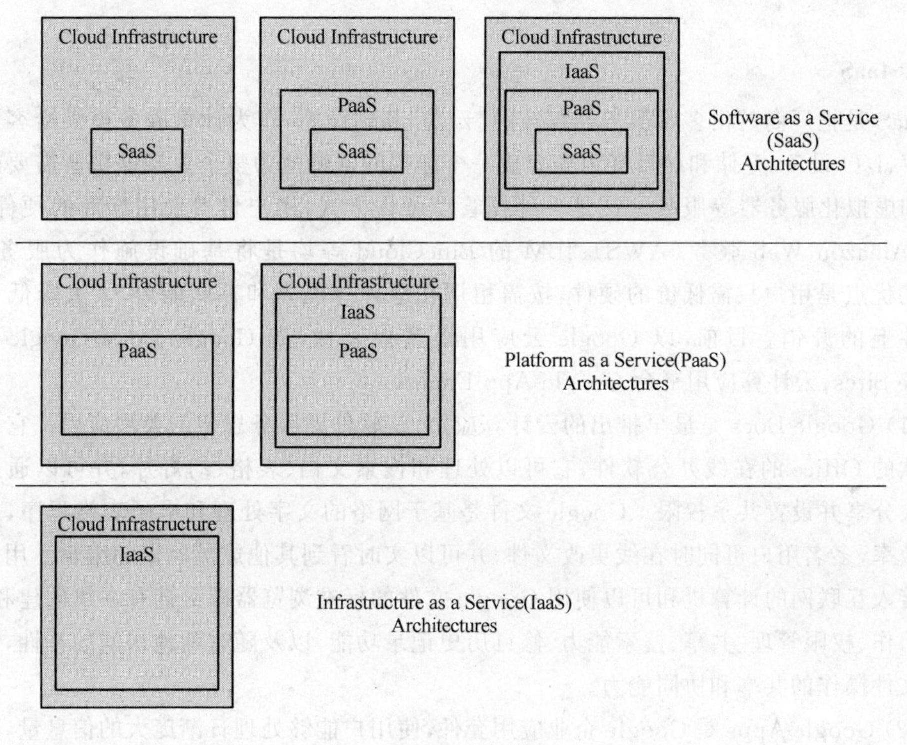

图1-7 云计算的服务形式

1. SaaS

SaaS服务提供商将应用软件统一部署在自己的服务器上，用户的需求通过互联网向厂商订购应用软件服务，服务提供商根据客户所订软件的数量多少、时间的长短等因素收费，并且通过浏览器向客户提供软件的模式。这种服务模式的优势是：由服务提供商维护和管理软件，提供软件运行的硬件设施，用户只需拥有能够接入互联网的终端，即可随时随地快捷使用软件。这种模式下，客户不再像传统模式那样花费大量资金在硬件、软件、维护人员上，只需要支出一定的租赁服务费用，通过互联网就可以享受到相应的硬件、软件和维护等服务,这是网络应用最具效益的营运模式。对于小型企业来说,SaaS是采用先进技术的最好途径。以企业管理软件来说,SaaS模式的云计算ERP可以让客户根据并发用户数量、所用功能多少、数据存储容量、使用时间长短等因素的不同组合按需支付服务费用,既不用支付软件许可费用,也不需要支付采购服务器等硬件设备费用,不需要支付购买操作系统、数据库等平台软件费用,不用承担软件项目定制、开发、实施费用,不需要承担IT维护部门开支费用,实际上云计算ERP正是继承了开源ERP免许可费用只收服务费用的最重要特征,是突出了服务的ERP产品。目前,Salesforce. com是提供这类服务最有名的公司,Google Docs、Google Apps和Zoho Office也属于这类服务。

2. PaaS

PaaS为客户提供的能力是将客户自己的或购买的应用程序部署到云基础设施的能力,这些应用程序是由服务提供商支持的编程语言或工具编写的。客户无法管理和控制底层云基础设施,包括网络、服务器、操作系统、存储,但可以控制他部署的应用程序和应用配置环境。

3. IaaS

IaaS是把厂商的由多台服务器组成的“云端”基础设施,作为计量服务提供给客户。它将内存、I/O设备、存储和计算能力整合成一个虚拟的资源池为整个业界提供所需要的存储资源和虚拟化服务器等服务。这是一种托管型硬件方式,用户付费使用厂商的硬件设施。例如,Amazon Web服务(AWS)、IBM的BlueCloud等均是将基础设施作为服务出租。IaaS的优点是用户只需低价的硬件,按需租用相应计算能力和存储能力,大大降低了用户在硬件上的开销。目前,以Google云应用最具代表性,如Google Docs、Google Apps、Google Sites、云计算应用平台Google App Engine。

(1) Google Docs是最早推出的云计算应用,是软件即服务思想的典型应用。它是类似于微软的Office的在线办公软件,它可以处理和搜索文档、表格、幻灯片,并可以通过网络和他人分享并设置共享权限。Google文件是基于网络的文字处理和电子表格程序,可提高协作效率,多名用户可同时在线更改文件,并可以实时看到其他成员所做的编辑。用户只需一台接入互联网的计算机和可以使用Google文件的标准浏览器即可拥有在线创建和管理、实时协作、权限管理、共享、搜索能力、修订历史记录功能,以及随时随地访问的特性,大大提高了文件操作的共享和协同能力。

(2) Google Apps是Google企业应用套件,使用户能够处理日渐庞大的信息量,随时随地保持联系,并可与其他同事、客户和合作伙伴进行沟通、共享和协作。它集成了Gmail、Google Talk、Google日历、Google Docs,以及最新推出的云应用Google Sites、API扩展以及一些管理功能,包含了通信、协作与发布、管理服务三方面的应用,并且拥有云计算的特性,能够更好地实现随时随地协同共享。另外,它还具有低成本的优势和托管的便捷性,用户无须自己维护和管理搭建的协同共享平台。

(3) Google Sites是Google最新发布的云计算应用,作为Google Apps的一个组件出现。它是一个侧重于团队协作的网站编辑工具,可利用它创建一个各种类型的团队网站,通过Google Sites可将所有类型的文件包括文档、视频、照片、日历及附件等与好友、团队或整个网络分享。

(4) Google App Engine 是 Google 在 2008 年 4 月发布的一个平台，使用户可以在 Google 的基础架构上开发和部署运行自己的应用程序。目前，Google App Engine 支持 Python 语言和 Java 语言，每个 Google App Engine 应用程序可以使用达到 500 MB 的持久存储空间及可支持每月 500 万综合浏览量的带宽和 CPU。并且 Google App Engine 应用程序易于构建和维护，并可根据用户的访问量和数据存储需要的增长轻松扩展。同时，用户的应用可以和 Google 的应用程序集成。Google App Engine 还推出了软件开发套件(SDK)，包括可以在用户本地计算机上模拟所有 Google App Engine 服务的网络服务器应用程序。

1.1.8 云计算的实现机制

由于云计算分为 IaaS、PaaS 和 SaaS 3 种类型，不同的厂家又提供了不同的解决方案，目前还没有一个统一的技术体系结构。为此，这里综合不同厂家的方案，构造了一个供商榷的云计算体系结构，如图 1-8 所示，其概括了不同解决方案的主要特征，每一种方案或许只实现了其中某部分功能，或者还有部分相对次要功能尚未进行概括。

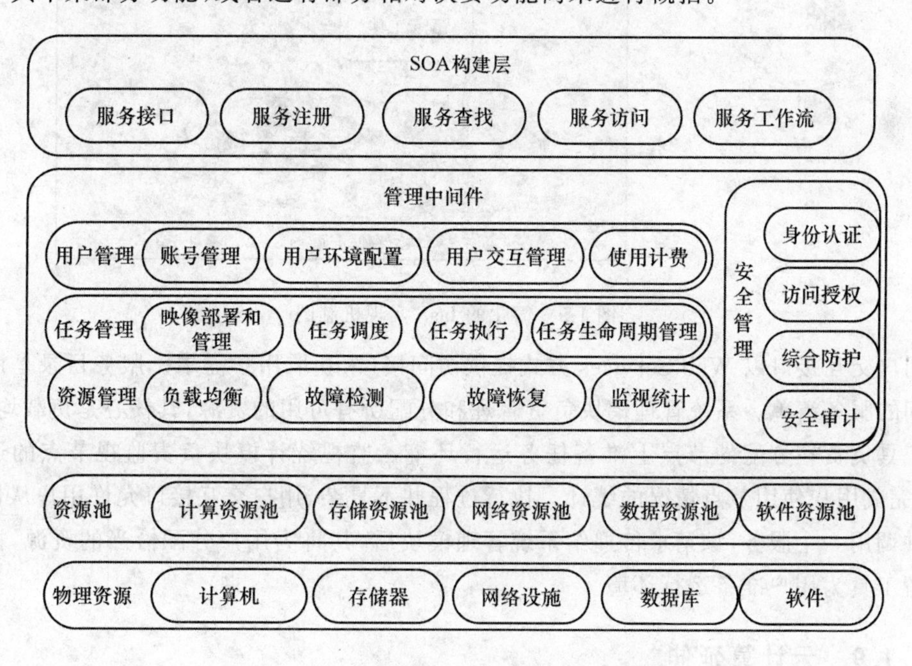

图 1-8 云计算技术体系结构图

云计算技术体系结构分为 4 层，即物理资源层、资源池层、管理中间件层和 SOA (Service-Oriented Architecture，面向服务的体系结构)构建层。物理资源层包括计算机、存储器、网络设施、数据库和软件等。资源池层是将大量相同类型的资源构成同构或接近同构的资源池，如计算资源池、数据资源池等。构建资源池更多的是物理资源的集成和管理工作。

云计算的管理中间件层负责资源管理、任务管理、用户管理和安全管理等工作。资源管理负责均衡地使用云资源节点，检测节点的故障并试图恢复或屏蔽之，并对资源的使用情况进行监视统计;任务管理负责执行用户或应用提交的任务,包括完成用户任务映像(Image)的部署和管理、任务调度、任务执行、任务生命周期管理等;用户管理是实现云计算商业模式的一个必不可少的环节,包括提供用户交互接口、管理和识别用户身份、创建用户程序的执行环境、对用户的使用进行计费等;安全管理保障云计算设施的整体安全,包括身份认证、访问授权、综合防护和安全审计等。

基于上述体系结构,以 IaaS 云计算为例,概述云计算的实现机制,如图 1-9 所示。

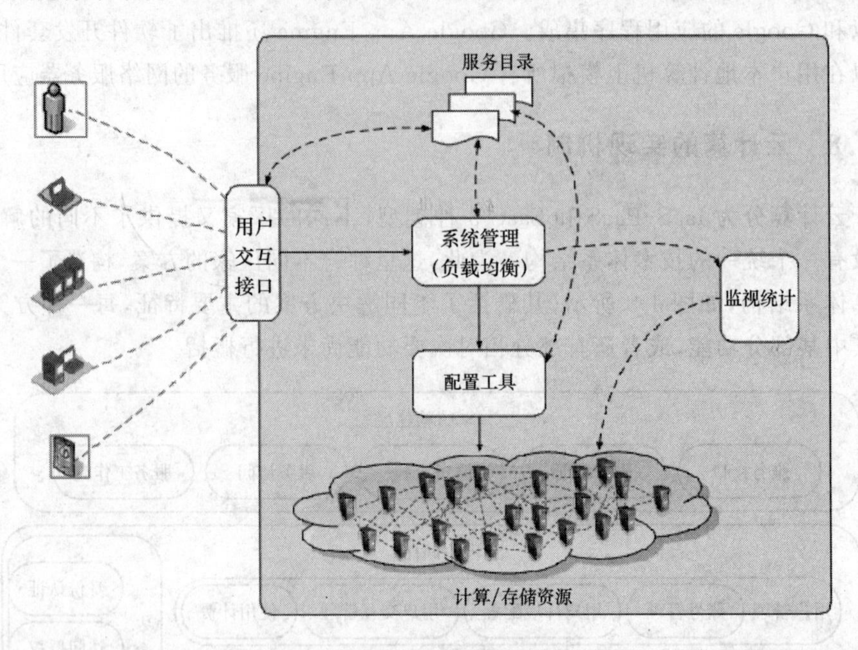

图 1-9 简化的 IaaS 实现机制图

用户交互接口以 Web Services 方式提供访问接口,获取用户需求。服务目录是用户可以访问的服务清单。系统管理模块负责管理和分配所有可用的资源,其核心是负载均衡化。配置工具负责在分配的节点上准备任务运行环境。监视统计模块负责监视节点的运行状态,并完成用户使用节点情况的统计。执行过程并不复杂,用户交互接口允许用户从目录中选取并调用一个服务,该请求传递给系统管理模块后,其将为用户分配恰当的资源,接着调用配置工具为用户准备运行环境。

1.1.9 云计算延伸

先前所介绍的云计算概念都是直接将互联网看成是一朵大云,所有的云计算软件、云计算平台与云计算的设备服务都在这朵大云里。在真实的网络世界里,则是有数之不尽的云系统存在,云计算系统里同时可以有另外的云系统存在,这种“云中云”的概念如图 1-10 所示。

在云计算的商业应用上,又将云计算区分成大众使用的公共云(Public Cloud)、企业内部使用的私有云(Private/Internal Cloud)和商业使用的企业云(Enterprise Cloud)3 种。它们的关系图如图 1-11 所示。

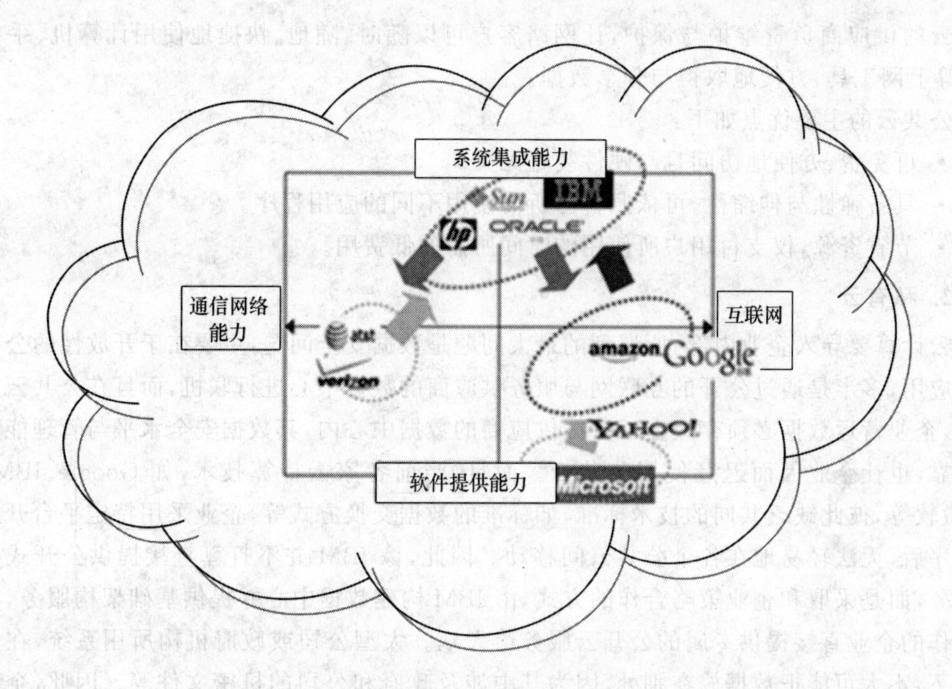

图 1-10 “云中云”概念图

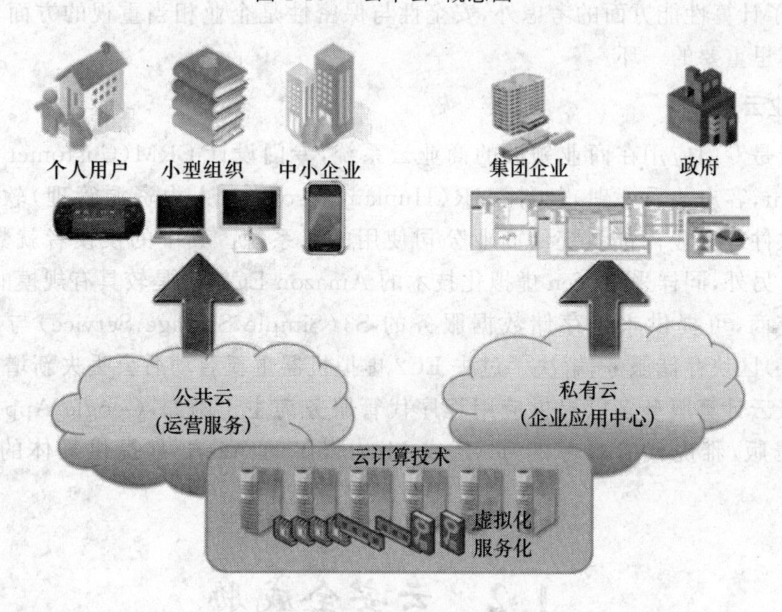

图 1-11 云计算延伸关系图

1. 公共云

公共云是指在互联网上将云服务公开给一般大众来使用，最典型的例子就是 Google 搜索服务与网络地图、Youtube 视频和社交网站 Facebook 等。公共云也是一般网络大众所认知且每日使用的云计算系统，在网络上搜索数据，分享照片、日志，在 Blog 中分享文章，上传视频，与朋友视频聊天等日常网络行为都属于公共云。它们的共同特点是将个人数据从私人计算机转换到公开式的云计算系统上，且免费开放给所有人享用。这些网络数据由提供公共云的供应商负责维护与保护,让网络客户可以随时、随地、快捷地使用计算机、手机或Pad等上网工具,方便地取得与分享数据。

公共云的主要优点如下:

- 可免费、方便地访问且与硬件装置无关。
- 具备弹性与伸缩性,可依照自己所需使用不同的应用程序。
- 节省资源,仅支付用户所使用的时间所需的低费用。

2. 私有云

云计算要导入企业内部,所遇到的最大问题是数据安全问题,主要在于开放性的公共云中的应用,多半是通过公开的互联网与服务供应商的数据中心进行联机,而且在公共云的架构下,企业营运数据必须存放在云计算供应商的数据中心内,其数据安全水平与管理能力是否可靠,也让企业因而迟疑使用公共云。而且,当前各家云计算技术,如Google、IBM、雅虎、微软等,彼此缺乏共同的技术标准,如标准的数据交换方式等,企业采用特定平台开发应用程序后,无法轻易地在各个公共云间移动。因此,像IBM并不打算直接提供公开式云计算服务,而是采取和企业策略合作的方式,由IBM构建数据中心并提供基础架构服务,再由所合作的企业直接提供专属的公开云服务给大众。大型公司或政府机构所用系统,在安全考量下,不太可能把数据放在别处,因为其中涉及政府和公司的机密文件等。因此,企业的云计算,除了计算性能方面的考虑外,安全性与保密性是企业相当重视的方面,私有云也就成为云计算里重要的一环。

3. 企业云

企业云是专门应用在商业领域的商业云系统,专门设计CRM(Customer Relationship Management,客户关系管理)软件、HR(Human Resource,人力资源管理)软件、Database(数据库)软件等企业内部系统给商业公司使用的云系统。其中的佼佼者就数salesforce.com公司。另外,同样采用Xen虚拟化技术的Amazon EC2,也是较具有规模的企业级云计算服务供应商,可提供永久存储数据服务的S3(Simple Storage Service)与EBS(Elastic Block Store)区块存储服务,解决了过去EC2虚拟机器重新启动后会丢失新增数据的问题。其他企业级云计算服务多以提供应用程序代管服务为主。例如,Google App Engine推出了企业付费版,雅虎代管服务的YAP或Microsoft的Azure都提供具体的企业云使用方案。

1.2 云安全威胁

在云环境中,各种资源动态地连接到Internet上,通过Internet通信,用户也是通过Internet向云申请服务,并且在云环境里所有实服务参与者都可以动态地加入或退出。因此,云的安全是建立在Internet基础之上的,而Internet是一个开放的网络环境,它不可避免地要涉及网络安全问题。有的安全威胁来自外部。例如,数据被截取;信息的内容被篡改或删除;假冒合法用户和服务提供商。有的安全威胁来自系统内部。例如,虚假、恶意的节点提供虚假服务;存在自私节点,他们只是消耗资源而不提供资源;不可靠的实体会降低协同工作的效率，甚至造成协同工作的失败。

目前 Internet 一般提供两种安全保障机制：访问控制和安全通信。访问控制用来保护各种资源不被非授权使用；而安全通信保证数据的保密性和完整性，以及各通信端的不可否认性。这两种机制只能解决云环境里部分安全问题。云计算环境由于自身的特性，跟传统网络相比，具有如下不同之处：

(1) 云计算环境有大量动态可变的用户和服务提供者。

(2) 云计算可在执行过程中动态地请求、启动进程和申请、释放资源；不同的资源可能需要不同的认证和授权机制，而这些机制和策略的改变是受限的。

(3) 云计算环境有不同于传统网络的本地安全解决方案和信任机制。

由上可以看出，云安全与传统的 Internet 安全相比，所涉及的范围更广，解决方案也更加复杂。云的这些特点所引发的安全问题迫切需要解决。例如，并行计算需要多个计算资源，这就要求在成百上千的分布在不同管理域中的进程之间建立安全信任关系，而不是简单地像 C/S 模式那样。另外，云环境中的动态特性使得各个服务参与者之间不能建立固定不变的安全信任关系，因为云服务应用在执行时可能又要申请其他资源，从而安全信任关系也必须在动态中建立。因此有必要对信任机制进行更深入的研究。

1.3 云环境下的信任管理

云计算是分布式计算发展的重要里程碑。它使用成熟的虚拟化技术通过互联网将数据中心的各种资源打包成服务，是一种商业实现，有着良好的发展前景。正如传统网络安全问题带给人们的启示一样，云环境需要解决的一个重要问题也是安全问题。由于云计算架构在互联网之上，互联网的不安全因素同样是云环境里的不安全因素，如用户利用计算机进行盗窃、诈骗等。然而与传统的网络环境相比，云环境里的用户群体，服务提供商数目庞大，用户和服务提供商可以动态地加入或退出，且安全机制各不相同，这对云计算环境提出了更高更广泛的安全要求。由于云计算面向的是商业应用领域，安全问题的解决更是迫在眉睫。

信任作为一个人工学的概念被引入计算机安全领域，被认为是实现云环境安全的一个核心要素。在云环境里，由于虚拟化技术的使用，提供商的资源和用户的管理方式是开放的，完全分布式的。由于商业利润的驱使，用户会存在一些欺诈行为，影响云平台上运行的应用程序。另外由于完全开放的环境，没有权威的管理中心可以依赖，会存在一些自私的服务提供商，只是利用或者占用其他的资源，而不提供任何资源，或者提供一些虚假资源，扰乱整个系统的运行。另外，面向用户的多样性需求，用户申请的服务有可能需要多个资源之间进行协作，而进行协作的前提是彼此之间具有良好的信任关系。

以上的种种问题使得云环境里的信任问题显得尤其重要，甚至有学者指出，在云安全问题中，信任问题是最主要的问题。近几年来，一些学者在分布式网络、普适计算、P2P 计算、自组织网络中开展了信任方面的研究，提出了众多的信任模型，但是并不完全适合云环境。因此需要深入研究云环境里服务参与者之间的信任关系以及基于信任的安全机制来保证云服务的安全运转。

目前对云计算环境下的信任模型的研究主要集中于对用户和云服务提供商进行信任值评估[94]。比如2010年，H. Kim等人[8]为保证云系统QoS(服务质量)提出了一个信任评估模型。该模型通过收集云数据中心服务器的历史纪录来评估云服务提供商的信任度。2011年E. D. Canedo等人[6]为了解决云计算文件共享的访问控制问题提出的一个新型信任模型。该模型通过对公共云中用户信任度的评估来保证文件交换的可靠性。2011年，Abawajy[2]提出了一个完全分布式的构架来保障用户和云服务提供商之间的可信交互。为了过滤恶意推荐，该构架给不同评价者的反馈值分配了一个适当的权重。虽然该方法通过实验证明了其对节点的反馈行为能够进行有效的监管，但是它需要一个信任中心来收集所有的反馈，存在很大的安全隐患。类似的，借助信任值评估增强云计算环境的安全性、可信性等方面的方法还包括：

- 2011年，M. Firdhous等人为云计算提出的信任度计算机制[10]。
- 2012年，P. S. Pawar等人[7]提出的信任模型用信念理论计算云基础设施提供商的信誉。服务提供商使用基础设施提供商的资源为用户提供高效的服务。该模型支持服务提供商验证基础设施提供商在服务部署和实施阶段的可信性。

另外一些学者还提出在信任管理系统中应用数据着色技术实现对云数据中心的访问控制。比如2010年，Hwang等人[4]为了在云服务提供商和用户之间建立信任关系，提出在多个数据中心上使用信任覆盖层的方法来实现一个信誉系统，该系统用数字水印技术，给数据对象着色，要颜色匹配才能访问，这是一个访问控制问题。类似的方法还有文献[5]。

还有的学者为了保证云计算环境的可信性提出使用移动代理。比如2011年，Hada等人为云计算提出了一个基于移动代理的信任模型[3]。移动代理作为安全代理能够从虚拟机上获得有用的信息。该模型使用移动代理有效地保障了用户数据的隐私和安全，避免了虚拟机所遭受的攻击，使云服务提供商能够保证其平台上安全策略的实现。另外移动代理也通过安全可靠的通信帮助云环境下的不同实体之间建立信任。虽然基于移动代理的方式能够增强云计算环境的安全性，然而该模型缺乏对移动代理本身如何部署、实施成本等方面的考虑，因而影响了模型实际的可用性。其他的使用移动代理的方法还包括：

- 2011年，A. Ramaswamy等人提出的基于移动代理的信任管理方法[9]。
- 2011年，M. Ahmed等人为了保证云计算的用户对其数据的控制提出了一个开发信任票据的方法[11]。基于信任票据云服务提供商和用户之间能够建立起有效的信任关系。

在国内，信任模型和信任管理技术的研究也逐渐深入。以清华大学、北京大学、国防科学技术大学、复旦大学、南京大学、湖南大学、武汉大学、华中科技大学等为代表的科研机构从网络中的信任模型[12]、策略控制[13]、授权管理[14,22]和P2P网络中的信任和激励机制[15~21]等多个角度展开了研究，取得了丰硕的成果。这些研究成果对云计算的信任管理研究提供了宝贵的借鉴。云计算是当前发展十分迅速的新兴产业，具有广阔的发展前景，但同时其所面临的安全技术挑战也是前所未有的，需要IT领域与信息安全领域的研究者共同探索解决之道[26]。复旦大学、武汉大学、华中科技大学、清华大学和EMC还联合启动了"道里"研究项且，专门致力于云计算环境下关于信任和可靠度保证的全球研究协作。由于云计算本身的特性对传统的信任模型提出了新的要求。云计算环境信任关系存在多样性，包括租户对云、云对租户,以及云内各组件间,因此需要解决云计算环境的复杂信任关系与传统信任模型专一性的融合问题[23]。近年以来,国内一些单位陆续开始针对云计算信任管理的研究工作,2011 年,清华大学的刘云浩等人提出了一个云计算环境下的信任管理方法[5],并对如何在信任模型里通过数字水印技术实现数据对象的着色进行了详细的论述。2012 年,上海交通大学的高云璐提出一个基于服务等级协议(SLA)与用户评价的云计算信任模型。通过分析云服务提供商的 SLA 确认其承诺的服务质量,根据用户的评价确定云服务提供商对 SLA 的履行情况,综合两方面内容计算云服务的可信度[24]。2012 年,杭州电子科技大学的方恩光等人为解决信任量化和不确定问题,利用证据理论对信任及信任行为进行建模[25]。2012 年,谢晓兰等针对云计算环境下存在的信任问题,提出一种基于双层激励和欺骗检测的信任模型。通过引入一组云计算服务属性评价指标,建立对服务提供商服务行为和用户评价的双层激励机制[27]。2013 年,杜瑞忠等利用基于个性偏好的模糊聚类方法[28],提出云计算环境下基于信任和个性偏好的服务选择模型。为了确定和服务请求者个性偏好最接近的分类,提出服务选择算法。

1.4　本书章节安排

本书第 2 章介绍信息安全。首先介绍了信息安全服务和威胁,然后说明了信息安全策略和机制。

本书第 3 章介绍信息安全模型与策略。首先介绍了访问控制矩阵模型,然后说明了信息安全策略的目标与分类,接着详细介绍了保密性模型与策略、完整性模型与策略和混合型模型与策略。

第 4 章介绍信息系统安全保障。首先介绍了安全保障模型和建造安全可信系统的方法以及形式化方法的安全保障技术,然后详细介绍了一个产品或系统中的审计机制,最后介绍了国际国内的安全标准。

第 5 章介绍网络安全保障技术及方法。首先介绍了恶意攻击和网络安全漏洞的类型,然后详细介绍了入侵检测的原理和方法以及入侵检测技术的发展方向,最后利用网络安全常用的技术分析了一个网络安全案例。

第 6 章介绍信任管理基础理论。首先介绍了信任管理的基本概念,然后说明了如何对待非信任,接着详细介绍了信任在传统领域和计算机领域的分类。

第 7 章介绍信任模型。首先介绍了信任的特征以及信任关系的分类和建立,然后详细介绍了几种典型的信任模型。

第 8 章介绍信任管理。依次详细介绍了基于凭证的信任管理、自动信任协商以及基于证据的信任管理,最后说明了信任管理技术的发展趋势。

第 9 章介绍信任管理系统设计。首先介绍了信任管理系统的设计原则,然后基于 P2P 网络分析了一个信任管理系统的设计案例,最后介绍了信任模型的评估方法。

第 10 章介绍可信决策的应用。首先分析了信任管理系统在决策过程中存在的不足,然后详细介绍了信任和风险的关系及定义,最后利用信任管理技术分析了一个分布式可信决策模型的案例。

第 11 章介绍信任管理技术在隐私保护中的应用。首先分析了云环境下数据隐私性和安全性的问题，然后详细介绍了信任和隐私的关系和特点，最后以一个基于信任的隐私保护模型为案例说明隐私保护模型的总体设计。

1.5 本章小结

与传统的网络环境相比，对云计算环境提出了更高更广泛的安全要求。由于云计算面向商业应用领域，安全问题的解决更是迫在眉睫。信任作为一个人工学的概念被引入计算机安全领域，被认为是实现云环境安全的一个核心要素。从第 2 章开始，我们将讨论涉及信任领域各个方面的基本思想、模型和方法。

第2章 信息安全

随着 Internet 在全世界日益普及,人类已经进入信息化社会。计算机与网络技术为信息的获取和利用提供了越来越先进的手段,同时也为好奇者和入侵者提供了方便之门,人们对信息系统的安全越来越担心。不仅金融、商业、政府部门担心,军事部门更担心。怎样才能使信息系统更安全,必须研究信息系统的安全策略和机制,研究各种攻击方法及其防范措施。

2.1 信息安全服务

信息安全是指信息网络的硬件、软件和数据不因偶然和恶意的原因而遭到破坏、更改和泄露,系统连续正常运行,信息服务不中断。信息安全的本质和目的就是保护合法用户使用系统资源和访问系统中存储的信息的权利和利益,保护用户的隐私。

信息安全工作的基本原则就是在安全法律、法规、政策的支持与指导下,通过采用适当的安全技术与安全管理措施,防止信息财产被恶意地或偶然地未经合理授权地泄露、更改、破坏或使信息被非法的系统辨识、控制,避免攻击者利用信息系统的安全漏洞进行窃听、冒充、诈骗等。

信息安全建立在保密性(confidentiality)、完整性(integrity)和可用性(availability)之上。对这三种信息安全服务的解释随着适用环境的不同而不同。

保密性是确保信息不泄露给未获得授权的实体或进程的特性。这里所指的信息涵盖的范围非常广,不但包括国家秘密,而且还包括各种社会团体和企业组织的工作信息和商业机密以及涉及个人隐私的各类信息,如上网浏览习惯、购物习惯等。访问控制机制支持保密性,其中,密码技术就是一种保护保密性的访问控制机制,这种技术通过编码数据,使数据内容变得难以理解。

完整性是指信息不被未获得授权的实体或进程偶然或恶意地删除、修改、伪造、乱序、重放、插入等。完整性包括数据完整性(即信息的内容)和来源完整性(即数据的来源,常称为认证)。对保密性而言,数据或者遭到破坏,或者没有遭到破坏,但是完整性则要同时包括数据的正确性和可信性。

可用性是指对信息或资源的期望使用能力,即获得授权的实体或进程在需要时可访问信息及系统资源和服务。无论何时,只要用户需要并获得授权,信息系统必须保证是可用的,系统不能拒绝给用户提供服务。攻击者通常采用占用资源的方式来阻碍系统执行授权者的正常请求。访问控制可以根据主体和客体之间的访问授权关系,对访问过程做出限制,保证信息资源不会被非授权占用,从而保证信息资源的可用性。可用性还包括研究如何有效地避免因各种灾难(如战争、自然灾害等)造成系统失效,从而引起系统资源和信息的不可用。

信息安全服务还包括其他的方面,如可监控性(Accountability)、可审查性(Auditability)、可认证性(Authenticity)等。可监控性是对信息及信息系统实施安全监控的能力,使管理机构可以对造成安全问题的行为进行监视和审计。可审查性是指使用审计、监控、防抵赖等安全机制,使得使用者(包括合法用户、攻击者、破坏者、抵赖者)的行为有证可查,并能够对系统和网络中出现的安全问题提供调查依据和手段。审计是对资源使用情况进行事后分析的有效手段。审计通过对网络上发生的访问情况记录日志,并对日志进行统计分析,发现和追踪违反安全策略的事件。审计的主要对象为用户、主机和节点,主要内容为访问的主体、客体、时间和成败情况等。可认证性的目的是保证信息使用者和信息提供者都是真实的声称者,防止假冒和重放。

2.2 信息安全威胁

威胁是对安全的潜在破坏,这种破坏可能发生的事实意味着必须防止那些可能导致破坏发生的行为,这些行为称为攻击。信息安全问题是一个系统问题,而不是单一的信息本身的问题,因此要从信息系统的角度来分析组成系统的软硬件及处理过程中信息可能面临的风险。一般认为,系统风险是系统脆弱性或漏洞,以及以系统为目标的威胁的总称。系统的脆弱性和漏洞是安全风险产生的原因,威胁或攻击则是安全风险引发的结果。从另一个角度看,风险的客体是系统的脆弱性和漏洞,风险的主体是针对客体的威胁或攻击。可见,当风险的因果或主客体在时空上一致时,风险就危及或破坏了系统安全,或者说信息系统处于不稳定、不安全状态中。

威胁是普遍存在的。信息安全主要面临两类威胁:自然威胁和人为威胁。自然威胁不以人的意志为转移,主要来自于各种自然灾害、恶劣环境、电磁辐射、电磁干扰和设备老化等。自然灾害(地震、火灾、洪水、海啸等)、物理损坏(硬盘损坏、设备使用寿命到期、外力破损等)、设备故障(停电断电、电磁干扰等)所造成的威胁,具有突发性、自然性、非针对性,但是这类威胁所造成的不安全因素对系统中信息的保密性影响却较小。例如,2009 年 8 月,某省电信业务部门的通信设备被雷击中,造成惊人的损失;某铁路计算机系统遭受雷击,造成设备损失,铁路运输中断等。

人为威胁又包括无意威胁和有意威胁两种。无意威胁是指由于人为的偶然事故引起的,没有明显的恶意企图和目的,但却使信息资源受到破坏的威胁,如操作失误(未经允许使用、操作不当、经验不足、文档不完善)、意外损失(漏电、电焊火花干扰)、编程缺陷(训练不足、系统的复杂性、环境不完善)和意外丢失(被盗、媒体丢失)等。有意威胁是人为的、有目的地实施侵入和破坏,达到信息泄露、破坏、不可用的目的。

信息安全的三种基本服务(保密性、完整性和可用性)能减少系统安全的威胁。Shirey[1]将威胁分为四大类:泄露,即对信息的非授权访问;欺骗,即接受虚假数据;破坏,即中断或妨碍正常操作;篡夺,即对系统某些部分的非授权控制。这四大类威胁涵盖了很多常见的威胁。下面对每一种威胁进行简单介绍。

(1) 嗅探,即对信息的非法拦截,它是某种形式的信息泄露。嗅探是被动的,即某些实体仅仅是窃听消息,或者仅仅浏览信息。被动搭线窃听就是一种监视网络的嗅探形式。保密性服务可以对抗这种威胁。

(2) 篡改,即对信息的非授权改变。篡改是主动性的,其目的可能是欺骗。主动搭线窃听是篡改的一种形式,在窃听过程中,传输于网络中的数据会被篡改。中间人攻击就是一种主动搭线攻击的例子:入侵者从发送者那里读取消息,再将修改过的消息发往接收者,希望接收者和发送者不会发现中间人的存在。完整性服务能对抗这种威胁。

(3) 伪装,即一个实体被另一个实体假冒,是兼有欺骗和篡夺的一种手段。这种攻击引诱受害者相信与之通信的是另一个实体。网络钓鱼是伪装的一种形式,在钓鱼过程中,攻击者将用户引诱到一个精心设计的与目标网站非常相似的钓鱼网站上,并获取用户在此网站上输入的个人敏感信息,而不让用户察觉。完整性服务中的实体认证服务能对抗这种威胁。

(4) 信源否认,即某实体欺骗性地否认曾发送过某些信息,是欺骗的一种形式。如果接收者不能证明信息的来源,那么攻击就成功了。完整性服务中的信源认证服务能对抗这种威胁。

(5) 信宿否认,即某实体欺骗性地否认曾接收过某些信息,是欺骗的一种形式。如果发送者不能证明接收者已经接收了信息,那么攻击就成功了。完整性服务中的信宿认证服务能对抗这种威胁。

(6) 延迟,即暂时性地阻止某种服务,是篡夺的一种形式。通常,消息的发送服务需要一定的时间,如果攻击者能够迫使消息发送所花的时间多于所需要的时间,那么攻击就成功了。假设一个顾客在等待的认证消息被延迟了,这个顾客可能会请求二级服务器提供认证。攻击者可能无法伪装成主服务器,但是可能伪装成二级服务器以提供错误的认证信息。可用性服务能对抗这种威胁。

(7) 拒绝服务,即长时间地阻止服务,是篡夺的一种形式。攻击者阻止服务器提供某种服务,可能通过消耗服务器的资源,可能通过阻断来自服务器的信息,也可能通过丢弃从客户端或服务器端传来的信息,或者同时丢弃这两端传来的信息,来达到阻止服务器提供某种服务的目的。可用性服务能对抗这种威胁。

2.3　信息安全策略和机制

信息安全策略是对允许什么、禁止什么的规定,而信息安全机制是实施信息安全策略的方法、工具或者规程。没有哪一种技术可以完全消除信息系统中的安全威胁,安全防护就是在理想的安全策略和实际的执行之间寻找平衡[2]。

2.3.1　信息安全等级保护

信息安全等级保护是信息安全保障的一项基本制度,是国家通过制定统一的信息安全等级保护管理规范和技术标准,组织公民、法人和其他组织通过对信息系统分等级而实行安全保护,并对等级保护工作的实施进行监督和管理。

信息系统的安全保护等级应当根据信息系统在国家安全、经济建设、社会生活中的重要程度，信息系统遭到破坏后对国家安全、社会秩序、公共利益以及公民、法人和其他组织的合法权益的危害程度等因素确定。根据《信息安全等级保护管理办法》的规定，我国信息系统安全等级分为以下五个等级：

第一级，信息系统受到破坏后，会对公民、法人和其他组织的合法权益造成损害，但不损害国家安全、社会秩序和公共利益。

第二级，信息系统受到破坏后，会对公民、法人和其他组织的合法权益产生严重损害，或者对社会秩序和公共利益造成损害，但不损害国家安全。

第三级，信息系统受到破坏后，会对社会秩序和公共利益造成严重损害，或者对国家安全造成损害。

第四级，信息系统受到破坏后，会对社会秩序和公共利益造成特别严重损害，或者对国家安全造成严重损害。

第五级，信息系统受到破坏后，会对国家安全造成特别严重损害。

2.3.2 信息安全风险评估

信息系统的安全风险是指由于系统中存在的脆弱性，人为或自然的威胁导致安全事件发生的可能性及其造成的后果或影响。信息安全风险评估是依据国家有关信息安全技术标准，对信息系统及其处理、传输和存储信息的保密性、完整性和可用性等安全属性进行科学评价的过程。它要评估信息系统的脆弱性、信息系统面临的威胁，以及脆弱性被威胁利用后所产生的后果和实际负面影响，并根据安全事件发生的可能性和负面影响的程度来识别信息系统的安全风险。

信息安全是一个动态的复杂过程，它贯穿于信息资产和信息系统的整个生命周期。信息安全的威胁来自于内部破坏、外部攻击和内外勾结进行的破坏以及自然危害。因此，必须按照风险管理的思想，对可能的威胁、脆弱性和需要保护的信息资源进行分析，依据风险评估的结果为信息系统选择适当的安全保护措施，妥善地应对可能发生的风险。

因为任何信息系统都会有安全风险，所以，人们追求的所谓安全的信息系统，实际是指信息系统在实施了风险评估并做出风险控制后，残余风险可被接受的信息系统。因此，要追求信息系统的安全，就不能脱离全面、完整的安全评估，就必须运用风险评估的思想和规范，对信息系统开展风险评估。

2.3.3 信息安全与法律

快捷的系统和网络以及丰富的资源给我们的生活带来众多方便。但是，与此同时，系统和网络的易于复制和不稳定性也给我们造成了极大的麻烦。在现实生活中，利用系统和网络侵犯公民权益的事件层出不穷，因此，除了从技术层面上提高系统和网络的安全保障以外，还必须要从法律的层面上限制侵犯公民权益的事件发生，保障国家和人民的权益不受侵害。要尽快改变目前系统和网络方面立法的滞后及存在的不足，完善系统和网络的信息安全法律法规体系，使之成为多层次、有体系、可持续、与国际接轨、可执行的法律体系。同时，还要能够使这个系统和网络信息安全法律法规体系与传统的法律法规体系实现互相兼容互相借鉴，避免两者之间产生不一致性，甚至冲突，以确保国家法律法规的一致性、有效性、可执行性和权威性，从而有效地制止各种安全违法行为，及时制裁跨国的安全犯罪，保证法律法规体系的和谐、统一和完整，保证国家的安定和团结。

法律是国家意志的体现，是一种制度保障和行为约束。加快系统和网络方面的立法能够从制度上保障信息的安全性，与从技术上提升网络防范风险的能力相互呼应，使信息安全保障机制更为有效。由于再先进的技术也不免存在漏洞，会被不法分子利用来侵害公民权益、危及国家安全，只有用国家专政的权力即法律法规对侵害他人及国家安全的不法分子实施制裁和处罚，才能真正地保护广大人民群众的利益和国家的安定。所以，加快网络立法和完善网络信息安全法律体系十分重要，并以此来规范和约束各种网络行为，进而建设一个和谐安全的网络环境，保证公民的合法权益和国家的安全稳定。

2.4　本 章 小 结

信息安全的要求源自于信息系统的诸多方面。一个信息系统所面临的威胁及其所采用的对抗措施的等级和质量，取决于安全服务和支持规程的质量。

第3章　信息安全模型与策略

为了有效抵御信息系统所面临的诸多方面的威胁，提高信息系统的安全服务质量，就需要在系统中建立正确的信息安全模型和策略。安全策略是确立信息系统预期目标并设定相关责任的指导，而安全模型则是将安全系统中所选择的安全策略抽象化、系统化、特征化，为安全系统的有效实现奠定理论基础。在研究信息安全时，系统所基于的安全模型成为一个基本的、重要的问题，是维护信息系统安全的关键问题。本章讨论信息安全中的这一重要基础问题：信息安全模型与策略。

3.1　访问控制矩阵模型

访问控制是信息安全中讨论对系统和网络中的信息实施有效保护的核心问题，是防止对信息系统进行未经授权访问以达到非法获取信息目的的有效手段。访问控制矩阵是通过矩阵的形式表达出访问控制的规则以及授权用户权限的方法，准确、形象地描述了主体（用户、进程等）访问系统中其他实体（主体或受到保护的信息）的权限，是描述被保护系统的一种经典方法。访问控制矩阵描述信息系统在什么情况下处于安全状态，那么我们首先需要了解关于安全状态的一些基本概念。

3.1.1　保护状态

系统的当前状态是指系统中所有内存、存储器、二级缓存以及其他存储设备中当前数据的值的集合。当前状态中涉及安全保护的子集就称为保护状态[1]。访问控制矩阵正是用来描述系统保护状态的方法。

当信息系统的访问和操作引起系统的状态发生改变时，保护状态也随之变换。对于任意一个系统，如果定义了一个被允许的状态的集合，即安全状态集合，那么这个集合上所对应的操作就应该是被允许的。假设一个系统的初始状态是安全的，再执行所允许的操作，那么转换后的结果也就应该是安全的。按此规则继续执行所允许的操作，那么系统将始终处于安全状态。

在实际运行中，任何针对系统的操作都会引起系统状态的转换。例如，读数据、修改数据和执行程序指令都会引起系统状态的变化。但是，值得我们关注的应该是那些引起保护状态（即安全状态）发生变化的操作，因为只有能够改变系统中实体的被允许行为的状态转换才与访问控制矩阵相关。例如，如果某个操作不改变系统的保护状态，那么就不用去顾虑系统的状态转换，但是，如果某个操作可能影响到系统安全，可能导致系统进入不安全的状态，我们就需要考虑和关心状态的转换。

3.1.2　模型描述

访问控制矩阵模型是描述一个受到安全保护的系统的最简单、最直观的框架模型，最早在 1971 年由 Butler Lampson[3] 提出，后由 Graham 和 Denning[4,5] 进行了改进。访问控制矩阵模型是将系统中所有主体对客体的权限存储在矩阵中。

我们将信息系统中需要保护的实体集合称为客体，用 O 来表示，如系统中受到保护的文件、设备、进程等；信息系统中访问实体的集合称为主体，用 S 来表示，如系统中的用户、进程等；系统中所有主体对客体进行访问的权限集合用 R 来表示，如读、写、执行、拥有、发送、接收、添加、删除等。

例 3-1　我们用矩阵 $\mathbf{A}$ 表示主体集合 S 和客体集合 O 之间的关系，其中，主体 S 中的每一个元素占据矩阵 $\mathbf{A}$ 中的一行，客体 O 中的每一个元素占据矩阵 $\mathbf{A}$ 中的一列，那么，矩阵 $\mathbf{A}$ 中的每一个元素就可表达为 $a[s,o]$，表示主体 s 对于客体 o 所具有的访问权限，$s\in S,o\in O$，$a[s,o]\subseteq R$。基于访问控制矩阵模型，所有系统保护状态的集合可以用一个三元组($S,O,\mathbf{A}$)来表达。表 3-1 是一个系统的保护状态的例子。

表 3-1　访问控制矩阵示例

主体 \ 客体	文件$_1$	文件$_2$	用户$_1$	用户$_2$
用户$_1$	读、写	读、拥有	读、写、执行、拥有	读
用户$_2$	读、写、拥有	添加	写	读、写、执行、拥有

该系统有两个文件和两个用户，访问权限包括读、写、执行、添加、拥有。在这个例子中，用户$_1$可以对文件$_1$进行读、写操作，可以对用户$_2$进行读操作；用户$_2$可以对文件$_1$进行读、写操作，同时拥有文件$_1$，可以对文件$_2$进行添加操作；用户$_1$可以读取用户$_2$传给他(或她)的数据，用户$_2$则可以通过写数据的方式与用户$_1$进行通信。可以看出，用户$_1$是文件$_2$的拥有者，用户$_2$是文件$_1$的拥有者，且每个用户都是自身的拥有者。值得注意的是，在此例中，用户既作为主体也作为客体，因为用户既可以是系统的操作者，也可以是系统实施保护的对象。

对一个客体的拥有权是一种特殊的权限。在通常情况下，一个客体的创造主体就是此客体的拥有者，在访问权限的表达上为该主体对此客体具有拥有权。拥有权允许主体对所拥有的客体执行一些特殊的操作，比如增加或删减其他主体对该客体的访问权限。在表 3-1所示的例子中，用户$_1$可以修改其他主体(如用户$_2$)对于文件$_2$的访问权限。

不同的安全系统对于访问权限的解释可能会不同，针对不同类型的客体所定义的访问权限意义也可能会不同。因此，访问控制矩阵模型只是一个用来描述信息保护的抽象模型。如果要准确地理解一个具体的访问控制矩阵的含义，就必须了解具体的安全系统及保护的要求。

访问控制矩阵模型的简单性和直观性使它在信息安全的分析和应用中起到了十分重要的作用。但是，这种安全机制在实际系统的实现和应用中存在着一定的局限性，例如，当主体和客体的数量十分巨大时(如大量的用户和众多的被保护的文件)，该保护机制要求的内存空间就会比较大,可用存储空间的制约使得该安全保护机制不会得到直接的应用。

3.1.3 保护状态转换

系统的保护状态在系统执行操作后会发生转变。假设系统的初始状态为 $X_0=(S_0,O_0,A_0)$,连续转变的状态表示为 $X_1,X_2,\cdots$,而引起一系列状态转变的操作表示为 $\tau_1,\tau_2,\cdots$。我们用表达式 $X_i \vdash \tau_{i+1} X_{i+1}$ 来表示系统的状态,由于操作 τ_{i+1} 由状态 X_i 转变到状态 X_{i+1}。当系统由状态 X 经过一系列操作转变为状态 Y 时,我们可用表达式 $X \vdash^* Y$ 来进行表示。保护系统的表达式与访问控制矩阵一样,是需要更新的。状态的转换可以通过一些命令来改变访问控制矩阵,这些转换命令指明了访问控制矩阵中需要改变的元素,因此,转换命令可能需要参数。如果我们用 c_i 表示第 i 个转换命令,而它的参数是 $p_{i,1},\cdots,p_{i,m}$,则系统的第 $i+1$ 个转换就可以表示为 $X_i \vdash c_{i+1}(p_{i+1,1},\cdots,p_{i+1,m})X_{i+1}$[1]。对于每个命令,总是存在所对应的一系列状态转换操作,将系统从状态 X_i 转换为状态 X_{i+1}。转换命令的表达方式可以使状态转换及参数的描述更加方便。

系统的状态转换能够改变系统的状态,而状态转换正是由下面这些影响访问控制矩阵的基本命令来表示的。在这里,我们使用 Harrison、Ruzzo 和 Ullman 的方法[6]来进行定义。假设安全系统的初始保护状态为(S,O,A),命令执行后的保护状态是(S',O',A')。

1. 创建主体

前提条件:$s \notin S \cap s \notin O$

基本命令:create subject **s** (创建主体 **s**)

执行结果:$S'=S\cup\{s\}, O'=O\cup\{s\}$,

$(\forall y\in O')[a'[s,y]=\varnothing], (\forall x\in S')[a'[x,s]=\varnothing]$,

$(\forall x\in S)(\forall y\in O)[a'[x,y]=a[x,y]]$

这个命令用于创建一个主体 s。在本命令执行之前,s 不能是系统中已经存在的主体或者客体。本命令没有添加任何权限,但是却改变了访问控制矩阵本身。

2. 创建客体

前提条件:$o\notin O$

基本命令:create object **o** (创建客体 **o**)

执行结果:$S'=S, O'=O\cup\{o\}$,

$(\forall x\in S')[a'[x,o]=\varnothing], (\forall x\in S')(\forall y\in O)[a'[x,y]=a[x,y]]$

这个命令用于创建一个客体 o。在本命令执行之前,客体 o 不能是系统中已经存在的客体。本命令没有添加任何权限,但是却改变了访问控制矩阵本身。

3. 添加权限

前提条件:$s\in S, o\in O$

基本命令:enter **r** into a[s,o] (向 a[s,o]中添加权限 **r**)

执行结果:$S'=S, O'=O,, a'[s,o]=a[s,o]\cup\{r\}$,

$(\forall x\in S')(\forall y\in O')[(x,y)\neq(s,o)\rightarrow a'[x,y]=a[x,y]]$

这个命令用于给访问控制矩阵元素 $a[s,o]$添加一个权限 r。在本命令执行之前,访问

控制矩阵元素 $a[s,o]$可能已经有了某些权限,因此这里添加的含义,可能是增加另一个权限,也可能是没有任何改变,要根据具体的系统实现以及目前已经存在的权限而定。

4. 删除权限

前提条件:$s \in S, o \in O$

基本命令:delete **r** from a[s,o]（从 a[s,o]中删除权限 **r**）

执行结果:$S'=S, O'=O, a'[s,o]=a[s,o]-\{r\}$,

$$(\forall x \in S')(\forall y \in O')[(x,y) \neq (s,o) \rightarrow a'[x,y]=a[x,y]]$$

这个命令用于将权限 r 从访问控制矩阵元素 $a[s,o]$中删除。在本命令执行之前,访问控制矩阵元素 $a[s,o]$不一定包含权限 r,如果如此,那么该命令就没有对访问控制矩阵造成任何改变。

5. 撤销主体

前提条件:$s \in S$

基本命令:destroy subject s(撤销主体 s)

执行结果:$S'=S-\{s\}, O'=O-\{o\}$,

$$(\forall y \in O')[a'[x,y]=\varnothing], (\forall x \in S')[a'[x,s]=\varnothing],$$

$$(\forall x \in S')(\forall y \in O')[a'[x,y]=a[x,y]]$$

这个命令用于删除主体 s。执行该命令时,访问控制矩阵中与主体 s 相关的所有的行和列都要被删除。

6. 撤销客体

前提条件:$o \in O$

基本命令:destroy object o（撤销客体 o）

执行结果:$S'=S, O'=O-\{o\}$,

$$(\forall x \in S')[a'[x,o]=\varnothing], (\forall x \in S')(\forall y \in O')[a'[x,y]=a[x,y]]$$

这个命令用于删除客体 o。执行该命令时,访问控制矩阵中与客体 o 相关的列都要被删除。

以上这些针对访问控制矩阵的基本命令也可以组合成复合命令,在执行复合命令时会多次调用、执行基本命令。

例 3-2　在 UNIX 系统中,如果进程 p 创建一个文件 f,则进程 p 是文件 f 的拥有者,同时令进程 p 对于文件 f 拥有读的权限 r 以及写的权限 w。这一操作对于访问控制矩阵的作用可以用以上介绍的基本命令来描述:

```
command create file(p,f)
   create object f;
   enter own into a[p,f] ;
   enter r into a[p,f] ;
   enter r into a[p,f] ;
end
```

然而,执行某些基本命令是需要满足一定条件的,条件可能是对客体的拥有权限或者是复制权限。下面我们就简单地介绍一下这两种访问权限。通常情况下,一个客体的拥有者是该客体的创建者，或者是由创建者直接赋予了拥有权限的其他主体。例如，主体 s_1 创建了客体 o，那么 s_1 就对 o 具有了拥有权限。如果 s_1 将对 o 的拥有权限赋予了主体 s_2，那么 s_2 就有了对 o 的拥有权限。并且，客体的拥有者可以增加或者删减自身对所拥有的客体的访问权限。复制权限则是指对某一客体拥有某种权限的主体将这种权限赋予其他主体。例如，主体 s_3 对客体 o 具有读的权限，系统允许 s_3 将这一权限赋予主体 s_4，则 s_4 对 o 也具有了读的权限，s_3 行使的这一权限就叫复制权限。

下面让我们关注一下与这两个权限相关的权限衰减规则。权限衰减规则是指某个主体不能将自己不拥有的访问权限赋予其他主体，即这个主体只能将自己所拥有的对某个客体的访问权限赋予其他主体，而如果不是该客体的拥有者，则不能赋予给其他主体对该客体的任何其他访问权限。例如，如果用户张三不能读取某个文件，也不是该文件的拥有者，则张三不能赋予李四读取该文件的权限。

一个信息系统可能采取不同的方式对信息的访问进行控制，但是，为了系统的安全，需要根据不同需求建立不同系统安全模型，所有这些模型都是由相应的安全策略所指导的，因此访问控制矩阵模型可以作为本章后续讨论的安全策略与模型的基础。

3.2 安全策略

信息安全策略是组织机构中解决信息安全问题最重要的一个部分，它定义了一个组织要实现的安全目标和实现这些安全目标的途径。信息安全策略的内容与具体的技术方案是不同的，它是描述系统中保证信息安全途径的指导性文件，指出需要完成的目标，为具体的安全措施和规定提供一个全局性框架，并不涉及具体的实施细节。

3.2.1 安全策略的职能

有效的安全策略能够矫正许多关于业务方向和安全目标的错误理解，有助于减少因为缺乏安全知识带来的损失。要保证系统的安全，必须首先明确系统的安全需求。安全策略中特别声明了系统状态的两种集合，一种是已授权的状态集合，即系统安全的状态；另一种是未授权的状态集合，即系统不安全的状态。那么，开始于已授权的状态且不会进入未授权的状态的系统称为安全系统。

图 3-1 由 4 个状态和 5 个转换关系组成。根据安全策略的定义，可以将这些状态分为两个集合，一个集合 $A_1=\{S_2,S_3\}$ 为授权的状态集合，另一个集合 $A_2=\{S_1,S_4\}$ 为未授权的状态集合。这个系统是不安全的，因为由任意一个安全的状态出发都会达到一个不安全的状态。如果将 S_2 到 S_1 的边删除，该系统就满足了安全系统的要求。

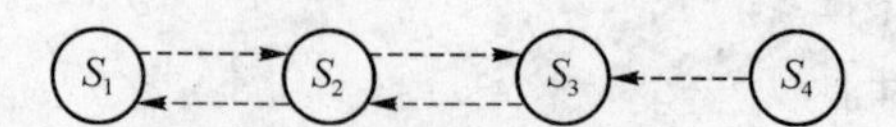

图 3-1　一个简单的状态关系

所谓安全策略就是要达到用户对系统的安全需求。在制订一个信息系统的安全策略之初，会考虑一系列的问题，如信息的保密性、完整性和可用性的要求；用户的类型与各自所拥有的权限;用户的认证方式;安全属性的管理方式等。以上这些关于信息系统安全的问题可以归纳为基于系统安全的保密性、完整性和可用性这三个基本属性的问题。

防止信息泄露(包括权限的泄露)以及非法的信息传输的策略称为保密性策略。由于许多授权是有授权期限的,安全策略需要注重保护权限的动态变化,在到达协议期限时,要删除该实体对信息的权限,以达到信息保密的作用。

描述修改信息数据的方法和条件的策略称为完整性策略。安全策略中应该规定改变信息的授权方法,同时也要制订执行该方法的实体。在实例中,常常引入职责分离的方法,即完成一项改变数据的工作可能需要多个实体共同参与其中,每个实体分担不同的工作职能,这种方法可以大大提高对于信息完整性的保护。

描述对于授权实体的正确访问,系统能够做出正确的响应的策略称为可用性策略。该策略是为了保证系统的顺利运行,满足已授权的实体对信息的正常访问,使系统提供高质量的服务。

安全的实质就是安全法规、安全管理以及安全技术的实施。安全策略的职能和目标可以概括成如下三个方面:

(1) 防止非法的、偶然的和非授权的信息活动,保护有价值的、机密的信息,支持正常的信息活动。

(2) 监视系统的运行,发现异常的信息活动或者设备故障,进行必要的法律和技术方面的处理。

(3) 保障系统资源和各类数据及信息的机密性、完整性和可用性,防止资源的浪费或者不合理使用[7]。

所有的安全策略和安全机制都基于特定的假设,如果假设是错误的,则安全策略和安全机制的上层得到的结论也就不成立了,因此,信任对于系统的信息安全是十分重要的。

3.2.2　安全策略的类型

在实际应用中,策略可以细化为不同层次上的策略类型。根据美国国家标准技术研究所(National Institute of Standards and Technology,NIST)做出的定义,存在如下四种策略类型[8]。

1. 程序层次的策略

程序层次的策略是用于创建针对管理层的计算安全程序,这是最高层次的策略,它描述了信息安全的需要,在创建和管理程序时声明程序的安全目标。

2. 框架层次的策略

框架层次的策略是关于计算安全的总的研究方法,它详细叙述了程序的要素和结构。

3. 面向问题的策略

面向问题的策略负责解决信息系统执行者关心的具体事宜。

4. 面向系统的策略

面向系统的策略负责解决系统管理的专门事宜。

不同类型的安全策略在信息系统安全的不同方面和阶段起着重要的指导作用,是信息安全系统中不可或缺的重要因素。不同应用领域中对于安全策略的要求也有所不同,特别是对于保密性、完整性和可用性的要求程度有明显的差别。按照这些差别来分析,主要有四种策略:保密性策略、完整性策略、军事安全策略、商业安全策略。

首先,需要介绍两种对于保密性和完整性要求比较严格且单一的安全策略,分别是保密性策略和完整性策略。保密性策略是仅处理保密性的安全策略。完整性策略是仅处理完整性的安全策略。然而在实际应用中,绝大部分的系统对于保密性和完整性以及可用性都是有综合需求的,而不仅仅局限于单一的安全特性。

接下来,我们介绍一些对不同安全特性有着综合需求且有着不同侧重的安全策略。

军事安全策略,是以确保保密性为主要目标的安全策略。在政府部门或者军事机构中对于信息的机密性要求十分严格。对于此类安全策略而言,完整性和可用性也是要求的,但是总的来说,如果信息的保密性遭到破坏,危害是最大的。例如,敌对的双方正在交战时,军事机密的泄露所带来的损失是不可想象的。因此,对于军事安全策略来说,保密性、完整性和可用性这三者需要兼顾,但以保密性为重点。

商业安全策略,是以确保完整性为主要目标的安全策略。在商业机构中对于信息的完整性要求十分苛刻。例如,银行账户的信息完整性受到破坏,该客户的资金遭到恶意篡改,可能受到极大的损失。恶意增加金额或者减少金额,会相应地使银行或者客户遭到财务上的巨大损失。相对而言,如果机密性遭到破坏,造成的损失可能没有破坏完整性所造成的损失这么直接和巨大。因此,完整性要求成为商业安全策略的重中之重。

3.2.3 访问控制的类型

对受保护的信息进行访问控制可以由信息的拥有者来决定,也可以由操作系统进行访问控制,而信息拥有者的控制不能超越这些控制。前一种访问控制是基于身份的,后一种访问控制是基于授权的,与身份无关。安全策略可以单一地使用某种类型的访问控制,也可以混合使用这两种类型的访问控制。下面来分别介绍这两种常见的访问控制。

1. 自主型访问控制

自主型访问控制(Discretionary Access Control,DAC)又称为基于身份的访问控制,在该类型访问控制下的用户可以设置访问控制机制来许可或者拒绝对客体的访问权限。

该类型的访问控制基于主体和客体的身份,允许对象的拥有者制订针对该对象的保护策略。这种访问控制是自主的,具有某种访问许可的主体能够将访问权限传递给其他主体。通常自主型访问控制通过访问控制列表来限定哪些主体针对哪些客体可以执行什么样的操作,这样可以非常灵活地对策略进行调整。由于它的易用性与可扩展性,自主型访问控制机制经常被用于 Windows NT Server、UNIX、防火墙等商业系统。

该类型的访问控制具有以下特点:每个主体拥有一个用户名并属于一个组或者充当一个角色;每个客体拥有一个限定主体对其访问的权限列表 ACL;每次访问发生时客体都会基于访问控制列表检查用户标志以实现对其访问权限的控制。在该类型的访问控制策略下,客体的所有者可以决定哪些主体可以访问该客体以及相应的访问权限。

例 3-3 系统中存在的 4 个主体分别为 s_1, s_2, s_3, s_4,其中 s_1 拥有客体 o_1,s_3 拥有客体 o_2,主体与客体之间的访问关系如表 3-2 所示。s_1 作为 o_1 的拥有者,它可以改变 s_3 和 s_4 对

于 o_1 的访问权限；同样地，s_3 也可以改变 s_1 和 s_2 对于 o_1 的访问权限。

表 3-2　自主型访问控制

主体 / 客体	s_1	s_2	s_3	s_4
o_1	拥有	读	读、写	∅
o_2	∅	∅	拥有	读

2. 强制型访问控制

强制型访问控制（Mandatory Access Control，MAC）又称为基于规则的访问控制，该类型访问控制下的系统控制着对于客体的访问，而个人用户不能随意改变这种控制规则。

该类型访问控制中的主体和客体的拥有者都不能决定访问的授权，是系统通过检查主体和客体之间的相关信息来决定主体与客体的访问关系。这种访问控制方法用来保护系统确定的对象，对此对象用户是不能进行更改的。也就是说，系统独立于用户行为强制执行访问控制，用户不能改变他们的安全级别或者对象的安全属性。这样的访问控制规则通常对数据和用户按照安全等级划分标签，访问控制机制通过比较安全标签来确定是授予还是拒绝用户对资源的访问。由于强制型访问控制进行了很强的等级划分，所以经常用于军事领域。

在强制型访问控制系统中，所有主体（如用户和进程）和客体（如文件和数据）都被分配了安全标签，安全标签标识安全等级，访问控制执行时对主体和客体的安全级别进行比较。

例 3-4　强制型访问策略虽然经常应用在军事领域中，但其在 Web 服务中也会用到。假如 Web 服务以“秘密”的安全级别运行。攻击者在目标系统中以“机密”的安全级别进行操作，他将可以访问系统中安全级别为“秘密”的数据，但是不能访问系统中安全级别为“顶级机密”的数据（如图 3-2 所示）。安全等级关系参考 3.3.2 中的介绍。

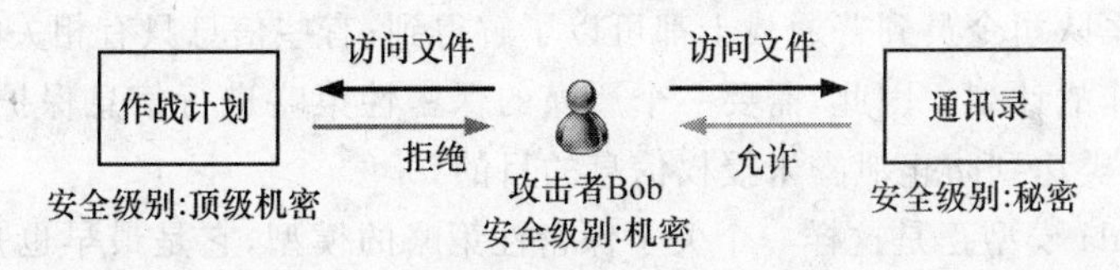

图 3-2　强制型访问控制

强制型访问控制和自主型访问控制有时会结合使用。例如，系统可能首先执行强制访问控制来检查用户是否具有访问一个文件组的权限，这种控制机制是强制的，这些策略不能被用户更改；然后再针对该组中的各个文件制订相关的访问控制列表，这一部分机制则属于自主型访问控制策略。

3.3　保密性模型与策略

信息的保密性要求是指防止信息泄露给未授权的用户。保密性模型与策略是对信息的保密性进行保护，防止信息的非授权泄露，此时对于信息的完整性保护已经成为次要目标。下面我们就来了解保密性策略以及典型的保密性模型。

3.3.1 保密性策略的目标

保密性策略主要应用在军事领域。例如,军事消息的内容对保密性的要求很高,消息的安全性是建立在消息的保密性基础上的,有一些机密信息宁可牺牲其完整性,也要保证不被敌方获取,一旦消息泄露给敌方,那么会造成严重后果。保密性的主要目标是防止涉及军方、政府或个人隐私等方面的信息泄露。例如,盗取政府机密,截获作战计划等行为都是对信息的保密性进行破坏。

在军事环境中,为了有效地对信息进行保密,对信息和用户的安全等级进行了划分,用户对信息的访问权限严格遵循这些等级之间的访问关系,最为典型的保密性策略是 Bell-LaPadula(BLP)模型。

3.3.2 Bell-LaPadula 模型

Bell-Lapadula 模型[9]是第一个能够提供分级别数据机密性保障的安全策略模型,它对信息按不同的安全等级进行分类,从而进行安全控制。该模型对计算机安全的发展有着重要影响,并且被作为美国国防部橘皮书《可信系统评价标准》的基础。Bell-Lapadula 模型中的安全等级是按照军事类型的安全密级进行划分的,由低级到高级依次有 UC(UnClassified,无密级),C(Confidential,秘密级),S(Secret,机密级),TS(Top Secret,顶级机密级)。等级越高说明该信息的安全要求越高。BLP 模型是从军事类型的安全密级分类而来,我们就以军队中的例子来说明该模型。

例 3-5 军队对应一个巨大的信息系统,涉及的信息种类很多,不同种类的信息对应不同安全等级的客体,因此客体信息就有了它们的敏感级别,军队中不同职能的人员则对应不同职权等级的主体。在军事信息系统中,有些信息是可以公开的,如一些假日休息和文艺活动安排信息,从军队司令员到普通战士都可以了解得到;有些信息只有相关的高级军官才可以知道,如部队作战计划。因此,需要一个严谨的保密性策略进行信息保护,根据客体与主体不同的等级分类达到防止泄露未授权信息的目的。

Bell-Lapadula 模型正是这样一个关于保密性策略的模型,它是最早也是最著名的多级安全模型,它的功能是防止系统中的主体读取到安全密级比自己高的客体。这里仍然用 s 表示信息系统中的主体,如进程,用 o 表示信息系统中的客体,如数据和文件。主体 s 可以对客体 o 进行 r(读)、w(写)、a(添加)、e(执行)、c(控制)等形式的访问。用 l 表示安全等级,$l(s)$表示主体 s 的安全密级,$l(o)$表示客体 o 的安全密级,不同的安全密级由 l_i 来表示,$i=0,1,\cdots,k-1$,且 $l_i \leqslant l_{i+1}$。表 3-3 是该分类系统的一个实例描述。

表 3-3 四个安全等级的排列

密级(级别号)	主体	客体
TS(3)	高级人事主管	人事档案
S(2)	项目经理	项目计划
C(1)	宣传人员	活动日志
UC(0)	普通员工	员工联系方式

注:最高层是最敏感信息,向下依次递减。

Bell-Lapadula 模型结合了强制型访问控制和自主型访问控制。作为实施强制型访问控制的依据，主体和客体均要求被赋予一定的安全等级。自主型访问控制中的访问策略或者权限是可以由系统中的超级用户或者客体对应的主体拥有者来改变的。主体对其拥有的客体，有权决定自己和他人对该客体的访问权限。

为了达到这个目的，必须满足以下的简单安全条件[1]：

(1) 主体 s 读客体 o，当且仅当 $l(o) \leqslant l(s)$，且 s 对 o 具有自主读的权限。

这一条件使系统中的主体不可能读到安全密级更高的客体，这样就可以保证机密等级高的信息不会流向较低的等级，简称为"不向上读"。实际应用时，图 3-3 说明了 BLP 模型中的主体"不向上读"的这一重要原则。这一安全条件不足以防止较高安全密级的信息客体泄露给较低安全密级的主体。因此，保密性模型必须同时满足条件(2)，也称为 *-属性。

(2) 主体 s 写客体 o，当且仅当 $l(s) \leqslant l(o)$，且 s 对 o 具有自主写的权限。

如果一个较高密级的主体在自己的权利范围内将较高密级的机密信息复制到较低密级的文件中，那么无形中就降低了该机密信息的安全密级，使得原本没有资格获取该信息的主体可以读取到机密信息的内容，从而破坏了信息的保密性。为了防止这种情况发生，就需要遵守 *-属性，简称为"不向下写"。图 3-4 说明了 BLP 模型中的主体"不向下写"这一重要原则。当主体不能向比自己等级低的文件中进行写操作时，以上情况就不会发生。这一条件明确地表明具有高安全密级的主体不能发送消息给较低安全密级的主体。

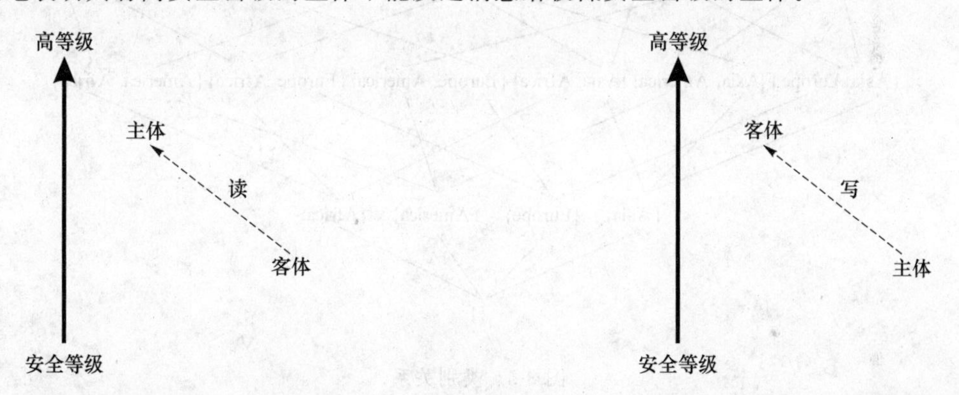

图 3-3　BLP 模型中的"不向上读"原则　　　图 3-4　BLP 模型中的"不向下写"原则

通过图 3-3 和图 3-4 可以清晰地看出，在 Bell-Lapadula 模型中无论是合法的读权限还是合法的写权限都会使系统中的信息由较低的安全等级流向较高的安全等级。

在军事信息系统中对于敏感信息的访问，一般遵守"最小权限"和"需要知道"的原则。前者是指在确定主体访问目标权限的时候，仅赋予该主体最少需要的许可权限。例如，访问者需要访问密级 1 的数据，就赋予他该密级的权限，不要赋予他访问密级 2 数据的权限。后者是指主体只应该知道他工作所需的那些密级及该密级中所需的数据。例如，一个主体可能需要了解不同密级上的信息，但是每个密级上都需要明确他所需要知道的信息的范围。

3.3.3　Bell-Lapadula 模型的拓展

Lattice 模型将 Bell-Lapadula 模型的每一个安全密级加入了相应的安全类别，从而使得 Bell-Lapadula 模型得到了拓展。每一个类别包含了描述同一类信息的一组客体，一个客体可以属于多个类别。Lattice 模型中主体与客体之间访问的安全等级关系与 Bell-Lapadula 模型相同，但考虑的因素不仅仅局限于主体与客体的安全级别，而是从安全级别与类别两方面进行考虑。例 3-6 就介绍了 Lattice 模型关于客体类别的例子。如果主体对客体有访问权限，那么主体能够访问的类别中一定包含该客体，否则就不能合法访问了。

例 3-6　系统中可访问的客体类别一共有四个，分别是 Asia、Europe、America 和 Africa。那么某个主体可访问的类别集合就是下列集合之一：

空集，{Asia}，{Europe}，{America}，{Africa}，{Asia, Europe}，{Asia, America}，{Asia, Africa}，{Europe, America}，{Europe, Africa}，{America, Africa}，{Asia, Europe, America}，{Asia, Europe, Africa}，{Asia, America, Africa}，{Europe, America, Africa}，{Asia, Europe, America, Africa}。这些类别集合在操作⊆（子集关系）下形成一个格（如图 3-5 所示），其中，图中的连线表示符号“⊆”的关系。

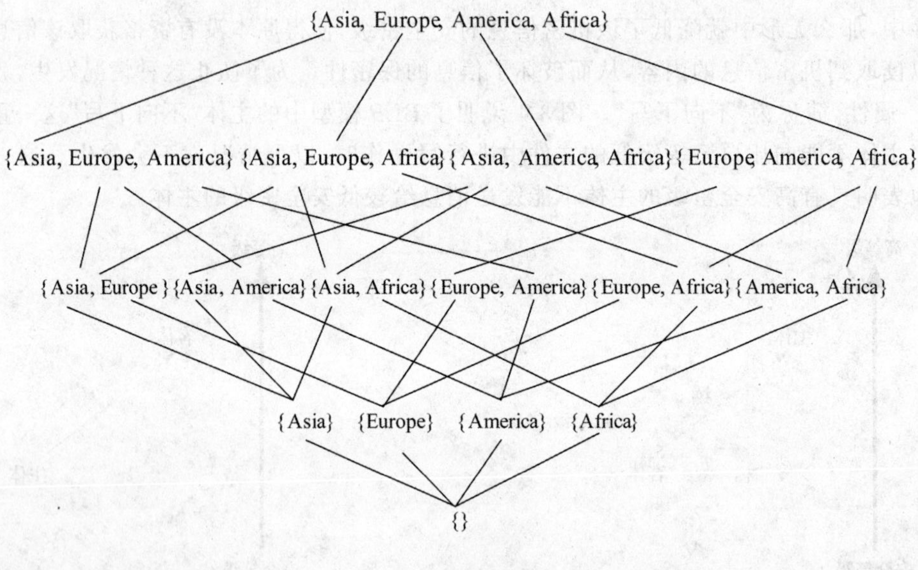

图 3-5　类别关系

针对信息系统对信息的控制要求，可以利用主体的密级和客体的类别二元组来描述这种多级安全的需求。每个安全密级和类别可以形成一个安全等级，用二元组可以表示为（密级，{类别}）。其中，密级与之前提到的四个敏感密级对应，类别则是针对系统中的信息分类而言，表示信息的范围。

安全等级改变了访问的方式。在定义安全条件时，不能直接比较主体和客体的安全密级，还要根据“需要知道”原则，考虑主体访问的客体类别集合。因此，需要引入“支配”的概念。

安全等级 (L,C) 支配安全等级 (L',C')，当且仅当 $L'\leqslant L$ 且 $C'\subseteq C$。

用 $C(s)$ 表示主体 s 的类别集合，用 $C(o)$ 表示客体 o 的类别集合。BLP 模型的简单安全条件及 * -属性可以改进为：

主体 s 读客体 o，当且仅当 s 支配 o，且 s 对 o 具有自主读的权限；主体 s 写客体 o，当且仅当 o 支配 s，且 s 对 o 具有自主写的权限。

BLP 模型形式化地描述了系统状态和状态间转换的规则，定义了安全的保密性的概念，并制订了一组安全特性，以此对系统状态和状态间转换规则进行限制和约束，使得对于一个系统，如果它的初始状态是安全的，并且所经过的一系列的转换规则也是安全的，那么可以判定该系统是安全的。

BLP 模型中的自主安全特性是指系统状态的每一次存取操作都是由访问控制矩阵限定的。也就是说，如果系统中的主体对客体的当前访问模式包含在访问控制矩阵中，则授权此次访问。

根据以上介绍的 BLP 模型的几条属性可以归纳出如下的基本安全定理：

定理 3.1　假设一个系统的初始状态 θ_0 是安全的，经过一系列的状态转换，如果状态转换集合中的每个元素都遵守以上的安全条件及 *-属性，那么对于转换后的系统，每个状态 θ_i 都是安全的($i \geqslant 0$)。

这个安全定理在检验信息系统的安全性时起到了很大的作用。例如，已知一个系统的初始状态是安全的，只要能证明后续的转换状态都是安全的，那么这个系统一定一直保持着安全性。

当然，在实际应用中，可能较高等级主体会有与较低等级主体进行直接通信的需求。例如，一个处在较高等级的主体需要写信息到一个较低等级的客体中去，以便将该信息传达给较低等级的主体。这一操作违反了上面介绍的关于 Bell-Lapadula 模型的 *-属性。Bell-Lapadula模型中有两种方法可以满足这一类型的通信需求。

(1) 临时降低主体的安全等级

一个主体可以拥有一个最高安全等级和一个当前安全等级，最高安全等级必须支配当前安全等级。一个主体的安全等级可以从最高安全等级降低下来，以满足与较低安全等级的主体进行通信的需求。

(2) 确定一些可信的主体，暂时违反 *-属性

系统中不可信的主体必须严格遵守安全策略，一些可以确认为值得信赖的主体可以在确保不破坏系统安全性的情况下，暂时违反 *-属性。

例 3-7　用 BLP 策略模型中的强制访问控制关系和自主访问控制关系来判断主体与客体之间的关系，只有同时满足这两类访问控制关系的访问权限才是合法的。利用表 3-3 中实体安全等级的状态，假设一个信息系统中有三个访问主体分别是高级人事主管、项目经理和宣传人员，有两个文件分别是文件$_1$ 和文件$_2$，安全密级分别是：高级人事主管-顶级机密级、项目经理-机密级、宣传人员-秘密级、文件$_1$-机密级、文件$_2$-秘密级(强制访问控制关系如图 3-6 所示)。现在系统赋予这些主体一些访问权限(自主访问控制关系如表 3-4 所示)。根据 BLP 策略模型依次判断下列访问权限是否合法。

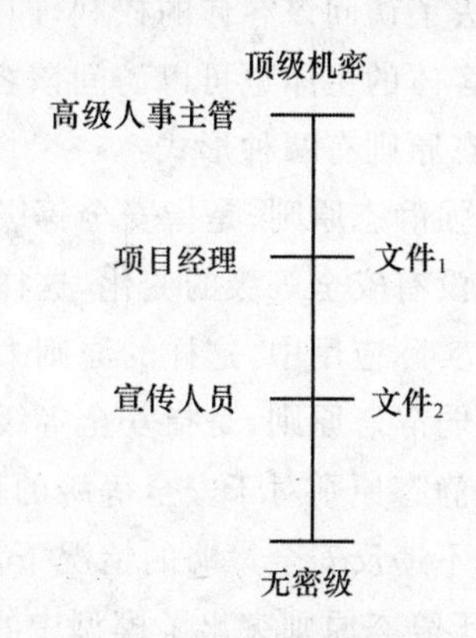

图 3-6　强制访问控制关系

高级人事主管对文件$_1$ 的读权限；高级人事主

管对文件$_2$的写权限；项目经理对文件$_2$的读权限；项目经理对文件$_2$的写权限；宣传人员对文件$_1$的读权限。

表 3-4　自主访问控制关系

主体＼客体	文件$_1$	文件$_2$
高级人事主管	读	写
项目经理	读、写	∅
宣传人员	读、写	读、写

下面根据BLP模型来对这五个权限依次进行判断：

(1) 判断高级人事主管对文件$_1$的读权限：根据已知条件，高级人事主管的密级高于文件$_1$的密级，且高级人事主管对文件$_1$ 具有读的权限，因此该权限是合法的，应该被允许。

(2) 判断高级人事主管对文件$_2$的写权限：由于不满足高级人事主管的密级小于或等于文件$_2$的密级这一安全条件，因此该权限非法，应该被禁止。

(3) 判断项目经理对文件$_2$的读权限：虽然满足项目经理的密级大于或等于文件$_2$的密级，但是访问矩阵中没有此权限，因此权限是非法的，应该被禁止。

(4) 判断项目经理对文件$_2$的写权限：由于不满足项目经理的密级小于或等于文件$_2$的密级，因此该权限非法，应该被禁止。

(5) 判断宣传人员对文件$_1$的读权限：由于不满足宣传人员的密级大于或等于文件$_1$的密级，因此权限是非法的，应该被禁止。

这个例子充分地表现了 Bell-Lapadula 安全模型中强制型控制访问和自主型控制访问的区别与作用。整个信息系统的访问控制是综合了这两种访问控制类型的结果，从而能够对权限的合法性做出相应的判断。

这里需要引入一个重要的概念——静态原则（the Tranquility Principle）。静态原则是指主体和客体的安全级别在初始化之后就不会改变了。客体安全等级的变化会给信息的保密性带来影响。假设较低安全等级的客体提高了安全等级，那么原来可以访问该客体的主体就失去了访问该客体的权利，同样，较高安全等级的客体降低了安全等级，那么原来不能访问该客体的主体也可以访问该客体了。因此，静态原则是保证信息保密性的一个必要措施。静态原则有两种形式：

- 强静态原则，是指安全等级在系统的整个生命周期中不改变。强静态原则的优点是没有安全等级的变化，这样就不会产生违反安全条件的可能性，缺点是不够灵活，在实际应用中，这样的原则太过严格。
- 弱静态原则，是指安全等级在不违反已给定的安全策略的情况下是可以改变的。弱静态原则对于安全等级的变动要求更加灵活，如果用户要求这种状态转换，那么在不违反安全策略的情况下，应当允许这种状态转换。

由于静态原则突出了模型中的信任假设，因此在 Bell-Lapadula 模型中有着十分重要的作用，在应用过程中应该受到特别的关注。

3.3.4 Bell-Lapadula 模型的局限性

Bell-Lapadula 模型是第一个符合军事安全策略的多级安全的模型。该模型的理论思想对于后续其他的安全模型有着重大的影响，并且在一些信息安全系统的设计中得到应用。Bell-Lapadula 模型从本质上讲是一种基于安全等级的存取控制模型，它以主体对客体的存取安全级函数构成存取控制权限矩阵来实现主体对客体的访问。BLP 模型自从被提出以来，就不断地引起人们对该模型的讨论。人们一般认为该模型的局限性主要有以下几点：

1. 缺乏对信息的完整性保护

实际上这是 BLP 模型的一个特征而不是缺陷。对于一个安全模型来说，限制它的目标是十分合理的[10]。

2. 包含隐蔽信道

隐蔽信道是指不受安全机制控制的信息流[11]。如果低级别的主体可以看见高级别客体的名字，但被拒绝访问客体的内容，那么该客体的名字就是一个典型的隐蔽信道。在 BLP 模型中，虽然信息不能直接由高等级向低等级流动，但是可以利用访问控制机制本身构造一个隐蔽信道，使系统中的信息由高安全等级流向低安全等级。因此，在特殊环境下的实际应用中，仅仅隐藏客体的内容是远远不够的，往往还需要隐藏客体本身的存在。

3. "向上写"会造成应答盲区

当一个低安全等级的进程向一个高安全等级的进程发送一段数据后，按照 BLP 模型中"不能向下写"的规则，高等级的进程无法向低等级进程发送关于操作成功的回应，相应的低等级进程无法知道它向高等级进程发出的消息是否正确到达。

4. 时域安全性

不同主体访问同一客体时会出现时域上的重叠，有时会出现信息的泄露。

5. 安全等级定义的完备性

主体的安全等级是由安全密级和类别组成的二元组。在创建主体时就确定了该主体当前的安全等级，并且在主体的整个生命周期内固定不变。这种方法过于严格，缺乏灵活性。

3.4 完整性模型与策略

信息的完整性要求是指维护系统资源在一个有效的、预期的状态，防止资源被不正确、不适当地修改。完整性模型与策略是对信息的完整性进行保护，防止信息的非授权更改，此时对于信息的机密性保护成为次要目标。下面我们就来了解完整性策略以及典型的完整性模型。

3.4.1 完整性策略的目标

完整性策略主要应用在商业领域。例如，对于一个库存控制系统而言，它的正常运作建立在管理数据可以正常发布的情况下。如果这些数据被随意改动了,那么这个管理系统也就不能正常工作了。完整性的主要目标是防止涉及记账或者审计的舞弊行为的发生。例如,入侵到银行系统内部非法更改账户的存款金额,入侵到大型超市的物流管理网络进行非法篡改货物信息等都是对信息的完整性进行破坏。

Bell-Lapadula 模型的出现为人们解决信息系统的保密性问题做出了巨大的贡献,但是,人们发现商业与军事在安全方面的需求是不同的,商业安全更强调保留资料的完整性,Bell-Lapadula 模型并不适合所有的环境。因此,人们提出了针对保护信息完整性的模型和策略。下面就以 Lipner 提出的完整性模型为例来明确商业生产系统安全策略中需要达到的目标。

Lipner[12] 提出了为保证完整性所需要达到的几条规则,这些规则主要是针对特殊的商业策略而制定的。虽然假设环境比较特殊,但是通过分析这些需求规则可以明确完整性模型需要达到的目标。该原则应用在系统开发的环境下,在后面 3.4.3 中介绍 Lipner 完整性模型时会再用到下列这些原则:

(1) 用户不能随意编写程序,必须使用现有的生产程序与数据库。

(2) 编程人员是在一个非生产的系统上进行开发工作的。如果他们需要访问生产系统中的数据,他们必须通过特殊处理过程来获得这些数据,并且只能将这些数据使用在自己开发的系统中。

(3) 开发系统上的程序必须经过特殊处理过程才能安装在生产系统上。

需要说明的是,上述原则中最后一条所说的特殊处理过程必须要受到控制和审计,并且要保证管理员和审计员必须能够访问系统状态和已生成的系统日志。以上这些原则表明了一些特殊的操作规则,例如,职责分离、功能分离以及审计。

- 职责分离规则,是指如果执行一个关键操作需要两个以上的步骤才能完成,则至少需要两个不同的人来执行这些操作。例如,应用中,将程序从开发系统安装到生产系统中的这一关键操作,一般交给没有负责开发的人员来完成,原因是如果从开发到安装都是同一个人员完成的话,很多错误就很难发现。由于开发人员在开发过程中总会提出一些假设,安装人员的工作正是验证这些假设是否正确,只有假设正确,系统才能正常工作。另外,如果开发人员故意写入恶意的代码,只有安装测试工作交给不是开发的人员来完成才有可能检查出恶意代码。
- 功能分离规则,是指开发人员不能在生产系统上开发程序或者处理生产数据,否则对生产数据会造成威胁。开发人员和测试人员可以根据各自的安全等级及信息的安全等级获得相应的生产数据。
- 可恢复性和责任可追究性在商业系统中十分重要。商业系统中需要大量的审计工作,用来确定系统中所进行的操作及这些操作的执行者,尤其当程序由开发系统转移到生产系统时,审计和相关日志十分重要。

由于完整性模型与保密性模型应用的环境不同,导致了它们的目标也不相同。前者主要应用于商业环境,后者主要应用于军事环境。商业环境和军事环境对于信息的保护目标和原则有着明显不同的需求。首先,对于访问权利的获得问题,在军事环境中,安全等级和类别是集中建立的，这些安全等级直接决定了用户对信息的不同访问权限。在商业环境中，安全等级和类别都是分散建立的，如果某个主体在其职责内需要了解某个特定的信息，那么这个访问是会被允许的。其次，对于在商业安全模型中的特殊需求，在军事安全模型中可能不会遇到。例如，在商业环境中一些保密的信息很可能从一些可公开的信息中推导得到。为了防止这种情况发生，商业安全模型需要跟踪被访问的信息情况，这样就大大地提高了模型的复杂性，对于这一点，保密性模型就做不到。下面要介绍的完整性安全模型正是针对商业环境中的这些特殊需求提出的。

3.4.2　Biba 完整性模型

1977 年，Biba 提出了一个完整性模型，称为 Biba 模型[13]。Biba 模型使用了一种非常类似于 Bell-Lapadula 的状态机，从主体访问客体这个角度来处理完整性问题。为了更加简洁直观地表示 Biba 模型，下面分别介绍系统模型中涉及的元素以及它们之间的常见关系。

一个系统包含了主体集合 S，客体集合 O，以及完整性级别集合 I。它们之间的关系表达如下：

$<\subseteq I\times I$ 表示第二个完整性等级高于第一个完整性等级；

$\leqslant\subseteq I\times I$ 表示第二个完整性等级高于或者等于第一个完整性等级。

下面是几个函数表达方法：

$\min: I\times I\rightarrow I$ 表示两个完整性等级的较低者；

$i: S\cup O\rightarrow I$ 表示一个主体或者客体的完整性等级。

下面是几种关系表达方法：

$\underline{r}\subseteq S\times O$ 表示主体读取客体的能力；

$\underline{w}\subseteq S\times O$ 表示主体写入客体的能力；

$\underline{x}\subseteq S\times S$ 表示一个主体执行另一个主体的能力。

完整性等级越高，程序执行的可靠性就越高，高等级数据比低等级数据具有更高的精确性和可靠性。这种模型隐含地融入了"信任"的概念。例如，一个客体所处的等级比另一个客体所处的等级要高，则可认为前者拥有更好的可信度。

Biba 在测试他的策略中引入了路径转移的概念。在一个信息系统中，主体可以通过一系列的读写操作将客体中的数据沿着一条信息流路径转移到其他客体中。定义如下：

一条转移路径是信息系统中的一系列客体 $o_1,\cdots,o_{n+1}$ 和与之对应的一系列主体 $s_1,\cdots,s_n$，使得对于所有的 i，$1\leqslant i\leqslant n$，满足 $s_i\underline{r}o_i$ 和 $s_i\underline{w}o_{i+1}$。

Biba 对系统的完整性进行研究，提出了三种策略[1]。

1. Low-Water-Mark 策略

该策略的要求是在一个主体完成对一个客体的访问后，该主体的完整性安全等级将变为该主体和被访问客体中较低的那一个等级。具体规则表示如下：

(1) 主体集合中的一个主体 s 可以对客体集合中的一个客体 o 进行写操作，当且仅当 $I(o)\leqslant I(s)$。

第一条规则是用来防止主体向更高等级的客体写入信息的。如果一个主体改变更高可信度的客体,那么会使得该客体的可信度降低,因此这样的写入操作是被禁止的。

(2) 如果主体集合中的一个主体 s 对客体集合中的一个客体 o 进行了读操作,那么该主体在完成了读操作之后的完整性等级为 $\min(I(o),I(s))$。

第二条规则说明,当一个主体读取了比自己可信度低的客体后,它所使用的数据资料的可信度就降低了,因此,该主体也就随之降低了自身的可信度等级。这样做是为了防止数据“污染”主体。

(3) 主体集合 S 中的两个主体 s_1 和 s_2,如果 s_1 可以执行 s_2,当且仅当 $I(s_2)\leqslant I(s_1)$。

第三条规则规定了主体只可以执行完整性等级比自己低的主体,否则,被调用的高等级主体就会被发起调用的低等级主体破坏安全级别。

Low-Water-Mark 策略约束信息转移路径的等级条件是:如果存在一条信息转移路径,从客体 $o_1\in O$ 转移到 $o_{n+1}\in O$,那么对于所有的 $n\geqslant 1$,都存在 $I(o_{n+1})\leqslant I(o_1)$。

这种策略要求主体读取完整性等级较低的客体后必须降低其完整性等级,禁止了降低完整性标签的直接和间接修改。该策略的缺点是由于第二条规则的规定,主体的完整性等级肯定呈现非递增的改变趋势,因此主体很快就不能访问等级较高的客体了。

2. 环策略

该策略中允许任何完整性等级的主体读取任何完整性等级的客体。具体规则表示如下:

(1) 无论完整性等级如何,任何主体可以读取任何客体。

(2) 主体集合中的一个主体 s 可以写入客体集合中的一个客体 o,当且仅当 $I(o)\leqslant I(s)$。

(3) 主体集合 S 中的两个主体 s_1 和 s_2,如果 s_1 可以执行 s_2,当且仅当 $I(s_2)\leqslant I(s_1)$。

3. Biba 严格完整性模型

Biba 模型是 Bell-Lapadula 模型数学上的对偶。具体规则表示如下:

(1) 主体集合 S 中的主体 s 读取客体集合 O 中的客体 o,当且仅当 $I(s)\leqslant I(o)$。

(2) 主体集合 S 中的主体 s 写入客体集合 O 中的客体 o,当且仅当 $I(o)\leqslant I(s)$。

(3) 主体集合 S 中的两个主体 s_1 和 s_2,如果 s_1 可以执行 s_2,当且仅当 $I(s_2)\leqslant I(s_1)$。

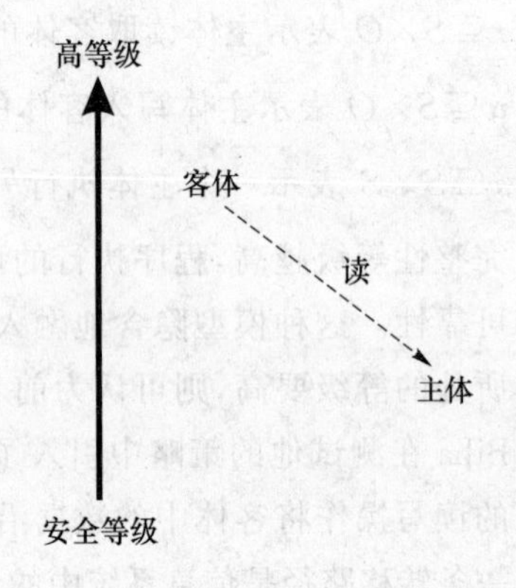

图 3-7　Biba 模型中的“不向下读”原则

图 3-7 和图 3-8 分别说明了 Biba 模型中的主体“不向下读”和“不向上写”的重要原则。

通过图 3-7 和图 3-8 可以清晰地看出,在 Biba 模型中,无论是合法的读权限还是合法的写权限,都会使系统中信息的流向由较高的安全等级流向较低的安全等级。

例 3-8　用户 Bob 的安全级别是“机密”,他要访问安全级别为“秘密”的文档“文件$_2$”,他将被允许对“文件$_2$”写入数据,而不能读取数据。如果 Bob 想访问安全级别为“顶级机密”的文件“文件$_1$”,那么,他将被允许对“文件$_1$”进行读取数据,而不能写入数据。这样,就使信息的完整性得到了保护,如图 3-9 所示。

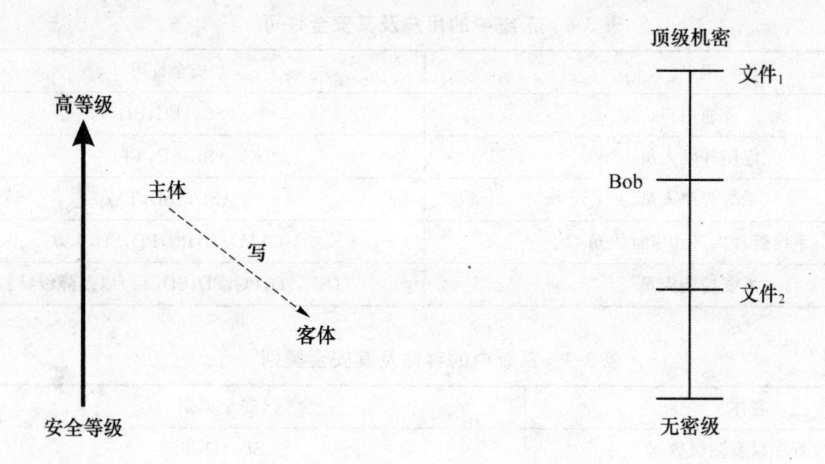

图 3-8　Biba 模型中的"不向上写"原则　　　　图 3-9　系统中主体与客体的安全级别

表 3-5　系统中主体与客体的访问关系

主体＼客体	文件$_1$	文件$_2$
Bob	读	写

通过上面的介绍，我们可以看出 Biba 策略模型的优势在于策略比较简单明确，易于实施和验证。但是，现有的 Biba 策略也存在一些问题。例如，存在可用性问题。Low-Water-Mark 策略和 Biba 严格策略的动态实施[14]都会随着主体的长时间运行失去可调节性。对于这个问题这里就不做详细讨论了。

3.4.3　Lipner 完整性模型

Lipner 结合了 Bell-Lapadula 模型和 Biba 模型，设计出一种更符合商业模式需求的完整性模型。

1. Lipner 模型中对 BLP 模型的使用

Lipner 模型借鉴了 Bell-Lapadula 模型的建立模式。BLP 模型中分别将系统中的客体划分为不同的等级并且赋予主体不同的安全许可，Lipner 模型中也规定了自身的安全等级和安全许可类型。

由高级别到低级别提供了两个安全等级，分别是：审计管理（AM），表示系统审计和管理功能所处的等级；系统低层（SL），表示任意进程都可以在这一等级上读取信息。同时定义了 5 个类别，分别是：开发（D），表示正在开发、测试的过程中但并未适用的生产程序；生产代码（PC），表示生产进程和程序；生产数据（PD），表示与完整性策略相关的程序；系统开发（SD），表示正在开发过程中但还未在生产中使用过的系统程序；软件工具（T），表示生产系统上提供的与敏感的和受保护的数据无关的程序。

Lipner 按照不同类型用户各自的工作需要赋予他们不同的安全许可，如表 3-6 所示；同样地，对系统中的数据及程序进行类别的分配，如表 3-7 所示。

表 3-6 系统中的用户及其安全许可

用户	安全许可
普通用户	(SL,{PC,PD})
应用开发人员	(SL,{D,T})
系统程序人员	(SL,{SD,T})
系统管理人员和审计人员	(AM,{D,PC,PD,SD,T})
系统控制人员	(SL,{D,PC,PD,SD,T})以及降级特权

表 3-7 系统中的客体及其安全类别

客体	安全类别
开发程序以及测试数据	(SL,{D,T})
生产程序	(SL,{PC})
生产数据	(SL,{PC,PD})
软件工具	(SL,{T})
系统程序	(SL,∅)
修改中的系统程序	(SL,{SD,T})
系统和应用日志	(AM,{适当的类别})

然而,如果 Lipner 模型只是参照 BLP 模型来进行建立的话,在实际应用中对于完整性的需求是不能够很好地满足的。因此,为了修正这个问题,Lipner 模型同时与 Biba 模型相结合。

2. Lipner 完整性模型

Lipner 模型结合了 Biba 模型后,增强了对于完整性需求的满足。对安全等级进行了扩充,增加的三个完整性安全等级,由高级别到低级别分别为:系统程序(ISP),表示系统程序的等级;操作级(IO),表示生产程序和开发软件的等级;系统低层(ISL),表示用户登录时的等级。并用两个完整性类别来区分生产数据及软件和开发数据及软件:开发(ID),表示开发实体;产品(IP),表示生产实体。同时还定义了另外 3 个类别,分别是:生产(SP),表示生产程序和生产数据;开发(SD),表示正在开发、测试的过程中但并未适用的生产程序;系统开发(SSD),表示正在开发过程中但还未在生产中使用过的系统程序。

Lipner 按照不同类型用户各自的工作需要赋予他们不同的安全许可及完整性许可,如表 3-8 所示;同时还分配给不同类别的客体安全等级及完整性等级,如表 3-9 所示。

表 3-8 系统中的用户及其许可

用户	安全许可	完整性许可
普通用户	(SL,{SP})	(ISL,{IP})
应用开发人员	(SL,{SD})	(ISL,{ID})
系统程序人员	(SL,{SSD})	(ISL,{ID})
系统管理人员和审计人员	(AM,{SP,SD,SSD})	(ISL,∅)
系统控制人员	(SL,{SP,SD,SSD})和降级特权	(ISP,{IP,ID})
修复	(SL,{SP})	(ISL,{IP})

表 3-9　系统中的客体及其等级

客体	安全等级	完整性等级
开发程序以及测试数据	(SL,{SD})	(ISL,{ID})
生产程序	(SL,{SP})	(IO,{IP})
生产数据	(SL,{SP})	(ISL,{IP})
软件工具	(SL,∅)	(IO,{ID})
系统程序	(SL,∅)	(ISP,{IP,ID})
修改中的系统程序	(SL,{SSD})	(ISL,{ID})
系统和应用日志	(AM,{适当的类别})	(ISL,∅)
修复	(SL,{SP})	(ISP,{IP})

通过上述描述明确了 Lipner 模型对于商业模型所定义的需求,下面就通过例 3-9 来说明这些需求的实际应用。

例 3-9　公司 M 是一家开发并生产 IT 产品的公司,公司中的员工拥有不同的安全级别,以便有效地保护公司中的数据。员工主要包括以下几类:公司中的普通员工用 A 来表示,开发人员用 B 来表示,系统程序人员用 C 来表示,系统管理人员和审计人员用 D 来表示,系统控制人员用 E 来表示。根据 Lipner 模型的需求,公司在安全开发生产中必须满足以下要求:

(1) 只有用户 B 具备对开发实体的写权限。

(2) 只有用户 C 具备对生产实体的写权限。

(3) 开发系统上的程序必须经过特殊处理过程才能安装在生产系统上。

(4) 只有用户 E 才能在必要时使用对于程序的降级权限,并且用户 E 的所有操作需要录入日志。

(5) 用户 D 可以访问系统状态和已生成的系统日志。

Lipner 将 Bell-Lapadula 模型与 Biba 模型进行了综合,取得了较好的效果。Lipner 模型说明了灵活性是 BLP 模型的优点,虽然针对的目的不同,BLP 模型仍然可以满足许多商业性的需求,但 BLP 模型的本质是限制信息的流向。

3.4.4　Clark-Wilson 完整性模型

Clark-Wilson 完整性模型[15]是由 Clark 和 Wilson 研究出的一种防止未授权的数据修改、欺骗和错误的模型,和先前的模型有明显的不同。Clark 和 Wilson 总结了军事领域和商业领域对信息安全的不同要求,认为信息的完整性在商业应用中有更重要的意义,并且定义了一个适用于商业信息安全的形式化模型。这种模型采用事务作为规划的基础,以事务处理为基本操作,更适用于商业系统的完整性保护。

1. 模型描述

在这里,完整性包含了两个属性。首先,保证系统数据的完整性。这个属性是要求系统保证数据的一致性,即在每一次操作前后,都要保持一致性条件。一个良定义的事务处理就是这样的一系列操作，使系统从一个一致性状态转移到另一个一致性状态。其次，保证对这些数据操作的完整性。这个属性是建立在职责分离的定义之上。在商业领域当中，一项商业事务通常是由多个工作人员经过多个步骤共同完成的，否则，就极容易发生由于单个人员的舞弊而造成巨大损失。在至少两个工作人员共同完成的情况下，如果要进行数据破坏就需要至少两个不同的人员共同犯错，或者他们合谋进行破坏，这种多个人员分职责共同处理事务的形式大大降低了发生该类损失的可能性。责任分离规则就是要求事务的实现者和检验事务处理是否被正确实现的检验者是不同的人员。那么，在一次事务处理中，至少要有两个人参与才能改变数据。

例 3-10 银行中的存款业务。存入金额为 n 的存款操作，必须保证操作后的金额总数等于操作前的金额数加上存入的金额数，即如果操作前账户上的存款金额为 m，那么操作完成后账户上的金额数为 $m+n$。这样就是保证了一致性条件。

Clark-Wilson 模型将系统中的数据定义为两种类型：有约束数据项（CDI），它们是系统完整性模型应用到的数据项，即可信数据；无约束数据项（UDI），与 CDI 相反，它们是不属于完整性控制的数据。CDI 集合和 UDI 集合是模型系统中所有数据集合的划分。

转换过程（TP）的作用是把 UDI 从一种合法状态转换到另一种合法状态，是良定义的事务处理。完整性验证过程（IVP）用来检验 CDI 是否符合完整性约束。如果符合，则称系统处于一个有效状态。Clark-Wilson 模型把它用在与审计相关的过程中。

UDI 到 CDI 的转换是系统的关键部分，它不能只靠系统的安全机制来控制。CDI 只能通过转换过程来操作，状态的完整性通过完整性验证过程来检查。Clark-Wilson 模型中的数据不能由用户直接修改，必须由可信任的转换过程完成修改，对转换过程的访问是受限制的。

对应到例 3-10 中，银行中的存储业务，账户结算就是 CDI，检查账户的结算就是 IVP，存入、取出和转账都属于 TP。银行的检查人员必须验证银行检验账户结算的过程是否是正确的过程，以保证账户的正确管理。

安全特性是通过 5 条证明规则定义的，这些证明规则说明了为使 Clark-Wilson 安全策略符合应用需求而应该执行的检查。

证明规则 1：IVP 必须确保当 IVP 运行时所有的 CDI 处于有效状态。

证明规则 2：对于一些相关的 CDI，TP 必须保证这些有效的 CDI 转换后的状态也是有效的。

证明规则 3：访问规则必须满足职责分离的要求。

证明规则 4：所有的 TP 必须添加足够多的信息来重构对一个只允许添加的 CDI。

证明规则 5：任何一个接受 UDI 作为输入的 TP，要么将 UDI 转换为 CDI，要么拒绝该 UDI，或者不进行任何转换。

为了保证 Clark-Wilson 模型的安全策略得到正确的实施，下面描述了 4 条实施规则。

实施规则 1：系统必须保护所有的证明关系，只有经过证明可以运行某 CDI 的 TP 才能操作该 CDI。

实施规则 2：系统必须将用户与每个 TP 及一组相关的 CDI 关联起来。TP 可以代表相关用户访问这些 CDI。如果用户没有与特定的 TP 及一组相关的 CDI 相关联，那么这个 TP 将不能代表该用户来访问 CDI。

实施规则 3：系统必须认证每一个试图执行 TP 的用户。

实施规则 4：只有 TP 的认证者才可能改变与这个 TP 相关联的实体列表。

Clark-Wilson 模型用这 5 条证明规则和 4 条实施规则定义了一个实行完整性策略的系统。这些规则说明了在商业数据处理系统中完整性是如何实施的。Clark-Wilson 模型在信息安全领域中引起了人们很大的兴趣，也表明了商业上对信息安全有一些独特的要求。下面用例 3-11 来说明电子商务进程中对于 Clark-Wilson 安全性模型的应用。

例 3-11　在一个普通的电子商务进程中，用户首先会向应用程序服务器提交订单请求（订单属于 UDI），转换程序（TP）将订单转换为一个有约束数据项（CDI_1），CDI_1 更新客户的订单（CDI_2）及账单（CDI_3），完整性验证程序（IVP）需要检查客户的订单（CDI_2）及账单（CDI_3）是否满足 Clark-Wilson 安全模型，这样才能保证交易的完整性，具体过程如图 3-10 所示。

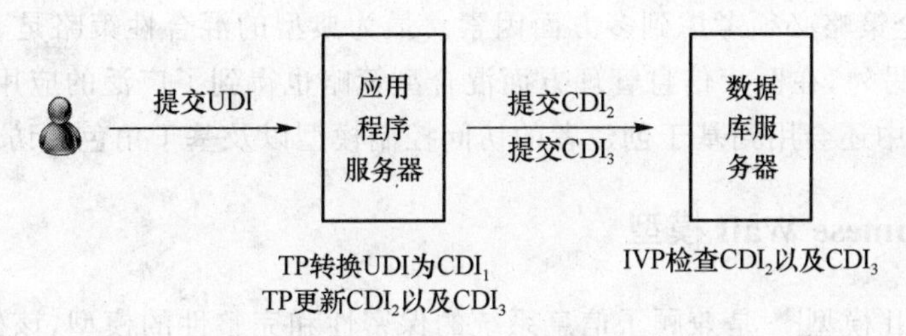

图 3-10　电子商务进程中 Clark-Wilson 安全模型的应用

2. 与其他模型的比较

Clark-Wilson 模型有很多新的特性，下面通过将该模型与 Biba 模型进行比较来突出这些特性在安全策略方面的贡献。

Biba 模型中主体和客体分别有对应的完整性等级，从某种意义上说，Clark-Wilson 模型也是如此。可以看作，每个主体有两个等级：认证的（TP）和未被认证的。客体也有两个等级：受约束（CDI）和不受约束（UDI）。通过这样的相似性，我们来分析这两种模型的差异。

这两种模型的区别在于认证规则。Biba 模型没有认证规则，它断言有可信的主体存在，并以此保障系统的操作遵守模型的规则，但它却没有提供任何机制来验证被信任的实体以及它们的行为。Clark-Wilson 模型则提供了实体及其行为必须符合的需求。因为更新实体的方法本身就是一个转移过程，它会被验证其安全性，这就为提出的假设建立了基础。

Biba 模型与 Clark-Wilson 模型在处理完整性等级变化的问题上的表现也不同。对于一个可能接受来自不同信源的系统来说，由于 Biba 模型的读写关系严格按照安全等级进行划分，就很难找到一个可信实体能够将收到的所有不同安全等级的信息转发到更高安全等级的进程中。而 Clark-Wilson 模型中要求了一个可信实体向一个更高的完整性等级证明更新数据的方法，因此可信实体若要更新数据项，只需要证明更新数据的方法，并不需要证明每一个更新数据项，这种方法非常实用。

3.5 混合型模型与策略

绝大部分信息系统的安全目标都不会单一地局限于保密性或者完整性。由于具体应用对保密性与完整性都有一定的要求,因此应用中更多的需求是要求安全策略兼顾到保密性和完整性两个方面,这样的策略称为混合策略。本节将介绍混合型安全策略及几种典型的模型。

3.5.1 混合型策略的目标

混合性策略的应用十分广泛,在许多领域中对于信息安全的要求既包括信息保密性需求也包括信息完整性需求,这就需要建立混合型的安全策略。具体的策略目标由具体的应用来决定。例如,在投资活动中存在很多利益冲突,为了有效防止不公平行为引发这些利益冲突的发生,安全策略必须考虑到多方面因素。最为典型的混合性策略是 Chinese Wall 模型(CW 模型)。另外,在医疗信息管理方面混合型策略也得到了广泛的应用。同时,在很多领域的信息管理中还会用到基于创建者的访问控制模型以及基于角色的访问控制模型。

3.5.2 Chinese Wall 模型

Chinese Wall 模型[16]是兼顾了信息系统的保密性和完整性的模型,该模型是依据用户以前的动作和行为,动态地进行访问控制,主要用于避免因为用户的访问行为所造成的利益冲突。

1. 模型描述

Chinese Wall 模型最初是为投资银行设计的,但也可应用在其他相似的场合。Chinese Wall 安全策略的基础是客户可访问的信息不会与目前他们可支配的信息产生冲突。在投资银行中,一个银行会同时拥有多个互为竞争者的客户,一个交易员在为多个客户工作时,就有可能利用职务之便,使得竞争中的一些客户得到利益,而另一些客户受到损失。

Chinese Wall 模型反映的是一种对信息存取保护的商业需求。这种需求涉及一些投资、法律、医学或者财务公司等领域的商业利益冲突。当一个公司机构或者个人获得了在同一市场中竞争公司或者个人之间的敏感信息后,就会产生此类的利益冲突。Brewer 和 Nash 提出了 Chinese Wall 模型来模拟咨询公司的访问规则,分析师必须保证与不同客户的交易不会引起利益冲突。

例如,咨询公司会储存公司的咨询记录以及一些敏感信息,咨询师就利用这些记录来指导公司或者个人的投资计划。当一个咨询师同时为两家 IT 业的公司计划进行咨询时,他就可能存在潜在的利益冲突,因为这两家公司的投资可能会发生利益冲突。因此,分析师不能同时为两家同行业中竞争的企业提供咨询。

下面对这个策略进行一些描述:客体(C),表示某家公司的相关信息条目;客体集合(CD),表示某家公司的所有客体的集合;利益冲突(COI):若干互相竞争的公司的客体集合。

例 3-12　Chinese Wall 模型中规定，每个数据客体唯一对应一个客体集合，每个客体集合也唯一对应一个利益冲突类，但一个利益冲突类可以包含多个客体集合。例如，一家咨询公司可以接受多个领域中的若干公司作为客户，有银行客户（工商银行、农业银行、建设银行），有手机厂商（诺基亚、三星），有电脑制造商（联想、宏基），需要将这些公司的数据分类储存。以上公司数据根据 Chinese Wall 模型可以分为 7 个客体集合，3 个利益冲突类，分别为{工行，农行，建行}，{诺基亚，三星}，{联想，宏基}，如图 3-11 所示。

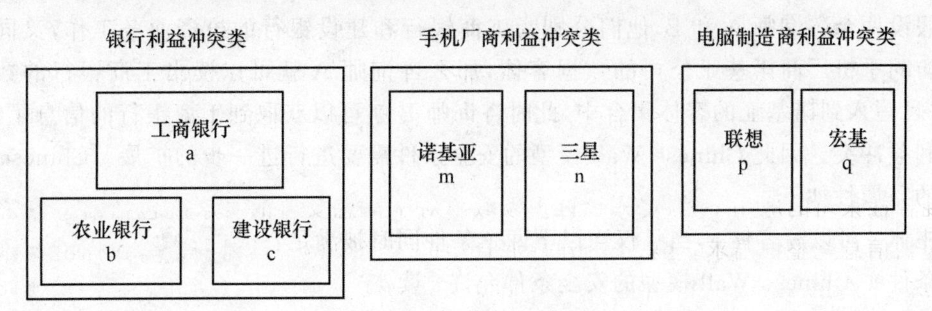

图 3-11　Chinese Wall 模型数据库

在该模型中咨询师作为主体只能访问同一个利益冲突类中的一个客体集合。也就是说，如果咨询师 A 访问了工商银行的相关信息，那么他就不能再去访问农业银行或是建设银行的信息了，对于其他两个利益冲突类中的客体集合也是如此，这样就避免了利益冲突的威胁。

当然，上述方案也存在不能解决的利益冲突，例如，咨询师 A 开始时为工商银行做证券业务工作，过了一段时间又转为建设银行做证券业务工作。虽然此时他已不再为工商银行工作，但是他仍然知道关于工商银行的一些敏感信息，此时就产生了利益冲突。为了解决此类的利益冲突，模型规定了以下规则。

Chinese Wall 模型简单安全条件，如下。

主体 s 可以读取客体 o，当且仅当以下两个条件中任何一个条件被满足：

条件 1、存在另一个客体 o'，它是 s 曾经访问过的客体，并且客体 o 和 o' 属于同一个客体集合。

条件 2、对于所有的客体 o'，如果它是 s 可以访问的客体，那么 o 和 o' 不属于同一个利益冲突类。

假设一个主体最初是没有访问过任何客体的，而且最初的一次访问是被允许的。在这样的假设条件下，由于图 3-11 中工商银行和建设银行的利益冲突类是相同的，那么上述例子中由于咨询师访问过工商银行的客体集合，因此他就不能再访问建设银行中的客体了。

另外，为了防止出现一个主体访问到同一个利益冲突类中的不同客体集合，就要求主体的个数至少要等于同一个利益冲突类中的客体集合的个数。例如，银行利益冲突类中有三家银行，因此至少要有 3 名不同的咨询师为他们服务，这样才会避免利益冲突。

在实际的应用中，公司中并不是所有的数据都是保密的，有一些数据是可以公开的，Chinese Wall 模型就将公司的数据分为不可公开的和可以公开的两类。前一类的数据要严格执行上述安全条件，后一类的数据则不必满足该条件。因此，上述的安全条件可以修改如下。

主体 s 可以读取客体 o，当且仅当以下三个条件中任何一个条件被满足：

条件 1、存在另一个客体 o'，它是 s 曾经访问过的客体，并且客体 o 和 o' 属于同一个客体集合。

条件 2、对于所有的客体 o'，如果它是 s 可以访问的客体，那么客体 o 和 o' 不属于同一个利益冲突类。

条件 3、o 是可以公开的客体。

假设两个咨询师 A 和 B，他们分别为工商银行和建设银行的投资业务工作，又同时都可以访问手机厂商诺基亚公司的数据客体，那么咨询师 A 就可以读出工商银行的数据客体，并且写入到诺基亚的客体集合中，此时咨询师 B 就可以获取到工商银行的信息了，从而导致利益冲突。因此 Chinese Wall 模型的安全条件需要进行进一步的扩展。Chinese Wall 模型的 *-属性如下。

主体 s 可以写客体 o，当且仅当以下两个条件同时被满足：

条件 1、Chinese Wall 模型的安全条件允许 s 读 o。

条件 2、对于所有的不能公开的客体 o'，如果 s 能读 o'，那么客体 o 和 o' 属于同一个客体集合。

因此，当 A 访问了关于工商银行不可公开的客体后，那么 A 就不能向诺基亚公司中的客体集合写入信息了，否则就违反 Chinese Wall 模型的 *-属性。

2. Bell-Lapadula 模型与 Chinese Wall 模型的比较

Bell-Lapadula 模型和 Chinese Wall 模型有本质上的区别。

首先，BLP 模型中的主体有安全标签，而 CW 模型的主体没有相关的安全标签。

其次，在 CW 模型中引入“曾经访问”这个概念，并以此为核心来定义安全条件，而 BLP 模型中并无此概念。

再次，BLP 模型有其局限性，前者并不能表达一段时间内的状态变化。例如，由于咨询师 A 的个人原因要暂停工作，他的工作需要 B 来接手，那么 B 是否可以安全地接受 A 的工作呢？Chinese Wall 模型就可以通过 B 过去的访问记录来判断 B 是否有这个权限，而 BLP 模型就无法判断。

最后，BLP 模型在初始状态就限制了主体所能访问客体的集合，除非类似于超级用户这样的权威人士改变主体或者客体的类别，否则这个访问的客体集合是不会改变的。而 Chinese Wall 模型中，主体最初始的访问是被允许的，而后对访问客体的限制是随着该主体曾经访问过的客体的数量增加而逐渐增多的。在这方面两种模型的规则是截然不同的。

由以上分析不难看出，BLP 模型不能精确地模拟 CW 模型，这两种模型在以上讨论的方面是有区别的。

3. Clark-Wilson 模型与 Chinese Wall 模型的比较

Clark-Wilson 模型中的第 2 条实施规则表示的是访问控制规则。在该模型中，用户是通过转换进程和用户所操作的利益冲突联系起来的。某个个体可以将主体和进程相互转换，那么该个体就可以使用多个进程来访问同一个利益冲突中的不同客体集合中的客体。而 Chinese Wall 模型中的进程和进程的执行者是相互独立的。但是，如果将主体视为一个特定的个体，并且包含所有代表该主体的过程，这两个安全模型是一致的。

3.5.3 医疗信息系统安全模型

医疗信息系统所管理的病人医疗记录是一种拥有法律效力的文件，它不仅在医疗纠纷案件中，而且在许多其他法律程序中均会发挥重要作用。随着人们对个人隐私越来越重视，以及相关法律的强制要求，所有能够用以标识病人信息的数据都应当受到严格的保护。医疗信息系统记载着病人敏感数据和个人隐私的医疗记录，一旦敏感数据被篡改或者个人隐私被泄露，会造成无法弥补的伤害。因此，医疗信息系统安全策略要求综合保密性与完整性，它与投资公司的策略不同，它的重点是保护病人资料的保密性和完整性，而不是解决利益冲突。

对于医疗数据的保护目标实际上是要保证医疗数据的不篡改、不丢失及不破坏。针对这三个目标，系统必须要建立相应的机制以完成并达到这些原则。信息系统的安全性，分为系统级安全与应用级安全两部分。系统级安全主要处理硬件设备的安全运行、系统防火墙、病毒防护以及客户机系统恢复。应用级安全分为数据的存储安全、数据库权限控制、病人信息的防泄密要求等部分[17]。这些安全机制都需要有具体安全策略模型来指导，这里就以Anderson[18]提出的医疗信息系统安全策略为例来说明。

例 3-13 Anderson 提出了用来保护医疗信息的安全策略模型，在该模型中，他定义了三类实体：

(1) 病人或者可以代替病人确认治疗方案的监护人是系统中的主体。

(2) 个人的健康信息是关于该个体的健康和治疗的信息，代表医疗记录。

(3) 医生是医疗工作人员，他在工作的时候有权利去访问个人健康信息。

该模型中规定了创建原则、删除原则、限制原则、汇聚原则和实施原则各一条，以及 4 条访问原则。下面依次进行说明。

该模型中规定了可以阅读医疗记录的人员列表，以及一个可以添加医疗记录的人员列表。被病人认可的医生可以阅读和添加医疗记录。审计员只能复制医疗记录，不能更改原始记录。在创建医疗记录时，创建记录的医生有权访问该记录，相应的病人也有权访问该记录。病人转诊时也需要建立相应记录，转诊医生也会被包含在访问控制列表中。下面分别来介绍该模型中的 9 条原则。

创建原则：医生和病人必须在访问列表中，才能打开这个医疗记录，同样的，转诊医生也必须在访问列表中才可以打开该转诊记录。

删除原则：医疗信息只有超出了适当的保存期限，才可以被删除，并且，医疗信息只能复制给在访问控制表中的人，否则会导致医疗信息的泄露。

限制原则：当一个医疗信息的访问控制列表是另一个医疗信息的访问控制列表的子集的时候，前者才可以添加到后者中去。

汇聚原则：要防止病人数据汇聚，当某人可以访问大量的医疗信息，还要求加入某病人的访问控制列表时，需要特别注意，需要向病人通知，否则可能会导致大量的医疗信息泄露。

实施原则：处理医疗记录的计算机系统必须有一个子系统来实施模型中规定的原则。原则实施的情况必须由独立的审计员来评估。

访问原则 1：每个医疗记录都列举了可以阅读或者添加该记录信息的个体，称为访问控制列表，该模型中的访问控制就是依照此表进行的。该模型中规定只有医生和病人才有权访问该病人的医疗信息。

访问原则 2:访问控制列表中的医生可以添加其他医生进入这个访问控制列表。对病人进行的医疗方案必须是经过病人或者其监护人同意的,病人对于自己的医疗记录的修改和访问也应该是知情的。

访问原则 3:病人的医疗信息被打开后,该病人就需要被告知自己医疗信息访问列表中访问者的名字。错误的医疗信息需要被更正,不能被删除,以便于后续的医疗审计工作,因此,所有的访问时间以及访问者都要有详细的记录。

访问原则 4:医疗记录被访问的日期、时间以及访问者等相关信息都必须被记录下来,并一直保存直到该医疗记录被删除。

在实际应用中可以根据具体情况对安全模型进行调整,但医疗信息安全策略指导下的安全目标是基本相同的。遵循以上的模型实施原则可以有效地保证医疗信息系统中信息的安全性,因此该模型在医疗系统中得到了广泛应用。

3.5.4 基于创建者的访问控制模型

在一些特定环境下的需求是比较特殊的。例如,文件的创建者将文件散发出去以后仍然需要保留对该文件的访问控制权。Graubert[19] 提出了基于创建者的访问控制(Originator Controlled Access Control,ORCON)策略,在该策略下,一个主体必须得到客体创建者的允许,才能将该客体的访问权赋给其他主体。

在实际应用中,一些特殊的机构需要对这类发送出去的文件进行控制,将这类需要保持控制的客体标记上 ORCON。这样,如果没有发起标记的机构的允许,被标记的客体就不能泄露给其他机构中的主体,并且被标记过的客体的所有副本也必须满足同样的限制条件。

由于在自主型访问控制中客体的拥有者可以设置访问权限,因此客体的创建者就不能保证客体的副本的控制权赋予情况,也就不能保持客体源端的控制权。强制性访问控制模型在这方面也存在很大的局限性。在强制访问策略中,根据需要知道原则决定是否用类别来赋予主体访问的权限,该策略需要类别的表示交换中心。而创建类别并实施 ORCON,要求对类别实施本地控制而不是集中控制,并且需要一个规则来规定谁有权限访问哪些类别。ORCON 是由客体的创建者来决定哪些主体能够访问客体,访问控制完全由创建者来控制,没有集中的访问控制规则,因此用强制性访问控制规则来实施 ORCON 并不合适。基于创建者的访问控制模型是综合了自主访问控制和强制性访问控制来解决这一问题的。

例 3-14 主体 s_1 创建了客体 o,主体 s_2 是客体 o 的拥有者。在基于创建者的访问控制中,s_2 不能改变 o 的权限列表中与主体的访问控制关系;如果客体 o 被复制到 o',那么 o 的访问控制权限也被复制到了 o' 上;s_1 可以改变任何主体与客体 o 的访问控制条件。

可以看出,该规则是强制访问控制和自主访问控制的混合策略,前两条规则强调了强制访问控制的部分,由系统来控制所有的访问;第三条规则中描述了创建者可以决定哪个主体可以访问客体,这是属于自主访问控制的部分。该策略的核心内容是将与客体相关联的访问控制都由创建者来决定,客体的拥有者只有在该客体创建者的允许下才能决定访问客体的主体。

3.5.5 基于角色的访问控制模型

基于角色的访问控制(Role-Based Access Control,RBAC)是使用基于角色的访问控制方法来决定访问权限。20世纪90年代,出现了有关基于角色的访问控制策略的研究,该类型的访问控制目前已经成为国际上流行的安全访问控制方法之一。基于角色的访问控制通过分配和撤销角色来完成用户访问权限的授予和取消,并且提供了角色分配的规则。安全管理人员根据需要来定义不同的角色,并且设置对应的访问权限,而用户根据其需要完成的责任被指派担任不同的角色,角色与用户的关联实现了用户与访问权限的逻辑分离。

基于角色的访问控制模型中的基本元素包括用户、角色和权限,其基本思想是用户通过角色来获得所需的操作权限。每一个角色直观上来说可以看成是一个职务,代表着与该职务相关的一系列责任、义务及由此确定的相应权限。权限是可被角色实施的一个或者多个操作和控制。在该类型的访问控制系统中,用户作为某种角色的成员,其访问权限在管理上与其角色相关,该模型不是分配给用户访问与信息系统相关的客体的具体权限,而是给用户分配一个或者一组角色。该模型的这些特点大大简化了用户授权的管理,为定义和实施系统安全策略提供了极大的弹性。用户可以根据权力和资格被赋予不同的角色,并且用户角色易于重新分配,无须改变基本访问结构。如果有其他应用程序或者操作加入,可以往角色中添加或者删除权限。目前该机制已广泛应用于各种系统中。

例3-15 Alice是学校计算机系人事部门的主管,管理着计算机系的人事档案资料。当他被调到外语系人事部门时,Alice就不能再访问计算机系的人事档案资料了。学校委派Bob作为计算机系人事部门的主管,Bob就具备了访问计算机系人事档案资料的权利。

在这种情况下,就是根据主体工作的性质来确定访问信息的能力。对于这类系统中的数据进行访问时,就需要将访问与用户的特定工作联系起来。对于客体的访问权限与主体本身无关而是与主体担任的工作性质有关。基于角色的访问控制策略中规定了一些在这种情况下主体访问客体的规则。

规则1:如果一个主体可以执行某一个事务,那么这个主体就有一个活动角色,将事务的执行与角色绑定,而不是与用户本身绑定。

这里需要澄清两个关于角色的定义。活动角色,是指主体当前担任的角色;授权角色,是指主体被授权承担的角色集合。基于角色的访问控制策略中,基于用户所承担的责任和义务,用户可能被指定多个角色。这些角色并不一定同时都起作用,而是根据此时用户在系统中的当前状态、所承担的责任和权力来决定该激活哪些角色。在一个时刻某用户被激活的角色就是上面提到的该用户的活动角色。在任何时刻,用户所拥有的权限是该用户的当前活动角色所允许的所有权限的一个子集[20]。

规则2:主体所承担的活动角色必须是经过授权的,主体不能承担未经授权的角色。

规则3:一个主体不能执行当前角色没有授权的事务。

基于角色的访问控制是一种强制型访问控制策略。满足以上规则所述的事务才能够被执行,也可以利用自主访问控制机制对事务的执行做进一步的限制。一些角色可能包含其他角色,此时,如果需要赋予相同的操作给大量的角色,并不需要单独赋给每一个角色。例如,为角色M赋予了某项访问权限,那么这项访问权限也同时赋予了所有包含角色M的角色。

该策略还可以为职责分离规则建模,可以引入互斥的概念。如果某个角色集合是某个主体的授权集合,即被授权的角色集合,那么与该角色集合互斥的角色集合就是该主体不能承担的角色集合。这样就明确了主体可以担任的角色集合以及不能担任的角色集合,也就明确了该主体的职责与不能执行的职责。

基于角色的访问控制利用系统角色来建立系统功能和数据库用户访问权限之间的联系,系统用户通过系统角色授权,构成一种典型信息系统的访问控制管理策略,为大型系统中的用户授权提供了一种便捷有效的管理手段,是一种适应企业管理规则变化的访问控制管理方案。该模式实现了访问控制的动态管理,适应了访问控制管理需求的复杂性,提高了访问控制管理的可维护性。

3.6 本章小结

本章主要介绍了与信息安全相关的一些模型和策略的基础知识,其中,访问控制矩阵模型与安全策略都是信息安全中的十分重要的部分。另外,本章着重介绍了信息安全模型及策略的主要分类与具体应用,并且详细分析了这些策略模型的实际应用环境与优缺点。这些模型包括了保密性模型与策略、完整性模型与策略以及混合型模型与策略。

第4章 安全保障

在现实世界中,没有一个系统可以说是绝对安全的,而安全系统是可信任系统的基础,可信任系统中的安全保障又是系统开发过程中不可缺少一个部分。本章将具体描述安全保障的相关概念、基本思路和方法。

4.1 保障模型和方法

安全保障是判断信息系统可信度的基础,安全保障技术用来检验需求的正确性以及设计、实现和维护的有效性,能够显著提高系统的可信度,及早发现错误并修正错误。在系统的生命周期中,从建立需求到系统设计,到开发,再到测试和维护,每个过程都应该采用相应的安全保障技术。好的生命周期模型不仅可以提高开发软件的质量,也可以增强其安全保障。

4.1.1 安全保障和信任

在现实世界中,没有一个系统可以说是绝对安全的。系统的安全性可以是几个安全机制,也可以是满足一组定义清晰的安全需求的安全机制的实现。然而,仅仅是提供安全需求或者一些安全功能,并不能使一个系统变成可信任系统。要证明一个系统是可信的,需要使用一些方法和尺度。如果有足够的可信的事实证明一个系统满足一系列安全需求,则这个系统是可信任的。

信任是衡量可信任程度的度量,它依赖于所能提供的可信事实[1],并且,对信息系统的信任应该建立在系统的设计和实现满足安全需求的事实基础上。也就是说,可信任系统的基础是安全系统。

安全保障是通过使用多种多样的安全保障技术而获得的,这些安全保障技术提供证据来证明系统的实现和运行能够满足安全策略中定义的安全需求,如图4-1所示。

安全保障技术包括开发技术、设计分析和形式化方法等。这些技术所提供的证据可以是简单的,也可以是复杂而细粒度的。安全保障技术可以分为非形式化方法、半形式化方法和形式化方法。

- 形式化方法是用一套特制的表意符号(其意义可以解释的)去表示概念、判断、推理,获得它们的形式结构,从而把对概念、判断、推理的研究,转化为对形式符号表达式系统的研究的方法。凡是采用严格的数学工具、具有精确数学语义的方法,都可称为形式化方法[21]。

- 非形式化方法使用自然语言来描述概念、判断、推理。此方法在证明上的严密性最低。
- 半形式化方法也使用自然语言来描述概念、判断、推理，但同时也使用了类似形式化方法的手段来增强严密性的证明。

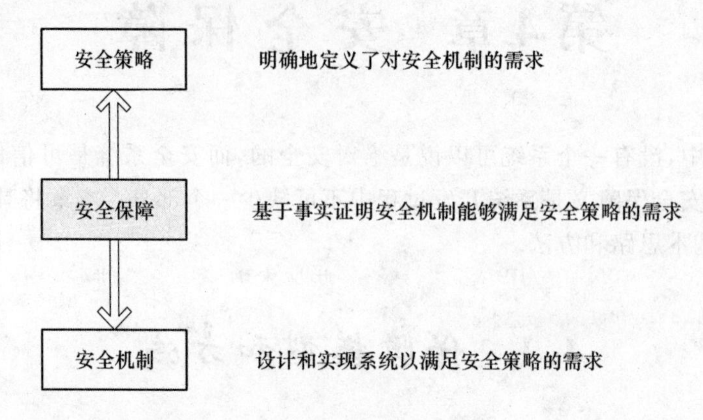

图 4-1　安全策略、安全保障、安全机制

那什么是可信任系统呢？可信任系统是被证明满足指定安全需求的系统，是由一个被授权评估系统安全等级的专家组织来进行评估的[1]。将一个系统可接受的信任程度加以分级，凡符合某些安全条件、基准、规则的系统即可归类为某种安全等级。将系统的安全性能由高到低划分为几个等级，并且较高的等级的安全范围涵盖较低等级的安全范围，也就是说，较高的等级比较低的等级有更严格的安全保障需求。

但是，要实现安全保障需求是要付出许多时间和代价的。在任何硬件和软件系统中，导致安全隐患的安全漏洞是很常见的。例如，一些操作系统或者应用程序被应用到不适当的环境中，或者本身存在严重的漏洞，从而其安全性就大打折扣了。Neumann 在文献[22]中列举了 9 种信息系统安全问题的来源。

(1) 需求定义的遗漏和错误；

(2) 系统设计的缺陷；

(3) 硬件缺陷，如接线和芯片的缺陷；

(4) 软件执行错误，如程序错误和编译错误；

(5) 系统使用或操作中的错误，以及不经意的失误；

(6) 故意滥用系统；

(7) 系统硬件、通信部件或其他设备故障；

(8) 环境影响，包括自然因素和非自然因素；

(9) 系统升级、维护的错误以及停止运转。

安全保障技术可以解决上述来源所引发的安全问题(除了自然和非自然因素)。设计中的安全保障技术应用到需求分析中可以解决(1)、(2)和(6)引发的安全问题。如果安全需求的定义有误，则系统安全的定义肯定也是错误的，那么系统就没有安全性可言了。正确分析系统所面临的安全威胁，在设计中应用安全保障技术可以发现设计中存在的安全漏洞，以便在系统实现和实施之前纠正错误。

实现中的安全保障技术可以处理硬件和软件实现中的错误〔问题(3)、(4)和(7)〕、系统维护和升级的错误〔问题(9)〕、系统滥用〔问题(6)〕和环境引发的问题〔问题(8)〕。系统操作过程中的安全保障技术可以处理系统使用过程中的错误〔问题(5)〕以及系统滥用的问题〔问题(6)〕。

安全保障的目标是表明系统从实现到运行的整个生命周期是满足定义的安全需求的。系统开发的不同阶段使用了不同的安全保障技术，于是可以将安全保障技术分为策略的安全保障、设计的安全保障、实现的安全保障和运行的安全保障。

- 策略的安全保障需要对需求进行严格的分析，要证明安全需求的完整性和一致性。首先要标识出系统的安全目标，然后说明安全需求能够应对系统的威胁。当正确的安全需求被定义好，并经过证明和核准以后，系统的设计和实现工作才可以有把握地展开。
- 设计的安全保障包括使用安全工程的一些技术方法来合理进行设计，从而实现安全需求。同时还包括如何衡量设计满足安全需求的程度。
- 实现的安全保障包括使用安全工程的一些技术方法在开发和系统运行阶段正确地实现设计，同时还包括如何衡量实现与安全需求一致性程度。
- 运行的安全保障是通读系统的使用说明，以保证系统不会因为偶然的设置错误而处于不安全的状态。

开发人员完成满足安全需求的系统设计，同时提供安全保障的证据以证明设计的确是满足安全需求的，然后就是保证正确地实现了系统的设计，设计和实现的过程如图 4-2 所示。从图中可以看出，每个设计和实现的修正过程之后就是一个安全保障证明的过程，证明在系统实施的过程中，需求在连续的层次中仍然是满足的。整个过程是迭代的，当安全保障的过程中出现问题的时候，要重新检查受到影响的步骤。

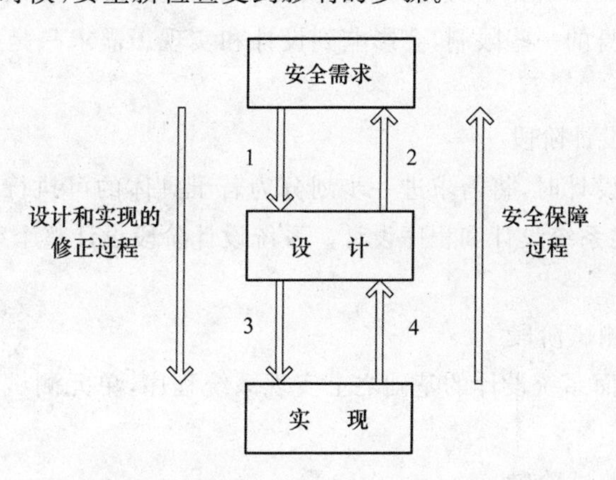

图 4-2　系统设计和实现中的安全保障过程

4.1.2　建造安全可信的系统

建造安全可信的系统使用了基本的软件工程方法，另外还要用到一些特定的技术方法。为了某种应用而考虑开发系统的时候，系统就开始了其生命周期。通常将生命周期划分为若干阶段，有些阶段与上一个阶段是相关的，而有些阶段是独立的。每个阶段描述本阶段的工作并控制和其他阶段的交互。在项目进行的过程中,理想的情况是系统从生命周期的一个状态不断转移到下一个状态,但是在实践中,经常有迭代的情况,比如当后面阶段中发现了前面阶段存在的错误或者遗漏时,就需要重新进行前一阶段的工作。

生命周期的瀑布模型是分阶段开发的模型,在开发的过程中一个阶段总是在前一个阶段结束以后才开始[23]。瀑布模型包括5个阶段,如图4-3所示,其中曲线箭头代表系统开发的过程,折线箭头代表错误回传的过程。

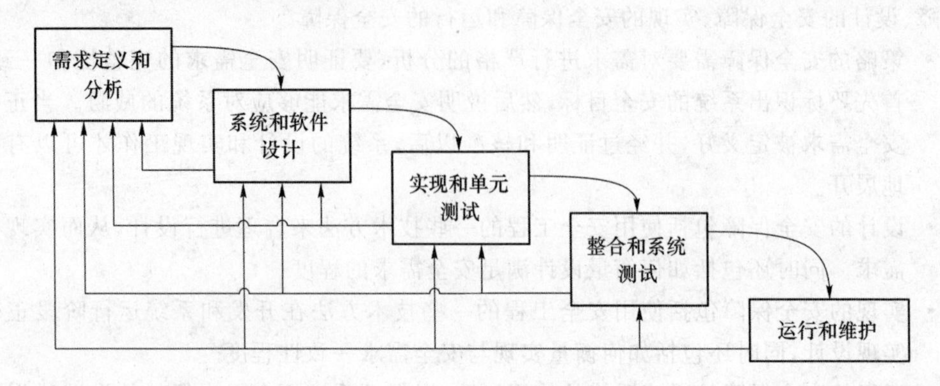

图4-3　生命周期的瀑布模型

(1) 需求定义和分析阶段

这个阶段将高层次需求更加详细地展开,同时在对系统进行整体架构设计的时候也有可能会产生新的、具体的要求。所以需求定义和系统整体设计未完成之前,两者之间很有可能有一个反复迭代的过程。

需求可以分为功能需求和非功能需求。功能需求描述系统与运行环境之间的交互。非功能需求是对系统本身的一些限制,会影响到设计和实现。需求只是描述"要什么"而不是"怎么做"。

(2) 系统和软件设计阶段

进行系统和软件设计时,将需求进一步划分为若干具体的可执行程序的需求。这个阶段也分为两个子阶段:系统设计和程序设计。系统设计阶段设计整个系统,程序设计阶段设计单个程序。

(3) 实现和单元测试阶段

系统实现是在前面系统设计的基础之上实现系统程序,单元测试是测试程序中的单元是否满足其设计规范。

(4) 整合和系统测试阶段

系统整合是将经过单元测试的程序组装成完整系统的过程。系统测试是测试整个系统满足系统需求的过程。系统测试也是一个迭代的过程,因为在测试中经常会发现问题,然后要进行问题的修正。修改后的程序进行重新组装,然后再进行系统测试。

(5) 系统运行和维护阶段

系统开发完成之后,投入运行。系统维护包括修正系统在运行过程中发现的错误以及以前发现的还未修正的错误。

在实际的工程项目中,各个阶段之间都会有迭代,因为后一个阶段经常可以发现前一个阶段中存在的不足之处,需要重新进行前一个阶段的工作。将安全保障贯穿于系统开发的整个生命周期中,有助于让系统实现非常可信地满足需求。使用生命周期模型并不能保障没有错误发生,但是有助于减少错误发生的次数。所以,为系统引入安全机制可以提高系统的可信度。

建造安全可信的系统,要求对系统设计和实现过程中的每一步都适当地考虑安全保障。

(1) 需求定义和分析中的安全保障

安全威胁是破坏保密性、完整性或者造成拒绝服务。安全威胁可能来自系统外部,也可能来自系统内部,可能来自授权的用户,也有可能来自非授权的用户。非授权用户可以伪装成合法的用户,或者使用欺骗手段来绕开安全机制。安全威胁还可能来自人为的错误,或者是不可预测的因素。

每一种被识别出来的安全威胁都应该有相应的应对手段。例如,设定一个安全目标,在访问任何系统资源之前,所有用户都必须通过用户标识和身份认证,以此来应对非法使用系统的威胁。有些情况下,安全目标并不足以应对所有的安全威胁,这时需要对系统的运行环境做出一些系统假设,比如增加物理保护手段等,以应对所有的威胁。将安全威胁映射成安全目标和系统假设,可以部分解决系统安全需求的完整性问题。

安全策略就是一系列安全需求的规范说明,是提供安全服务的一套准则,概括地说,一种安全策略要表明当系统在进行一般操作时,什么是安全范围允许的,什么是不允许的。要准确地描述需求并不是一件容易的事情。定义安全策略和安全需求的方法有很多:一种可行的方法是从现有的安全标准中精选出一些可行的需求;第二种方法是结合现有的安全策略和对系统安全威胁的分析得出新的安全策略;第三种方法是将系统映射到一个现有的模型上。当完成了安全策略的定义和规范,就必须对安全策略的完整性和一致性进行验证。

(2) 系统和软件设计中的安全保障

设计的安全保障是确认系统设计满足系统安全需求的过程。设计保障技术需要用到需求规范系统设计规范,是一个检查设计是否满足需求的过程。

模块化和分层的设计和实现方法可以简化系统的设计和实现,从而使系统的安全分析更为可行。如果一个复杂的系统有很好的模块化结构,则它的安全分析中也将更为可行。分层的方法也简化了设计,便于更加深入的理解系统。另外,撰写设计文档和规范也是必要的,为了进行安全分析,设计文档中至少应该包括如下三方面的内容:安全函数、外部接口和内部设计。规范可以是非形式化的、半形式化的或者是形式化的。非形式化的规范使用自然语言来描述,半形式化方法也使用自然语言来描述规范,同时使用一个整体的方法强加某种限制。形式化方法使用数学语言和可用机器解释的语言。形式化方法的语义可以帮助检查出规范撰写中被忽略的一些问题。

描述规范的方法决定了验证规范所能够使用的技术。非形式化和半形式化的规范描述是不能用形式化的验证方法来分析验证的,因为这些规范描述使用了不是十分准确的语言。不过还是可以做一些非形式化的验证工作。对于非形式化的规范描述可以验证其是否满足需求,可以验证不同层次的规范文档是否一致。常用的非形式化验证方法有需求跟踪、非形式化对照和非形式化讨论。能得出更可信结论的方法从本质上讲都是形式化的。例如,形式化的规范描述和使用数学工具的正确性证明。形式化方法将在下一节讲述。

需求跟踪是标识在某个规范中的不同部分满足特定安全需求的过程。非形式化对照的作用是展示设计规范与相邻层次设计规范的一致性。将这两种方法结合起来,可以更大程度地保证规范文档完整地、一致地满足为系统定义的安全需求。图 4-4 显示了在分层设计中,使用需求跟踪和非形式化对照的步骤。

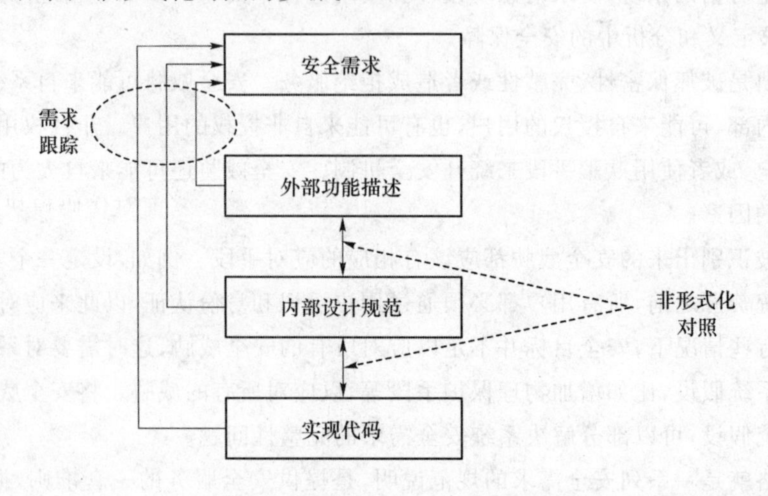

图 4-4　需求跟踪和非形式化对照

撰写形式化的设计规范开销很大,所以,撰写形式化设计规范的开发者都喜欢使用一些自动化的工具来完成这个任务,比如使用基于证明的技术或者模型检验器。对形式化规范进行需求跟踪可以检查规范描述是否满足需求。在使用形式化方法之前先做非形式化论证有利于为形式化的证明提供思路。

形式化证明技术是一种通用的技术,通常基于一些逻辑演算,如谓词演算。这些技术通常是交互式的,有时被称为"证明检验者",这是因为这种技术只是验证证明的步骤是否正确。形式化证明技术被用于证明一个规范满足某个性质,自动化的证明工具可以自动处理规范和相应的性质。

模型检验则是检验特定规范是否满足特定模型的约束。模型检验器是一种自动化的工具,对于一个特定的安全模型,模型检验器检查一个规范是否满足该模型的约束条件。这种检验常常应用于操作系统。模型检验器一般都是基于时态逻辑理论。

(3) 系统实现和整合中的安全保障

证明一个实现是否满足安全需求的最好方法就是测试。安全测试的方法可以使系统实现和整合过程能有更多的安全保障。

系统是模块化的,在可能的情况下,尽量将与安全无关的功能从实现安全功能的模块中去掉。系统所使用的语言也会对安全保障产生一定的影响。有些语言对安全的实现有很好的支持,使用这样的语言可以避免一些通常的缺陷,且系统更为可靠。例如,使用 C 语言实现的系统,可靠性有限,因为 C 语言没有适当地限制指针的使用,并且只有最基本的错误处理机制。而支持安全实现的语言能够检查出许多实现上的错误,使用强类型、具有越界检查的、模块化的、具有分段和分段保护的、具有垃圾回收和错误处理机制的编程语言所实现的系统是更为可信的，更有安全保障。例如，Java 就是以实现安全代码为目标的程序设计语言。但是有时候使用高级语言效率比较低，此时编程规范可以弥补语言在安全方面的不足。例如，限制低级的编程语言只能在不适合使用高级语言的地方使用。

对模块化的系统进行整合时，良好的模块设计和模块接口的设计显得尤为重要，使用一些管理方面的支持工具也将很有帮助。配置管理是在系统开发和使用期间对任何系统硬件、软件、固件、文档和测试文档的变动所实施的管理。一般由若干工具或者手工处理过程组成，必须执行以下操作：版本控制和跟踪，修改授权，合并程序，实现系统的工具。

有两种典型的测试技术：功能测试和结构化测试。功能测试，也被称为黑盒测试，用于测试一个实体满足设计规范的程度。结构化测试，也被称为白盒测试，其测试用例都是在对代码的分析的基础上得出的。单元测试是程序员在系统整合之前对代码模块进行的测试，一般都是结构化测试。系统测试是对整合后的系统进行的功能测试。第三方测试，也称为独立测试，是由开发团队之外的其他方进行的测试。

安全测试是解决产品安全问题的测试。安全测试包括三个部分：安全功能测试，主要测试相关文档中描述的安全功能；安全结构测试，主要对实现安全功能的代码进行结构化的测试；安全需求测试，主要针对用户需求中的安全需求部分进行测试。一般地，安全功能测试和安全需求测试是单元测试和系统测试中的一个部分。第三方测试可能会包括安全功能测试或者只包括安全需求测试。安全结构测试可以是单元测试和系统测试的一部分。

(4) 系统运行和维护中的安全保障

系统实施完成后进入运行阶段，运行时可能会出现错误，所以还需要对系统进行维护。热修复是只即时修改错误，然后将修正版本发布。常规修复解决不是十分严重的错误，一般是累积到一定的程度才发行出去。

4.1.3　形式化方法

形式化方法的一个重要研究内容是形式化规范(Formal Specification)，它是对程序“做什么”的数学描述，是用具有精确语义的形式语言书写的程序功能描述，它是设计和编制程序的出发点，也是验证程序是否正确的依据。形式化方法的另一重要研究内容是形式化验证(Formal Verification)，它是验证已有的程序(系统)是否满足其规约的要求，是形式化方法所要解决的核心问题[24~26]。在 20 世纪 70 年代和 80 年代，出现了几种形式化验证系统。层次化开发方法 HDM(the Hierarchical Development Methodology)主要针对设计的证明，而 Gypsy 验证环境主要针对实现的证明。

1. 层次化开发方法

层次化开发方法 HDM 是一种通用的设计和实现方法，其目标是要机械化和形式化整个开发过程，提供可靠的、可验证的以及可维护的软件。HDM 软件包使用过了规范的逐步求精法，不仅支持设计的规范和验证，而且还支持实现的规范和验证[27]。

系统设计规范是作为一个层次体系创建，该体系包括一系列不同抽象层次上的抽象机。从需求层开始，不同层次从上到下逐渐表现系统更低层次的细节，如图 4-5 所示[1]。

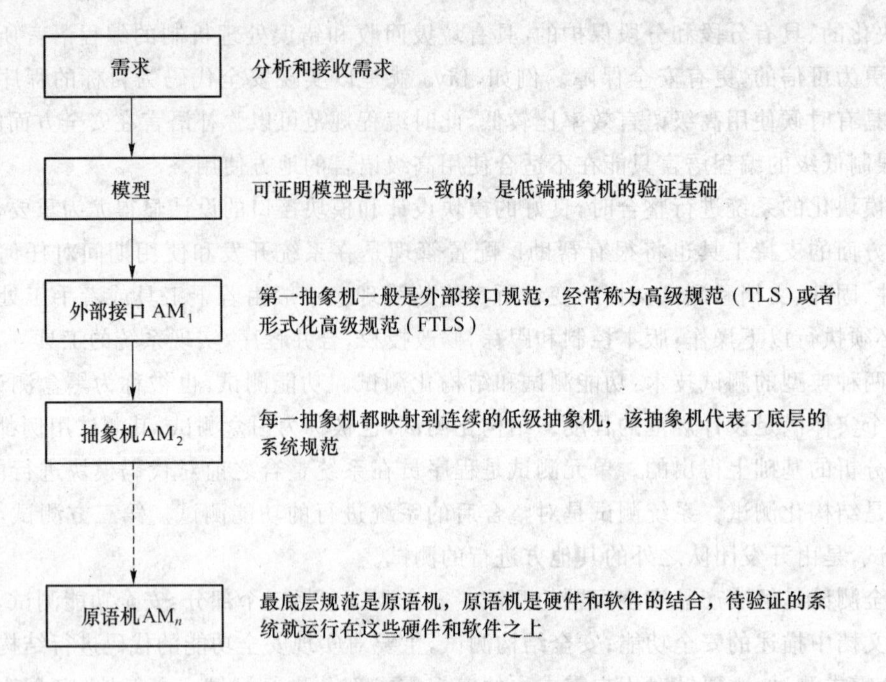

图 4-5　HDM 中抽象机的层次

层次规范的书写语言是层次规范语言 HSL，层次规范定义了各个层次上的抽象机，抽象机是由一系列的模块规范语言组成，模块规范的编写语言是 Special 语言。每个抽象机规范由一个或者多个模块规范组成，每个模块规范定义了一组相关的函数，模块规范可以在一个或者多个抽象机中重复使用。

映射规范根据下一层的抽象机来定义本层抽象机的函数。每一个模块或者映射规范都有自己特有的构件，还有大量通用的构件。有若干工具支持模块和映射规范，包括语法检验器、一致性检验器等。层次一致性检验器要确保层次规范之间的一致性，确保每个抽象机的相关模块规范的一致性，以及确保抽象机之间映射规范的一致性。

HDM 的实现规范和验证只是用于研究，从来没有在其他环境中使用过，除了美国国防部策略中的属性。使用形式化方法描述属性非常困难，从而限制了该方法的使用范围。多级安全(MLS)[28] 工具采用 HDM 作为它的一个设计验证包，实现了一种版本的 Bell-Lapadula 模型，即 SRI 模型。该模型具有如下三个属性：

(1) 具体的函数调用返回信息只依赖于较低或者相同安全级别的主体信息。

(2) 流入某状态流量的信息只依赖于安全级别比它更低的其他状态变量。

(3) 如果要修改状态变量的值，必须调用安全级别等于或低于状态变量的函数来进行修改。

MLS 工具的基础模型是对美国国防部多级安全策略的一种合理解释。在随后的几年，该模型被成功地运用于系统和产品的强制访问控制属性分析。

2. Gypsy 验证环境

Gypsy 验证环境(GVE)主要针对实现的证明，而不是设计的证明，并且该验证方法试图证明规范和实现之间的一致性。GVE 还可用于证明 Gypsy 规范中的属性。GVE 是建立在结构化程序设计、形式化证明以及形式化验证方法的基础之上。GVE 支持多种工具，包括 Gypsy 语言解释器、验证条件生成器以及定理证明器。

Gypsy 是一种程序描述语言，建立在程序语言 Pascal[29] 的基础上，但相比 Pascal 有很大的改进。Gypsy 包含一个大规模的规范结构集合。Gypsy 外部规范定义了在某个指定的执行点上，程序、函数或者过程对其参数的影响：

- Entry—在程序激活时假定为真的条件。
- Exit—在程序退出时必须为真的条件。
- Block—在程序因为等待访问共享内存而阻塞时必须保持的条件。

Gypsy 内部规范主要针对程序的内部行为，不能在程序外部访问这些内部规范。它们的关键字和规范语句包括下列两个：

- Assert—在执行的某一指定点，必须满足的条件。
- Keep—在程序的整个执行过程中，必须一直为真的条件。

4.2 审　计

审计是事后认定违反安全规则行为的分析技术。在检测违反安全规则方面、准确发现系统发生的事件以及对事件发生的事后分析方面，审计都发挥着巨大的作用。

4.2.1 定义

计算机系统审计技术的发展，来源于对访问的跟踪，这些访问包括对保存在信息系统中的敏感及重要信息的访问和对信息系统资源的访问。已经有一些简单工具用来分析审计记录，并检查对于系统及文件的未授权访问。这些工作的前提是日志机制，需要在日志中记录许多额外的信息。

日志就是记录的事件或统计数据，这些事件或者统计数据能够提供关于系统使用及性能方面的信息。审计就是对日志记录的分析并以清晰的、能理解的方式表述系统信息。

日志提供了一种安全机制，它能分析系统的安全状态，能判断某个请求的行为是否会使系统处于不安全状态，或者判断一个事件序列是否会导致系统处于不安全(或危及安全)状态。例如，日志记录了所有引起状态转变的事件，系统就能在任何时候重建系统状态。或者只要记录了这些信息的一个子集，就能够消除引起安全问题的某些可能因素，也能为进一步分析提供有用的基础。

审计机制必须记录权限的任何使用情况，可以限制普通用户的安全控制，但也许并不能限制特权用户。最后，因为有了这些记录和分析，审计机制能够阻止攻击，因此能确保检测到任何对安全策略的破坏。现在提出这样的几个问题：日志应该记录哪些信息？审计哪些信息？

要决定哪些事件和行为应该被审计，就需要知道系统安全方案相关的知识，知道哪些尝试入侵是安全方案所允许的，知道如何检测这些尝试。于是必须知道日志需要记录哪些信息，入侵者一定会使用哪些命令来尝试入侵，入侵者一定会产生哪些系统呼叫，他们会用何种顺序发出这些命令和系统呼叫等。所有事件的日志提供了这些信息，问题是如何辨别信息的哪些部分是相关的，需要审计的关键问题是什么。

4.2.2 剖析审计系统

一个审计系统包含三个部分：日志记录器、分析器和通告器，它们分别用于收集数据、分析数据和通报结果。审计系统如图 4-6 所示。

1. 日志记录器

系统或程序的配置参数表明了信息的类型和数量。日志机制可以把信息记录成二进制形式或可读的形式，或者直接把收集的信息传送给分析机制。如果日志是二进制形式的记录，系统会提供一个日志浏览工具。用户能使用工具检查原始数据或用文本处理工具来编辑数据。

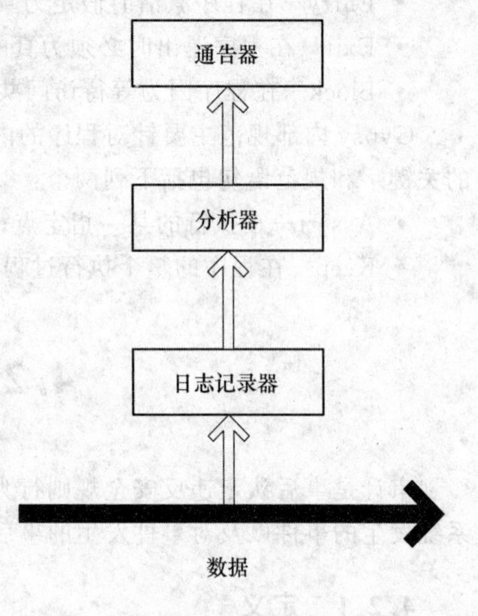

图 4-6　审计系统

例 4-1　Windows NT 有三个不同的日志集。系统事件日志记录 Microsoft 已经授权的事件，如系统崩溃、部件故障等。应用程序事件日志记录应用程序添加的记录。安全事件日志记录相应的关键安全事件，如登录、退出、系统资源的过渡使用和对系统文件的访问等。只有系统管理员才能访问安全事件日志。Windows NT 日志定义一个记录作为头记录，描述紧跟其后，可能还有附加数据区。头记录包括事件标识符、用户身份信息、日期和时间、引发记录的原始数据、引发记录的特定环境和涉及的计算机。所有的记录都用二进制形式保存。通过事件浏览器工具可把记录转换成可读形式。安全事件日志记录的例子如下(可能也会图示显示)：

```
Date:2/12/2000              Source: Security
Time: 13:03                 Category: Detailed Tracking
Type: Success               EventID: 592
User: WINDSOR\Administrator
Computer:WINDSOR

Description:
A new process has been created:
    New Process ID:221694592
    Image File Name:
        \Program Files\Internet Explorer\IEXPLORE.EXE
    Creator Process ID:2217918491
    User Name:Administrator
    FDomain:WINDSOR
    Logon ID:(0x0,0x14B4c4)
```

系统日志中记录了进程的执行和终止。这个事件记录了系统管理员成功地执行了

Internet Explorer。系统管理员设置日志系统使之记录成功的进程初始化过程(因而就有了 type 域的值)。

2. 分析器

分析器以日志作为输入,然后分析日志数据,分析的结果可能会改变正在记录的数据,也可能只是检测一些事件或问题。

例 4-2　假设一个系统管理员想列出所有用户使用 rlogin 或 telnet 程序连接的系统(不包括自己的系统)。以下的 swatch 模式能匹配这些远程连接产生的数据行:

```
/rlogin/&! /localhost/&! /*.site.com/
/telnet/&! /localhost/&! /*.site.com/
```

第一行数据匹配日志文件中所有包括 rlogin,但不包括 localhost 和任何以. site. com 字符结尾(本地主机域)的记录。

3. 通告器

分析器把分析结果传送到通告器。通告器把审计的结果通知系统管理员和其他实体。这些实体可能执行一些操作来响应通告结果。

例 4-3　例 4-2 提到的 swatch 程序提供了一个通告工具,swatch 通告 rlogin 和 telnet 连接的配置文件如下:

```
/rlogin/&! /localhost/&! /*.site.com/mail staff
/telnet/&! /localhost/&! /*.site.com/mail staff
```

4.2.3　设计审计系统

审计机制的分析建立在系统日志的基础上[30],并且分析关于系统安全状态的相关信息,决定是否发生了特定系统行为或者是否进入某种特定状态。

审计过程的目标决定日志记录哪些信息[31]。一般地,审计员希望检测到违反安全策略的行为。假设 A_i 是一个系统中可能行为的集合,安全策略提供了约束 P_i。为了保证系统安全,设计必须满足约束 P_i。也就是说必须审计那些使约束失败的功能调用。

例 4-4　Bell-Lapadula 策略模型最简单的形式将安全等级 L_i 线性排列。主体 s 有等级 $L(s)$,客体 o 有等级 $L(o)$。在这个策略下,当 $L(s) < L(o)$ 时,s 读取 o,或者当 $L(s) > L(o)$ 时,s 写 o 是非法的。相应的约束就是:

s 读 $o \Rightarrow L(s) \geqslant L(o)$

s 写 $o \Rightarrow L(s) \geqslant L(o)$

违反安全策略的审计仅仅要求审计从一个主体到一个低级客体地写,或者从一个高级客体读,并检查违反这些约束的行为。日志必须包括主体和客体的安全等级、行为和结果。从这些日志记录可以非常容易地测试是否有违反约束的行为。这里并不需要记录客体和主体的名字。但是在实际情况中,本地安全策略常常要求安全分析员标识出违反约束的客体和试图违反约束的用户。如果没有静态原则,主体可以把它控制的任何主体、客体的安全级别或分类改变成不比它自己高的级别。因此需要记录操作命令、新旧安全等级和新旧分类。

从这个例子可以得出,基于 Bell-Lapadula 系统的审计需要记录以下内容:

(1) 对于读和写,需要记录主体的安全等级、客体的安全等级和操作的结果。

(2) 对于无静态原则的系统,需要记录主体或客体,及其新旧安全等级、改变安全等级的主体的安全等级和改变结果。

例 4-4 表明,如果审计结果表明有违反安全规则的行为,则系统是不安全的。但是,如果审计结果表明没有违反安全规则的行为,则系统仍然可能是不安全的。因为,如果系统的初始状态是不安全的,结果将是或者很可能是不安全的。因此,如果用审计来检测系统是否安全,而不是检测攻击入侵的操作,就还需要获取系统的初始状态,需要一开始就将系统状态转换中会改变的信息记录到日志。

Bell-Lapadula 模型的讨论声明了写操作时记录特定种类的数据。在实现中,写操作可以是追加、创建目录等,也可能包括保护模式的变更,设置系统时钟等。

有一个关键的问题是:如何来操作日志？比如,哪种数据应该放入日志文件中,数据该如何表述。但是现实中许多系统日志数据模糊不清不能清晰地说明日志记录所记录的内容。所以使用基于语法的方式来定义日志内容。比如使用 BNF 的表达方式,使设计者必须定义日志内容的语法和语义,这样分析员就能使用语法来分析日志记录。

4.2.4 事后设计

当知道并能检测出所有可能的违反安全规则行为时,要设计出有效的审计系统设计就简单了。但事实并非如此。许多违反安全的行为是在已有系统上出现的,这些系统在设计时并没有考虑安全因素。此时,审计可能有两个不同的目标:第一个目标是检测对某个安全策略的任何攻击,此目标着重安全策略;第二个目标是检测已知的企图违反安全规则的操作,此目标着重特殊行为。

(1) 检测对已知策略攻击的审计

基本思路是判定某个状态是否违反了安全策略。审计机制必须结合到已存在的系统中。分析员必须分析系统,判定什么操作和设置与安全策略一致。然后设计某种机制来检查操作和设置是否真正与策略一致。

(2) 检测对策略已知攻击的审计

当安全策略没有明确地定义,某些行为明显是不安全的,如泛洪攻击或未授权的用户访问计算机系统,会违反潜在的安全策略。此时,分析员可以通过命令的特定次序或系统状态的特征来寻找并发现针对安全的攻击。

4.2.5 审计机制

不同的系统采用不同的方式处理日志。许多系统默认情况下是记录所有的事件。对于不需要记录的特定事件,系统管理员要进行显式的指定就会带来日志膨胀的问题。

对于设计时考虑到安全的系统,设计时也把审计机制结合到系统的设计和实现中。典型的做法是提供某种语言或界面,以允许系统管理员配置系统来报告特定事件,监控特定主题或监控对特定客体的访问。

对于设计时没有考虑安全的系统,其审计系统能用于检查出严重的安全攻击行为,但一般不记录事件一定级别的细节或事件类型，以使安全管理员判定是否有违反安全规则的行为。

4.2.6　审计文件系统实例

1. 第二版 NFS 协议的审计分析

例 4-5　如果一个连接到 Internet 的站点，由 LAN 连接的许多 UNIX 主机构成，使用网络文件系统协议 NFS 共享文件，则日志中需要记录哪些信息呢？

首先我们回顾一下 NFS 协议。当客户机要登录服务器文件系统时，它的内核请求联系服务主机的 MOUNT 服务。MOUNT 服务首先检查客户机是否被授权加载所请求的文件系统及客户机如何加载所请求的文件系统。如果客户机是被授权的，MOUNT 服务返回一个文件句柄，代表服务器文件系统的加载点，然后客户机内核在自己的文件系统创建一个入口对应服务器加载点。并且，客户机或者服务器主机可以限制网络文件系统的访问类型。如果服务器主机设置了限制，服务器端运行的 NFS 程序会执行这些限制；如果客户机设置了限制，客户机内核会执行这些限制，且服务器程序不知道这些限制的存在。

当客户进程要访问文件时，它使用与访问本地文件相同的方法来访问文件。当客户内核从路径上到达客户端加载点时，客户内核发送服务端加载点的文件句柄来解析 NFS 文件路径中的下一个部分（目录名或文件名）。如果解析成功，服务返回请求的文件句柄，然后客户内核用 CETATTR 请求查询这部分的属性，并且由 NFS 服务器响应请求。如果这个部分是目录，客户内核将一直重复这个过程直到得到文件句柄返回的目标文件。内核返回控制给文件访问进程，进程能通过文件名字或文件描述符来处理文件。同时内核把相应的操作解释为发送到 NFS 服务器的 NFS 请求。

因为 NFS 是无状态协议，NFS 服务器并不保存使用文件的路径。服务器程序能通过检查消息内容确定提出请求的用户。因为只需要记录违反安全策略的事件，所以日志和审计都是本地安全策略驱动的。策略如下：

- P1—NFS 服务器只能为授权客户提供服务。
- P2—UNIX 访问控制机制控制对服务器共享文件的访问。
- P3—客户主机不能访问未共享的文件系统。

这三个策略产生的约束如下：

- C1—允许文件访问＝＞ 用户授权可以导入文件系统，用户可以访问所有上级目录，并访问请求的文件，文件在服务器文件系统加载点之下。
- C2—创建设备文件或改变设备文件类型＝＞ 用户的 UID 为 0。
- C3—拥有文件句柄＝＞ 向用户分配文件句柄。
- C4—操作成功＝＞ 客户能在本地成功执行相似的操作。

表 4-1 列出当执行一个 NFS 相关的命令时，从一个安全状态到一个不安全状态的转变。其中，fh 表示文件句柄，fn 表示文件名，dh 表示目录句柄，attrib 表示文件属性，off 表示偏移量，ct 表示数量，link 表示直接别名，slink 表示间接别名。

表 4-1 NFS 命令与状态转变

	需求	参数	行为
无参数的	NULL	NONE	无
	WRITECACHE	NONE	未使用
不返回文件句柄的	CETATTR	fh	得到文件属性
	SETATTR	fh,attrib	设置文件属性
	READ	fh,off,ct	从 off 开始读 ct 字节
	WRITE	fh,off,ct,data	从 off 开始写 ct 字节
	REMOVE	dh,fn	删除目录中的文件
	RENAME	dh1,dh2,fn1,fn2	重命名文件
	LINK	fh,dh,fn	为文件创建一个名为 fn 的连接
	SYMLINK	dh,fn1,fn2,attrib	为 fn2 创建一个名为 fn1 的连接
	READLINK	fh	得到符号链接所指向的文件名
	RMDIR	dh,fn	删除文件目录
	READDIR	dh,off,ct	从目录的 off 开始读 ct 字节
	STATFS	dh	得到文件系统信息
返回文件句柄的	ROOT	none	得到 root 的文件句柄
	CREATE	dh,fn,attrib	在目录中创建有属性 attrib 的文件
	MKDIR	dh,fn,attrib	在目录中创建有属性 attrib 的目录
	LOOKUP	dh,fn	得到目录中文件的句柄

- L1:当服务器给出文件句柄时,服务器必须记录文件句柄,接收的用户(UID 和 GID),发出请求的客户机。
- L2:当文件句柄作为参数时,服务器必须记录文件句柄和用户(UID 和 GID)。
- L3:当给出文件句柄时,服务器必须记录针对客体的所有相关属性。
- L4:记录每个操作的结果。
- L5:记录 LOOKUP 操作的文件名字参数。

2. 日志和审计文件系统

日志和审计文件系统 LAFS[32] 是能够记录用户对文件操作的文件系统。审计员能够自动检查是否有违反策略的行为。

LAFS 文件系统以 NFS 文件系统为原型进行扩展。用户用 lmkdir 命令创建一个文件目录,然后使用 lattach 命令将它连接到 LAFS 文件系统中。例如,如果文件策略包含 LAFS,命令:

```
lmkdir/usr/home/xyzzy/project policy
Lattach/usr/home/xyzzy/project /lafs/xyzzy/project
```

把目录和它的内容连接到 LAFS 上。日志中要记录所有通过 LAFS 对文件的访问。LAFS 包括三个主要的部分:配置工具、审计日志和策略检验器,还包括名字服务器和文件管理器。配置工具与名字服务器和文件系统隐含的保护机制相互作用,以建立适当的保护模式。当文件层次结构位于 LAFS(使用 lattach)和使用 LAFS 命名服务器时,配置工具将被调用。审计日志把对文件的访问记入日志。不论何时访问文件,LAFS 文件管理器都会调用日志。这样 LAFS 就可以记录 LAFS 所不知道的应用程序对文件的访问。然后它会调用底层文件系统相应的文件处理过程。LAFS 文件管理从不知晓访问控制的检查,这个任务留给了底层文件系统策略检验器检测策略的正确性并检查日志与策略的一致性。作为用户访问文件,LAFS 在日志中以可阅读的格式记录访问。当用户访问相应的%audit 文件时,审计程序会通报所有违反访问策略的行为。

4.2.7　审计信息浏览

除了运行审计程序来分析日志文件以外,审计员自己还需要经常浏览日志文件。因为审计机制可能会忽略经验丰富的审计员能觉察到的一些日志信息或日志异常;审计机制还可能非常简单;几乎没有系统能提供一套完整的日志。但是通过直接检查日志文件,审计员可能发现以前被忽略的攻击或者滥用系统的模式;还可能会发现未知的攻击或者系统滥用的模式。

审计浏览工具就是以分析员能理解的格式列出日志信息。Hoagland、Wee 和 Levitt 提出了 6 种基本的浏览技术[33]。

(1) 文本显示方式

用文本形式显示日志。显示形式可能是固定的,也可能由分析员定义。审计员可以基于名字、时间或者其他特征搜索事件,所有日志文件必须记录这些特性。这种方法没有指出事件、记录和实体之间的关系。

(2) 超文本显示方式

以一系列的超文本文件显示日志记录,使用超文本链接表示日志记录的相关关系。允许审计员通过超文本链接获得记录和实体之间的关系,也可以获得实体的附加信息。此种方法的缺点是不能以清晰且易于理解的方式表示全局关系。

(3) 关系数据库阅读方式

在关系数据库中保存日志,审计员向数据库提出查询,数据库执行相关分析并以文本方式返回查询结果。因此必须解析出日志元素来为数据库提供信息,所以需要一些预处理。

(4) 重放方式

以时间次序列举感兴趣的事件,突出时间的相关关系,以分析员能够阅读的方式清楚地显示事件的次序。

(5) 图示方式

以图示化表示日志记录。节点代表实体,边代表相关性。

(6) 切片方式

这是一种程序调试技术,能分析提取影响给定变量的指令的最小集。优点是注意影响给定实体的事件次序和相关客体,缺点是与超文本浏览方式一样,不能以清晰且易于理解的方式表示全局关系。

4.3 系统评估

系统评估是一种以具体的安全功能要求和安全保障证据为基础，对系统进行可信度测量的技术。通过评估，可以指出系统满足具体标准的程度。评估时所采用的标准依赖于评估的目标以及所采用的评估方法。可信计算机系统评估标准(TCSEC)是第一个被广泛使用的形式化评估方法，随后的评估方法都是建立在TCSEC的基础之上，或是对TCSEC的改进。

4.3.1 可信任计算机标准评估准则简介

TCSEC (Trusted Computer System Evaluation Criteria；通常称为 the "Orange Book")[34]标准是计算机系统安全评估的第一个正式标准，具有划时代的意义。该准则于1970年由美国国防科学委员会提出，并于1985年12月由美国国防部公布。TCSEC最初只是军用标准，后来延至民用领域。TCSEC是按照评估等级来组织的，在各个评估等级的描述中定义了功能需求和安全保障需求。

1. TCSEC的分级

TCSEC将计算机系统的安全划分为4个等级、7个级别，如表4-2所示。每一个等级都包含了相应的功能需求和安全保障需求。随着评估级别的提高，功能需求和安全保障需求都会不断地增加和提高。

(1) D类安全等级

D类安全等级只包括D1一个级别。D1的安全等级最低。D1系统只为文件和用户提供安全保护。D1系统最普通的形式是本地操作系统，或者是一个完全没有保护的网络。

(2) C类安全等级

C类安全等级能够提供审慎的保护，并为用户的行动和责任提供审计能力。C类安全等级可划分为C1和C2两类。C1称为自主保护。C1系统的可信任运算基础体制(Trusted Computing Base，TCB)通过将用户和数据分开来达到安全的目的。在C1系统中，所有的用户以同样的灵敏度来处理数据，即用户认为C1系统中的所有文档都具有相同的机密性。C2称为受控访问保护。C2系统比C1系统加强了可调的审慎控制。在连接到网络上时，C2系统的用户分别对各自的行为负责。C2系统通过登录过程、安全事件和资源隔离来增强这种控制。C2系统具有C1系统中所有的安全性特征。

(3) B类安全等级

B类安全等级可分为B1、B2和B3三类。B类系统具有强制性保护功能。强制性保护意味着如果用户没有与安全等级相连，系统就不会让用户存取对象。B1称为标签安全保护。B1系统满足下列要求：系统对网络控制下的每个对象都进行灵敏度标记；系统使用灵敏度标记作为所有强迫访问控制的基础；系统在把导入的、非标记的对象放入系统前标记它们；灵敏度标记必须准确地表示其所联系的对象的安全级别；当系统管理员创建系统或者增加新的通信通道或I/O设备时，管理员必须指定每个通信通道和I/O设备是单级还是多级，并且管理员只能手工改变指定；单级设备并不保持传输信息的灵敏度级别；所有直接面向用户位置的输出（无论是虚拟的还是物理的）都必须产生标记来指示关于输出对象的灵敏度；系统必须使用用户的口令或证明来决定用户的安全访问级别；系统必须通过审计来记录未授权访问的企图。

B2 称为结构化保护。B2 系统必须满足 B1 系统的所有要求。另外，B2 系统的管理员必须使用一个明确的、文档化的安全策略模式作为系统的可信任运算基础体制。B2 系统必须满足下列要求：系统必须立即通知系统中的每一个用户所有与之相关的网络连接的改变；只有用户能够在可信任通信路径中进行初始化通信；可信任运算基础体制能够支持独立的操作者和管理员。

B3 称为安全域。B3 系统必须符合 B2 系统的所有安全需求。B3 系统具有很强的监视委托管理访问能力和抗干扰能力。B3 系统必须设有安全管理员。B3 系统应满足以下要求：除了控制对个别对象的访问外，B3 必须产生一个可读的安全列表；每个被命名的对象提供对该对象没有访问权的用户列表说明；B3 系统在进行任何操作前，要求用户进行身份验证；B3 系统验证每个用户，同时还会发送一个取消访问的审计跟踪消息；设计者必须正确区分可信任的通信路径和其他路径；可信任的通信基础体制为每一个被命名的对象建立安全审计跟踪；可信任的运算基础体制支持独立的安全管理。

（4）A 类安全等级

A 系统的安全级别最高。目前，A 类安全等级只包含 A1 一个安全类别，称为验证保护。A1 类与 B3 类相似，对系统的结构和策略不作特别要求。A1 系统的显著特征是，系统的设计者必须按照一个正式的设计规范来分析系统。对系统分析后，设计者必须运用核对技术来确保系统符合设计规范。A1 系统必须满足下列要求：系统管理员必须从开发者那里接收到一个安全策略的正式模型；所有的安装操作都必须由系统管理员进行；系统管理员进行的每一步安装操作都必须有正式文档。

表 4-2 TCSEC 的分级

安全等级	安全级别	功能需求和安全保障需求
D	D1	只为文件和用户提供安全保护
C	C1	自主保护
	C2	受控访问保护
B	B1	标签安全保护
	B2	结构化保护
	B3	安全域
A	A1	验证保护

2. TCSEC 的安全功能需求

身份识别和认证（I&A）需求详细说明了系统是如何标识用户的身份，以及认证该用户的身份。同时还处理认证数据的粒度（每一组或每一个用户等）、认证数据的保护以及和审计相关的身份标识问题。

自主访问控制（DAC）需求确定了一种访问控制机制，该机制是客体属主确定访问控制权限，即访问控制的权限由访问对象的拥有者来自主决定，也可由被授权控制对象访问的人来决定。拥有者能够决定谁应该拥有对其对象的访问权及内容。自主访问控制的实现可以基于主体或者客体来进行。

强制访问控制(MAC)需求在低于B1级的评估等级中并不要求，通过对系统机制控制对客体的访问，个人用户不能改变这种控制。强制访问控制往往根据一个具体的安全模型，通过预设的规则来进行。标记是强制访问控制的基础，标记可以与主体和客体绑定在一起的方式存在，也可以存放在数据表中，使用时根据主体和客体的特征字段进行查找。

审计需求要求系统中存在一种审计机制并保护审计数据。该需求定义了审计记录必须包含的内容以及审计机制必须记录的事件。随着评估级别的提高，审计需求不断扩展。

TCSEC还提出其他的一些需求，如客体重用需求和可信路径需求。客体重用需求主要是为了防止攻击者从可重用客体中收集信息，比如从内存和磁盘中获取信息。该需求要求在释放一个可重用客体时，要撤销前一个用户对该客体的访问权限，并且阻止新用户读取前一个用户留在该客体中的信息。可信路径需求，提供一条保证是在用户和TCB之间通信的路径。

3. TCSEC的安全保障需求

配置管理需求要求验证所有的配置项，验证所有的文档和代码之间的一致性，以及验证用于生成TCB的工具。该需求只对等于或者高于B2的评估等级进行要求。

可信软件发布需求要求保证软件原版和在线版本之间的一致性和完整性，并保证用户的接收过程是安全的。该需求只对A1评估等级进行要求。

系统体系结构需求要求系统模块化、复杂性最小化等。目标是使TCB尽可能地小和简单。该需求只对C1和B3之间的评估等级进行要求。

设计规范和验证需求在不同的评估等级中差别很大。评估等级C1和C2没有此要求。B1需要一个非形式化的、和相关公理一致的安全策略模型；B2需要一个形式化的安全模型，该模型与相关公理的一致性必须是可证明的，并且系统具有一个描述性的高层规范DTLS；B3进一步要求说明DTLS和安全策略模型之间的一致性；A1要求一个形式化的高层规范FTLS，并且要求采用形式化方法证明FTLS和安全模型之间的一致性。

测试需求要求测试结果和目标一致，系统能抵御攻击并在修正系统漏洞后再重新测试。在高等级评估中，还要求采用形式化方法搜索隐通道。

产品文档需求在所有的评估等级中都要求存在。该需求分为安全特征用户指南SFUG和可信设施手册TFM。SFUG需求要求描述保护机制，各种机制之间如何交互，以及如何使用这些保护机制；TFM需求要求描述产品安全运行的需求，包括生成、启动和其他规程。

4. TCSEC的评估过程

评估分为三个阶段：申请、初步技术审查PTR、评估。评估由政府资助的评估单位进行。如果政府不需要一个产品，该产品的评估申请将被拒绝。否则进行下一步PTR：详细讨论评估过程、评估进度、开发过程、产品技术内容和需求等，然后决定何时排遣评估工作组以及具体的评估进度表。这个过程实际上是为评估做的准备工作。到评估阶段，又可以细分为三个小阶段：设计分析、测试分析、最终评论。在每个小阶段的评估结果都必须提交技术审查委员会TRB进行审查，只有评估的结果得到认可才能进行下一个阶段的评估。

4.3.2　国际安全标准简介

加拿大 1988 年开始制订"The Canadian Trusted Computer Product Evaluation Criteria"(CTCPEC)[35]。最初 CTCPEC 非常依赖于 TCSEC,但在它的后续版本中也融入了许多新的思想。

20 世纪 90 年代初,英国、法国、德国、荷兰等针对 TCSEC 准则的局限性,提出了包含保密性、完整性、可用性等概念的"信息技术安全评估准则"(ITSEC),采用与 TCSEC 完全不同的分级评估方法,定义了从 E0 级到 E6 级的七个安全等级,用于标识不满足其他任何等级要求的产品[36]。这就是 1991 年开始实施的欧洲标准。1995 年,欧共体委员会同意采用 ITSEC 作为欧共体官方认可的评估标准,被广泛使用长达 10 年之久。ITSEC 目标是适用于更多的产品、应用和环境,为评估产品和系统提供一致的方法。在安全特征和安全保证之间提供了明显的区别。ITSEC 不提供功能标准。因此,ITSEC 要求软件商在安全目标(ST)中定义安全功能标准。这样将安全功能和安全保障划分到不同的类别中。

1993 年,美国在对 TCSEC 进行修改补充并吸收 ITSEC 优点的基础上,发布了美国信息技术安全评估联邦准则(FC)[37]。FC 参照了 CTCPEC 及 TCSEC,在美国的政府、民间和商业领域得到广泛应用。1993 年 6 月,美、加、英、法、德、荷六个国家共同起草了一份通用准则(CC),并将 CC 推广为国际标准[38~40]。1999 年 10 月 CC V2.1 发布,并且成为 ISO 标准。CC 结合了 FC 及 ITSEC 的主要特征,它强调将安全的功能与保障分离。CC 定义了功能需求和安全保障需求,然后在安全保障的基础上定义 EAL。功能需求和安全保障需求又划分为多个类,每个类进一步细分为族,族又可细分为组件,每个组件包含详细的需求定义、从属需求的定义以及需求等级定义。

下面介绍 ITSEC 中的一个新术语。

评估目标(TOE)是指一个产品或系统,及其相关的管理员文档和用户文档,它是评估的主体[41]。

然后介绍 CC 中的几个新术语。

TOE 安全策略(TSP):用于规范一个产品或系统中资源或资产的管理、保护和分发的一组规则。

TOE 安全功能(TSF):是产品或系统中所有硬件、软件和固件的集合,是正确实现 TSP 的必要基础。

CC 保护规范(PP):是一组安全需求集合,用于描述满足特定客户需求的一类产品或系统。

安全目标(ST):是一组安全需求和规范,是特定产品或系统的评估基础。

1. ITSEC 的分级

ITSEC 的等级由低到高分别是 E0、E1、E2、E3、E4、E5 和 E6。每个等级都包含前一等级中所有的需求。

E0 级:如果一个产品或者系统不满足任意等级的需求,那么它的评估等级为 E0(相当于 TCSEC 中的等级 D)。

E1 级:有安全目标和对体系结构设计的非形式化描述,功能测试。

E2 级:对详细的设计有非形式化的描述。功能测试的证据必须被评估。有配置控制系统和认可的分配过程。

E3 级:要评估与安全机制相对应的源代码和/或硬件设计图。还要评估测试这些机制的证据。

E4 级:有支持安全目标的安全策略的基本形式模型。用半形式化的格式说明安全加强功能、体系结构和详细设计。

E5 级:在详细的设计和源代码和/或硬件设计图之间有紧密的对应关系。

E6 级:必须正式说明安全增强功能和体系结构设计,使其与安全策略的基本形式模型一致。

2. ITSEC 的安全保障需求

ITSEC 安全保障需求在本质上类似于 TCSEC 的安全保障需求。ITSEC 有两个独特的需求:(1) 适用性需求。该需求通过展示安全目标中的安全需求和各种环境假设如何有效地抵御安全目标中所定义的各种攻击,来说明安全目标的一致性和覆盖范围。(2) 绑定需求。该需求分析了各种安全需求,以及实现这些安全需求的机制。它确保了需求和机制之间是相互支持的,并且提供了一个完整有效的安全系统。

3. ITSEC 的评估过程

ITSEC 的评估过程首先根据适用性需求和绑定需求这两项安全保障需求对安全目标进行评估。在安全目标得到认可后,评估者按照安全目标对产品进行评估。ITSEC 要求文档符合更为严格的结构,在文档被证明不充分的情况下,ITSEC 评估者可以查看代码。ITSEC 并没有类似 TCSEC 的技术审查委员会所做的那些技术审查工作。

4. CC 的分级

CC 共有 7 种安全保障级别,如表 4-3 所示。

EAL1:功能测试。该等级需要在安全功能分析的基础上,检查软件商提供的指南和文档,然后进行独立的测试。EAL1 适用于操作中需要一定的保密性,而同时安全威胁不是很严重的系统。

EAL2:结构测试。该等级建立在安全功能分析(这里的安全功能分析包括高层设计分析)的基础上,像 EAL1 一样,需要对产品或者系统进行独立的测试,并且需要软件商提供基于功能规范的测试证据、软件商测试结果的核实、功能强度分析、对明显缺陷的弱点检索。EAL2 用于需要低级或者中级的独立安全保障,但是又没有完整的开发记录的系统,如遗留系统。

EAL3:系统地测试和检查。安全功能分析和 EAL2 中的完全一样。但是还需要在软件商测试中使用高层设计,并且使用开发环境控制和配置管理。

EAL4:系统地设计、测试和复查。该等级中增加了低层设计、完整的接口描述和安全功能分析输入的实现的子集。并且还需要一个产品或系统的非形式化安全策略模型。对现存产品系列进行更新,可能得到的最高 EAL 就是 EAL4。EAL4 使用于需要中级或者高级独立安全保障的系统。

EAL5:半形式化设计和测试。该等级在 EAL4 的安全功能分析的基础上,增加了完整的输入实现。这个等级需要有形式化模型、半形式化的功能规范、半形式化的高层设计以及在不同的规范层次之间半形式化的一致性描述等。产品或者系统的设计必须模块化。弱点搜索必须能够处理攻击者可能发起的中级攻击，必须提供隐通道分析。配置管理必须全面广泛。EAL5是能够进行严格的由中等数量计算机安全专家支持的商业开发活动的最高EAL等级。

EAL6：半形式化验证的设计和测试。该等级除了要求有与EAL5安全功能分析的输入相同的输入外，还要求有结构化的实现表达。在半形式化的一致性中，必须包含半形式化的低层设计。设计必须支持分层和模块化。弱点搜索必须能够处理攻击者可能发起的高级攻击，必须有系统化的隐通道分析。必须使用结构化的开发过程。

EAL7：形式化验证的设计和测试。该等级为最高的安全等级，必须形式化地表达功能规范和高层设计，如果适用，还需要有形式化和半形式化的一致性证明。产品或系统的设计必须简单。安全功能分析要求测试是建立在实现描述的基础上。开发者的测试结果的独立性确认必须完整。EAL7适用于威胁极高的环境，需要实质性的安全工程。

表4-3　CC的分级

级别	功能需求和安全保障需求
EAL1	功能测试
EAL2	结构测试
EAL3	系统地测试和检查
EAL4	系统地设计、测试和复查
EAL5	半形式化设计和测试
EAL6	半形式化验证的设计和测试
EAL7	形式化验证的设计和测试

表4-4给出了各种评估方法的可信级别之间粗略的比较。尽管各种评估方法中的可信级别不可能完全等价，但几乎是很接近的。

表4-4　各种评估方法的可信级别之间粗略的比较

TCSEC	ITSEC	CC
D	E0	EAL1
C1	E1	EAL2
C2	E2	EAL3
B1	E3	EAL4
B2	E4	EAL5
B3	E5	EAL6
A1	E6	EAL7

5. CC的安全功能需求

CC安全功能需求以类-族-组件这种层次结构组织，以帮助用户定位特定的安全需求。类是安全需求的最高层次组合。一个类中所有成员关注同一个安全焦点，但覆盖的安全目的范围不同。族是若干组安全需求的组合，这些需求共享同样的安全目的，但在侧重点和严格性上有所区别。组件描述一个特定的安全要求集，它是CC结构中最小的可选安全要求集。组件部分以安全需求强度或能力递增的顺序排列，部分以相关的非层次关系的方式组织。

安全功能需求分为11类，每个类有一个或者多个族。其中有两个安全功能类，称为审计管理和安全管理。其他类中的许多需求都有可能产生审计和/或管理需求。

类FAU：安全审计。包含6个族，分别是审计自动响应、审计数据生成、审计分析、审计审查、审计事件选择、审计事件存储。

类FCO：通信。包含两个族，分别针对源不可否认性和接收不可否认性。

类FCS：密码支持。包含两个族，分别是处理密钥管理和密码操作。

类FDP：用户数据保护。包含13个族，分为两种不同类型的安全策略：访问控制策略和信息流策略。每种安全策略有两个族，一个族说明策略类型，另一个族说明策略的功能。

类FIA：身份标识和验证。包含6个族，分别是认证失败处理、用户属性定义、秘密规范、用户认证、用户身份标识、用户绑定。

类FMT：安全管理。包含5个族，分别是安全属性的管理、TSF数据管理、角色管理、TSF功能管理、撤销管理。

类FPR：隐私性。该类包含的族主要处理匿名性、伪匿名性、不可关联性、不可观测性。

类FPT：安全功能保护。包含16个族，描述参考监视需求的族包括TSF物理保护、参考仲裁、域分离。其他的族处理基础抽象机测试、TSF自检测、可信恢复、导出TSF数据的可用性、导出TSF数据的机密性、导出TSF数据的完整性、内部产品或系统TSF传输、重新播放检测、状态同步协议、时间戳、TSF间数据一致性、内部产品或系统TSF数据重定位的一致性以及TSF自检测。

类FRU：资源利用。包含3个族，分别处理容错、资源分配、服务优先级。

类FTA：TOE访问。包含6个族，分别是多个并发会话的限制、会话锁定、访问历史记录、会话的建立、产品或系统访问标识以及可选属性范围限制。

类FTP：可信路径。包含2个族，TSF间的可信信道族和可信路径族。

6. CC的安全保障需求

CC共有10个安全保障类，分别是关于保护规范的安全保障类、关于安全目标的安全保障类、关于安全保障维护的安全保障类和如下7个直接针对产品或系统的安全保障类。

类APE：保护规范评估。包含6个族，PP的前面5个部分中的每个部分分别对应一个族，另一个族是为非CC需求准备的。

类ASE：安全目标评估。包含8个族，ST的8个部分中的每个部分分别对应一个族。包括产品或系统概要规范族、PP声明族和非CC需求族。

类ACM：配置管理（CM）。包含3个族，分别是CM自动化、CM性能和CM范围。

类ADO：分发和操作。包含2个族，即交付和安装，以及生成和启动。

类ADV：开发。包含7个族，即功能规范、底层设计、实现描述、TSF内部组织、高层设计、描述一致性和安全策略模型。

类AGD：指南文档。包含2个族，即管理者指南和用户指南。

类ALC：生命周期支持。包含4个族，即安全性开发、缺陷消除、工具及技术和生命周期定义。

类ATE:测试。包含4个族,即测试范围、测试深度、功能测试和独立性测试。

类AVA:脆弱性评估。包含4个族,即隐通道分析、误用、功能强度和漏洞分析。

类AMA:安全保障维护。包含4个族,即安全保障维护计划、产品或系统组件分类报告、安全保障维护证据和安全影响分析。

7. CC的评估过程

CC在美国的评估过程是由NIST授权的商业性实验室收费进行。评估小组可以评估保护规范,也可以评估产品或系统,或者它们各自的安全目标。首先,软件商选择一个有授权的商业性实验室来进行PP评估或者产品、系统的评估。然后实验室收费进行评估。双方协商并制订出最初的评估进度表,然后实验室马上与验证组织联系,就评估项目与其进行协调。CC评估方法学(CEM)列出了详细的PP评估过程,评估小组可以根据评估实验室和PP开发者都认可的评估进度表,对PP进行评估。完成之后,实验室将评估的结果提交验证组织,由验证组织来决定PP的评估结果是否有效,以及是否授予相应的EAL等级。

4.3.3　我国安全标准简介

我国从20世纪90年代中期就开始制定关于信息安全产品的标准。2000年开始有计划地研究制定信息安全评估标准。基本覆盖了信息安全产品的主要项目。下面详细介绍一下GB17859—1999,简单描述一下GB/T 20271和GB/T 20272。

1. GB17859—1999

GB17859—1999《计算机信息系统安全保护等级划分准则》标准规定了计算机系统安全保护能力的五个等级,适用计算机信息系统安全保护技术能力等级的划分。计算机信息系统安全保护能力随着安全保护等级的增高,逐渐增强。

(1) 第一级:用户自主保护级

本级的计算机信息系统可信计算基通过隔离用户与数据,使用户具备自主安全保护的能力。它具有多种形式的控制能力,对用户实施访问控制,即为用户提供可行的手段,保护用户和用户组信息,避免其他用户对数据的非法读写与破坏。

① 自主访问控制

计算机信息系统可信计算基定义和控制系统中命名用户对命名客体的访问。实施机制(例如:访问控制表)允许命名用户以用户和/或用户组的身份规定并控制客体的共享;阻止非授权用户读取敏感信息。

② 身份鉴别

计算机信息系统可信计算基初始执行时,首先要求用户标识自己的身份,并使用保护机制(例如:口令)来鉴别用户的身份,阻止非授权用户访问用户身份鉴别数据。

③ 数据完整性

计算机信息系统可信计算基通过自主完整性策略,阻止非授权用户修改或破坏敏感信息。

(2) 第二级:系统审计保护级

与用户自主保护级相比,本级的计算机信息系统可信计算基实施了粒度更细的自主访问控制,它通过登录规程、审计安全性相关事件和隔离资源,使用户对自己的行为负责。

① 自主访问控制

计算机信息系统可信计算基定义和控制系统中命名用户对命名客体的访问。实施机制(例如:访问控制表)允许命名用户以用户和/或用户组的身份规定并控制客体的共享;阻止非授权用户读取敏感信息,并控制访问权限扩散。自主访问控制机制根据用户指定方式或默认方式,阻止非授权用户访问客体。访问控制的粒度是单个用户。没有存取权的用户只允许由授权用户指定对客体的访问权。

② 身份鉴别

计算机信息系统可信计算基初始执行时,首先要求用户标识自己的身份,并使用保护机制(例如:口令)来鉴别用户的身份;阻止非授权用户访问用户身份鉴别数据。通过为用户提供唯一标识、计算机信息系统可信计算基能够使用户对自己的行为负责。计算机信息系统可信计算基还具备将身份标识与该用户所有可审计行为相关联的能力。

③ 客体重用

在计算机信息系统可信计算基的空闲存储客体空间中,对客体初始指定、分配或再分配一个主体之前,撤销该客体所含信息的所有授权。当主体获得对一个已被释放的客体的访问权时,当前主体不能获得原主体活动所产生的任何信息。

④ 审计

计算机信息系统可信计算基能创建和维护受保护客体的访问审计跟踪记录,并能阻止非授权的用户对它访问或破坏。

计算机信息系统可信计算基能记录下述事件:使用身份鉴别机制;将客体引入用户地址空间(例如:打开文件、程序初始化);删除客体;由操作员、系统管理员或/和系统安全管理员实施的动作,以及其他与系统安全有关的事件。对于每一事件,其审计记录包括:事件的日期和时间、用户、事件类型、事件是否成功。对于身份鉴别事件,审计记录包含来源(例如:终端标识符);对于客体引入用户地址空间的事件及客体删除事件,审计记录包含客体名。

对不能由计算机信息系统可信计算基独立分辨的审计事件,审计机制提供审计记录接口,可由授权主体调用。这些审计记录区别于计算机信息系统可信计算基独立分辨的审计记录。

⑤ 数据完整性

计算机信息系统可信计算基通过自主完整性策略,阻止非授权用户修改或破坏敏感信息。

(3) 第三级:安全标记保护级

本级的计算机信息系统可信计算基具有系统审计保护级所有功能。此外,还提供有关安全策略模型、数据标记以及主体对客体强制访问控制的非形式化描述;具有准确地标记输出信息的能力;消除通过测试发现的任何错误。

① 自主访问控制

计算机信息系统可信计算基定义和控制系统中命名用户对命名客体的访问。实施机制(例如:访问控制表)允许命名用户以用户和/或用户组的身份规定并控制客体的共享;阻止非授权用户读取敏感信息,并控制访问权限扩散。自主访问控制机制根据用户指定方式或默认方式,阻止非授权用户访问客体。访问控制的粒度是单个用户。没有存取权的用户只允许由授权用户指定对客体的访问权。阻止非授权用户读取敏感信息。

② 强制访问控制

计算机信息系统可信计算基对所有主体及其所控制的客体(例如:进程、文件、段、设备)实施强制访问控制。为这些主体及客体指定敏感标记,这些标记是等级分类和非等级类别的组合,它们是实施强制访问控制的依据。计算机信息系统可信计算基支持两种或两种以上成分组成的安全级。计算机信息系统可信计算基控制的所有主体对客体的访问应满足:仅当主体安全级中的等级分类高于或等于客体安全级中的等级分类,且主体安全级中的非等级类别包含了客体安全级中的全部非等级类别,主体才能读客体;仅当主体安全级中的等级分类低于或等于客体安全级中的等级分类,且主体安全级中的非等级类别包含了客体安全级中 的非等级类别,主体才能写一个客体。计算机信息系统可信计算基使用身份和鉴别数据,鉴别用户的身份,并保证用户创建的计算机信息系统可信计算基外部主体的安全级和授权受该用户的安全级和授权的控制。

③ 标记

计算机信息系统可信计算基应维护与主体及其控制的存储客体(例如:进程、文件、段、设备)相关的敏感标记。这些标记是实施强制访问的基础。为了输入未加安全标记的数据,计算机信息系统可信计算基向授权用户要求并接受这些数据的安全级别,且可由计算机信息系统可信计算基审计。

④ 身份鉴别

计算机信息系统可信计算基初始执行时,首先要求用户标识自己的身份,而且,计算机信息系统可信计算基维护用户身份识别数据并确定用户访问权及授权数据。计算机信息系统可信计算基使用这些数据鉴别用户身份,并使用保护机制(例如:口令)来鉴别用户的身份;阻止非授权用户访问用户身份鉴别数据。通过为用户提供唯一标识,计算机信息系统可信计算基能够使用户对自己的行为负责。计算机信息系统可信计算基还具备将身份标识与该用户所有可审计行为相关联的能力。

⑤ 客体重用

在计算机信息系统可信计算基的空闲存储客体空间中,对客体初始指定、分配或再分配一个主体之前,撤销客体所含信息的所有授权。当主体获得对一个已被释放的客体的访问权时,当前主体不能获得原主体活动所产生的任何信息。

⑥ 审计

计算机信息系统可信计算基能创建和维护受保护客体的访问审计跟踪记录,并能阻止非授权的用户对它访问或破坏。

计算机信息系统可信计算基能记录下述事件:使用身份鉴别机制;将客体引入用户地址空间(例如:打开文件、程序初始化);删除客体;由操作员、系统管理员或(和)系统安全管理员实施的动作,以及其他与系统安全有关的事件。对于每一事件,其审计记录包括:事件的日期和时间、用户、事件类型、事件是否成功。对于身份鉴别事件,审计记录包含请求的来源(例如:终端标识符);对于客体引入用户地址空间的事件及客体删除事件,审计记录包含客体名及客体的安全级别。此外,计算机信息系统可信计算基具有审计更改可读输出记号的能力。

对不能由计算机信息系统可信计算基独立分辨的审计事件,审计机制提供审计记录接口,可由授权主体调用。这些审计记录区别于计算机信息系统可信计算基独立分辨的审计记录。

⑦ 数据完整性

计算机信息系统可信计算基通过自主和强制完整性策略，阻止非授权用户修改或破坏敏感信息。在网络环境中，使用完整性敏感标记来确信信息在传送中未受损。

(4) 第四级:结构化保护级

本级的计算机信息系统可信计算基建立于一个明确定义的形式化安全策略模型之上，它要求将第三级系统中的自主和强制访问控制扩展到所有主体与客体。此外，还要考虑隐蔽通道。本级的计算机信息系统可信计算基必须结构化为关键保护元素和非关键保护元素。计算机信息系统可信计算基的接口也必须明确定义，使其设计与实现能经受更充分的测试和更完整的复审。加强了鉴别机制；支持系统管理员和操作员的职能；提供可信设施管理；增强了配置管理控制。系统具有相当的抗渗透能力。

① 自主访问控制

计算机信息系统可信计算基定义和控制系统中命名用户对命名客体的访问。实施机制(例如:访问控制表)允许命名用户和/或以用户组的身份规定并控制客体的共享；阻止非授用户读取敏感信息，并控制访问权限扩散。

自主访问控制机制根据用户指定方式或默认方式，阻止非授权用户访问客体。访问控制的粒度是单个用户。没有存取权的用户只允许由授权用户指定对客体的访问权。

② 强制访问控制

计算机信息系统可信计算基对外部主体能够直接或间接访问的所有资源(例如:主体、存储客体和输入输出资源)实施强制访问控制。为这些主体及客体指定敏感标记，这些标记是等级分类和非等级类别的组合，它们是实施强制访问控制的依据。计算机信息系统可信计算基支持两种或两种以上成分组成的安全级。计算机信息系统可信计算基外部的所有主体对客体的直接或间接的访问应满足:仅当主体安全级中的等级分类高于或等于客体安全级中的等级分类，且主体安全级中的非等级类别包含了客体安全级中的全部非等级类别，主体才能读客体；仅当主体安全级中的等级分类低于或等于客体安全级中的等级分类，且主体安全级中的非等级类别包含于客体安全级中的非等级类别，主体才能写一个客体。计算机信息系统可信计算基使用身份和鉴别数据，鉴别用户的身份，保护用户创建的计算机信息系统可信计算基外部主体的安全级和授权受该用户的安全级和授权的控制。

③ 标记

计算机信息系统可信计算基维护与可被外部主体直接或间接访问到的计算机信息系统资源(例如:主体、存储客体、只读存储器)相关的敏感标记。这些标记是实施强制访问的基础。为了输入未加安全标记的数据，计算机信息系统可信计算基向授权用户要求并接受这些数据的安全级别，且可由计算机信息系统可信计算基审计。

④ 身份鉴别

计算机信息系统可信计算基初始执行时，首先要求用户标识自己的身份，而且，计算机信息系统可信计算基维护用户身份识别数据并确定用户访问权及授权数据。计算机信息系统可信计算基使用这些数据，鉴别用户身份，并使用保护机制(例如:口令)来鉴别用户的身份；阻止非授权用户访问用户身份鉴别数据。通过为用户提供唯一标识，计算机信息系统可信计算基能够使用户对自己的行为负责。计算机信息系统可信计算基还具备将身份标识与该用户所有可审计行为相关联的能力。

⑤ 客体重用

在计算机信息系统可信计算基的空闲存储客体空间中,对客体初始指定、分配或再分配一个主体之前,撤销客体所含信息的所有授权。当主体获得对一个已被释放的客体的访问权时,当前主体不能获得原主体活动所产生的任何信息。

⑥ 审计

计算机信息系统可信计算基能创建和维护受保护客体的访问审计跟踪记录,并能阻止非授权的用户对它访问或破坏。

计算机信息系统可信计算基能记录下述事件:使用身份鉴别机制;将客体引入用户地址空间(例如:打开文件、程序初始化);删除客体;由操作员、系统管理员或/和系统安全管理员实施的动作,以及其他与系统安全有关的事件。对于每一事件,其审计记录包括:事件的日期和时间、用户、事件类型、事件是否成功。对于身份鉴别事件,审计记录包含请求的来源(例如:终端标识符);对于客体引入用户地址空间的事件及客体删除事件,审计记录包含客体及客体的安全级别。此外,计算机信息系统可信计算基具有审计更改可读输出记号的能力。

对不能由计算机信息系统可信计算基独立分辨的审计事件,审计机制提供审计记录接口,可由授权主体调用。这些审计记录区别于计算机信息系统可信计算基独立分辨的审计记录。计算机信息系统可信计算基能够审计利用隐蔽存储信道时可能被使用的事件。

⑦ 数据完整性

计算机信息系统可信计算基通过自主和强制完整性策略。阻止非授权用户修改或破坏敏感信息。在网络环境中,使用完整性敏感标记来确信信息在传送中未受损。

⑧ 隐蔽信道分析

系统开发者应彻底搜索隐蔽存储信道,并根据实际测量或工程估算确定每一个被标识信道的最大带宽。

⑨ 可信路径

对用户的初始登录和鉴别,计算机信息系统可信计算基在它与用户之间提供可信通信路径。该路径上的通信只能由该用户初始化。

(5) 第五级:访问验证保护级

本级的计算机信息系统可信计算基满足访问监控器需求。访问监控器仲裁主体对客体的全部访问。访问监控器本身是抗篡改的;必须足够小,能够分析和测试。为了满足访问监控器需求,计算机信息系统可信计算基在其构造时,排除那些对实施安全策略来说并非必要的代码;在设计和实现时,从系统工程角度将其复杂性降低到最小。支持安全管理员职能;扩充审计机制,当发生与安全相关的事件时发出信号;提供系统恢复机制。系统具有很高的抗渗透能力。

① 自主访问控制

计算机信息系统可信计算基定义并控制系统中命名用户对命名客体的访问。实施机制(例如:访问控制表)允许命名用户和/或以用户组的身份规定并控制客体的共享;阻止非授权用户读取敏感信息,并控制访问权限扩散。

自主访问控制机制根据用户指定方式或默认方式,阻止非授权用户访问客体。访问控制的粒度是单个用户。访问控制能够为每个命名客体指定命名用户和用户组,并规定他们对客体的访问模式。没有存取权的用户只允许由授权用户指定对客体的访问权。

② 强制访问控制

计算机信息系统可信计算基对外部主体能够直接或间接访问的所有资源(例如:主体、存储客体和输入输出资源)实施强制访问控制。为这些主体及客体指定敏感标记,这些标记是等级分类和非等级类别的组合,它们是实施强制访问控制的依据。计算机信息系统可信计算基支持两种或两种以上成分组成的安全级。计算机信息系统可信计算基外部的所有主体对客体的直接或间接的访问应满足:仅当主体安全级中的等级分类高于或等于客体安全级中的等级分类,且主体安全级中的非等级类别包含了客体安全级中的全部非等级类别,主体才能读客体;仅当主体安全级中的等级分类低于或等于客体安全级中的等级分类,且主体安全级中的非等级类别包含了客体安全级中的非等级类别,主体才能写一个客体。计算机信息系统可信计算基使用身份和鉴别数据鉴别用户的身份,保证用户创建的计算机信息系统可信计算基外部主体的安全级和授权受该用户的安全级和授权的控制。

③ 标记

计算机信息系统可信计算基维护与可被外部主体直接或间接访问到计算机信息系统资源(例如:主体、存储客体、只读存储器)相关的敏感标记。这些标记是实施强制访问的基础。为了输入未加安全标记的数据,计算机信息系统可信计算基向授权用户要求并接受这些数据的安全级别,且可由计算机信息系统可信计算基审计。

④ 身份鉴别

计算机信息系统可信计算基初始执行时,首先要求用户标识自己的身份,而且,计算机信息系统可信计算基维护用户身份识别数据并确定用户访问权及授权数据。计算机信息系统可信计算基使用这些数据,鉴别用户身份,并使用保护机制(例如:口令)来鉴别用户的身份;阻止非授权用户访问用户身份鉴别数据。通过为用户提供唯一标识,计算机信息系统可信计算基能够使用户对自己的行为负责。计算机信息系统可信计算基还具备将身份标识与该用户所有可审计行为相关联的能力。

⑤ 客体重用

在计算机信息系统可信计算基的空闲存储客体空间中,对客体初始指定、分配或再分配一个主体之前,撤销客体所含信息的所有授权。当主体获得对一个已被释放的客体的访问权时,当前主体不能获得原主体活动所产生的任何信息。

⑥ 审计

计算机信息系统可信计算基能创建和维护受保护客体的访问审计跟踪记录,并能阻止非授权的用户对它访问或破坏。

计算机信息系统可信计算基能记录下述事件:使用身份鉴别机制;将客体引入用户地址空间(例如:打开文件、程序初始化);删除客体;由操作员、系统管理员或/和系统安全管理员实施的动作,以及其他与系统安全有关的事件。对于每一事件,其审计记录包括:事件的日期和时间、用户、事件类型、事件是否成功。对于身份鉴别事件,审计记录包含请求的来源(例如:终端标识符);对于客体引入用户地址空间的事件及客体删除事件,审计记录包含客体名及客体的安全级别。此外,计算机信息系统可信计算基具有审计更改可读输出记号的能力。

对不能由计算机信息系统可信计算基独立分辨的审计事件,审计机制提供审计记录接口,可由授权主体调用。这些审计记录区别于计算机信息系统可信计算基独立分辨的审计记录。计算机信息系统可信计算基能够审计利用隐蔽存储信道时可能被使用的事件。计算机信息系统可信计算基包含能够监控可审计安全事件发生与积累的机制,当超过阈值时,能够立即向安全管理员发出报警。并且,如果这些与安全相关的事件继续发生或积累,系统应以最小的代价中止它们。

⑦ 数据完整性

计算机信息系统可信计算基通过自主和强制完整性策略,阻止非授权用户修改或破坏敏感信息。在网络环境中,使用完整性敏感标记来确信信息在传送中未受损。

⑧ 隐蔽信道分析

系统开发者应彻底搜索隐蔽信道,并根据实际测量或工程估算确定每一个被标识信道的最大带宽。

⑨ 可信路径

当连接用户时(如注册、更改主体安全级),计算机信息系统可信计算基提供它与用户之间的可信通信路径。可信路径上的通信只能由该用户或计算机信息系统可信计算基激活,且在逻辑上与其他路径上的通信相隔离,且能正确地加以区分。

⑩ 可信恢复

计算机信息系统可信计算基提供过程和机制,保证计算机信息系统失效或中断后,可以进行不损害任何安全保护性能的恢复。

2. GB/T 20271

GB/T 20271《信息系统通用安全技术要求》标准规定了信息系统安全所需要的安全技术的各个安全等级要求,适用于按等级化要求进行的安全信息系统的设计和实现。来源于CC标准(GB/T 18336),本质上是根据CC标准对GB 17859的解释。

3. GB/T 20272

GB/T 20272《操作系统安全技术要求》标准规定了各个安全等级的操作系统所需要的安全技术要求,大量引用了GB/T 20271的内容。

4.4 本章小结

目前,现有的大部分系统都是比较脆弱的。要建造安全可信的系统,就需要在系统开发的整个生命周期中的每一个过程都采用相应的安全保障技术,使用安全保障技术可以增强系统的安全性、可靠性和鲁棒性。形式化方法的安全保障技术能提供更为可信的结论。审计就是对信息分析后通告分析的结果及可能采取的行动。TCSEC标准存在一些局限性,所以出现了ITSEC、CTCPEC和FC。这些方法最终促使了当前得到全球支持的通用标准CC的形成。

第5章 网络安全的保障技术和方法

网络安全是指网络系统的硬件、软件及其系统中的数据受到保护，不因偶然的或者恶意的原因而遭受到破坏、更改、泄露，系统连续可靠正常地运行，网络服务不中断。网络安全是一门涉及计算机科学、网络技术、通信技术、密码技术、信息安全技术、应用数学、数论、信息论等多种学科的综合性学科。本章将介绍一些保障网络安全的技术和方法。

5.1 恶意攻击

5.1.1 概述

恶意攻击是网络安全中需要防范的重要问题之一，它对网络安全造成直接危害，并破坏计算机系统安全[42~49]。

特洛伊木马、计算机病毒、计算机蠕虫是恶意代码的主要代表形式，是攻击计算机系统的有效工具。本节首先介绍一些常见的恶意代码，包括特洛伊木马、计算机病毒、计算机蠕虫和其他形式的一些恶意代码，接着介绍恶意代码的分析方法，最后介绍一些恶意代码的防御措施。

5.1.2 特洛伊木马

特洛伊木马(Trojan Horse)的名称来源于希腊神话《木马屠城记》。传说希腊人围攻特洛伊城，久攻不下，于是将士兵藏在巨大的木马中佯装退兵，特洛伊人把木马作为战利品拖入了城内。到了夜晚，木马里面的士兵出来与城外的部队里应外合，攻下了特洛伊城。

在计算机领域中，特洛伊木马是指一段隐藏在正常程序中的，能够破坏和删除文件、发送密码、记录键盘和发动拒绝服务攻击(DoS)等特殊功能的恶意代码。特洛伊木马常常伪装成升级程序、安装程序、图片等，一旦用户点击，便开始运行其隐藏的破坏功能。常见的木马类型如表5-1所示。

一个完整的木马系统包括三个部分：硬件部分、软件部分和具体连接部分。硬件部分包括控制端、服务端(被控制端远程控制的一方)和传输的网络载体；软件部分包括控制端程序、木马程序和木马配置程序；具体连接部分包括控制端IP、服务端IP、控制端端口和木马端口。

表 5-1　常见木马类型

名称	介绍
远程控制型	感染该类型木马的计算机联入网络后自动与控制端程序建立连接，控制端程序远程控制被感染的计算机，对其进行破坏，如 BackOffice、Netspy、冰河等
密码发送型	该类木马以盗取目标计算机上的各类密码为目标。感染该木马后，将自动搜索内存、Cache 临时文件夹及各种密码文件，并在被感染计算机不知情的情况下将密码发送到指定的邮箱中
键盘记录型	该类木马将被感染计算机的键盘敲击记录下来，并在文件中查找密码。常见的有 QQ 间谍、传奇黑眼等
破坏型	该类木马破坏被感染计算机的文件系统，自动删除其所有的 exe、doc、ppt、ini 和 dll 等文件，能够远程格式化被感染计算机的硬盘，使系统崩溃或重要数据丢失
FTP 型	该类木马能够打开被控计算机 FTP 服务监听的 21 号端口，使被控计算机允许匿名访问，并且能以最高权限进行文件操作（如上传和下载），从而破坏被控计算机文件的机密性
拒绝服务攻击型	该类木马通过控制大量的分布式节点，形成攻击平台（如僵尸网络 Botnet），以极大的通信量冲击网络，使网络资源消耗殆尽，最后导致合法用户的请求无法通过
代理型	黑客给受害计算机安装该类型木马，通过控制这个代理，达到防止审计发现自己的攻击足迹和身份，实现入侵的目的
反弹端口型	该类型木马主要针对在网络出口处设置了防火墙的用户，利用反弹窗口原理，躲避防火墙拦截，如灰鸽子、PCShare 等

下面我们来介绍使用木马进行网络入侵的几个基本步骤。

1. 配置木马

木马软件配置程序采用多种伪装手段（如修改图标、捆绑文件、定制窗口、自我销毁等）完成木马伪装，并通过设置信息反馈的方式或地址（如设置信息反馈的邮件地址、QQ 号等）完成信息反馈。

2. 传播木马

木马主要通过两种方式传播：一种是通过 E-mail 的方式，木马程序被放置在邮件的附件中，当收件人打开附件后木马就开始感染计算机；另一种是通过软件下载的方式，将木马捆绑在软件安装程序中，然后放在提供软件下载的网站来传播木马。

3. 运行木马

木马程序在服务端运行后，将自身复制到系统文件夹中，接着设置好木马程序的触发条件，完成其安装。

4. 泄露信息

在木马成功安装之后，将收集到的一些服务端的软硬件信息通过 E-mail 等方式告知控制端，从而泄露服务端的信息。

5. 建立连接

在服务端安装完木马程序之后，并且当控制端和服务端都在线时，控制端通过木马与服务端建立连接。

6. 远程控制

在木马连接建立之后，控制端通过木马程序对服务器端进行远程控制，从而实现其破坏目的。

我们可以采用一些防范措施来防范木马。例如，提高防范意识，在打开下载文件之前，先确认文件来源是否可靠并进行杀毒；程序安装前使用杀毒软件对其进行查杀；当发现异常时立即挂断；检测系统文件和注册表的变化；经常对文件和注册表进行备份等。

随着技术的发展，木马出现一些新的发展方向：木马与病毒的结合，使其具备更强的感染模式；反杀毒软件功能的增强使得木马与杀毒软件不断相互促进，相互发展；木马融入系统内核，与系统紧密结合；具备一些无法预料的更多更强大的功能。

5.1.3 计算机病毒

计算机病毒是利用计算机软件和硬件的脆弱性编制而成的具有特殊功能的程序。计算机病毒通过某种途径潜伏在计算机存储介质或程序之中，当达到某种条件时被激活，将自身的精确复件或可能演化的形式放入其他程序中，对计算机资源进行破坏。

1994 年 2 月 18 日，我国正式颁布实施《中华人民共和国计算机信息系统安全保护条例》[107]，其中第二十八条明确了计算机病毒的定义："计算机病毒，是指编制或者在计算机程序中插入的破坏计算机功能或者毁坏数据，影响计算机使用，并能自我复制的一组计算机指令或者程序代码"。

下面我们来介绍几种常见的计算机病毒工作原理。

1. 引导型病毒

引导型病毒是一类专门感染硬盘主引导扇区和软盘引导扇区的计算机病毒。引导型病毒很隐蔽，不以文件的形式存在，不能用类似"Del"这样的命令来删除它。引导型病毒一般分为主引导区病毒和引导区病毒，引导型病毒把操作系统的引导模块放在某个固定的位置，以物理位置为依据转交控制权，病毒占据该物理位置即可获得控制权；将真正的引导区内容转移或替换，待病毒程序执行后，将控制权交给真正的引导区内容；带病毒的系统看似正常运转，而病毒已隐藏在系统中并伺机传染、发作。

常见的主引导病毒有"石头病毒"、"INT60 病毒"等；常见的引导区病毒有"小球病毒"和"Brain 病毒"等，这两种类型的病毒原理基本相同。

2. 文件型病毒

文件型病毒感染系统的可执行文件(如.exe)，当这些可执行文件执行时病毒也随之执行。下面详细介绍一种.exe 文件型病毒。

.exe 文件型病毒有三种感染方式：首部感染、尾部感染和插入感染。

首部感染是将病毒代码插入到.exe 文件的首部并修改首部的相关结构，在执行文件时，再将该文件还原为正常文件执行，同时病毒也随之执行。

尾部感染原理与首部感染类似，病毒也要修改文件的首部，但病毒将自身插入文件的尾部。

插入感染是把病毒分成几段，分别插入文件中，这样可以避免其受到杀毒软件的查杀。

文件型病毒有多种感染方式。例如,可以利用操作系统搜索文件的环境变量来运行病毒。一般系统执行文件是先在当前目录查找,然后在系统目录下,最后在环境变量设置的其他路径下查找,文件型病毒可以利用这个机制来运行。如 test. exe 文件本来是在系统目录下的,利用病毒程序将其替换,而把正常的 test. exe 文件放到其他目录下,然后通过病毒程序调用来执行 test. exe。

3. 混合型病毒

混合型病毒在不同时期定义不同,在 DOS 时代,混合型病毒是指具有引导型病毒和文件型病毒特点的计算机病毒;随着网络的发展,混合型病毒的定义不断延伸,现在的混合型病毒是指集木马、蠕虫、后门及其他恶意代码于一体的恶意代码集,这里主要介绍前一种混合型病毒。

混合型病毒不是引导型病毒和文件型病毒简单的叠加,它通过引导型病毒的方法驻留内存,然后修改 INT8,监视 INT21 的地址是否改变。如果地址改变,则说明 DOS 系统已经加载,这样就可以通过修改 INT21 从而运行病毒。

4. Win32 病毒

Windows 操作系统是当前使用范围最广的操作系统,目前网络上的病毒大多是针对 Windows 系统的,而 Win32 病毒是其中的主要类型。Win32 病毒在感染文件时修改 PE 文件(PE 文件被称为可移植的执行体,是 Portable Execute 的全称,常见的. exe、. dll、. ocx、. sys、. com 都是 PE 文件)的入口点,使其指向病毒代码所在的节,病毒代码执行后再跳回正常的 PE 程序执行,这样使得病毒能够随着文件的执行而运行。

5. 宏病毒

宏是一组命令的集合,是微软最早为 Office 设计的一个特殊功能。它能够把多个命令组合成一个命令,简化重复的操作。Office 的 Word 和 Excel 中都有宏,Word 中定义了一个共有的通用模板 normal. doc,这个模板包含了基本的宏,只要 Word 一启动,normal. doc 就会自动运行,宏病毒就是利用这个特性运行的。当一个宏病毒运行时,首先会将文档中的病毒代码导出,接着将病毒代码导入通用模板,当用户在这台计算机上打开一个干净的文档时,病毒代码就会写入该文档,从而达到病毒感染的目的。

计算机病毒的分类方法很多,按操作系统类型可以分为 DOS 病毒、Windows 病毒、UNIX 病毒、OS/2 病毒等;按病毒的破坏程度可以分为恶性病毒和良性病毒;按传播方式可以分为单机病毒和网络病毒。表 5-2 展现了一些常见计算机的病毒类型。

表 5-2　常见计算机病毒类型

名称	介绍
系统病毒	前缀是 Win32、PE、Win95、W32、W95 等,一般可以感染 Windows 操作系统的 *. exe 和 *. dll 文件并通过这些文件传播,如 CIH 病毒等
蠕虫病毒	前缀是 Worm,特点是通过网络或系统漏洞进行传播,很多蠕虫病毒都会向外发送带病毒的邮件,或阻塞网络的特性,如冲击波(阻塞网络)、小邮差(发送带病毒的邮件)等
后门病毒	前缀是 Backdoor,特点是通过网络传播,通过给系统开后门带来计算机安全隐患,常见的如 IRC 的后门病毒 Backdoor. IRCBot 等

续表

名称	介绍
破坏程序病毒	前缀是 Harm,特点是用好看的图标诱使用户单击,当单击后,病毒对计算机进行破坏,常见的如格式化 C 盘(Harm. formatC. f)、杀手命令(Harm. Command. Killer)等
玩笑病毒	前缀是 Joke,也叫恶作剧病毒,特点是用好看的图标诱使用户单击,当单击后,病毒做出各种的破坏动作来吓唬用户,但不对计算机进行破坏,常见的如女鬼(Joke. Girlghost)病毒等
捆绑机病毒	前缀是 Binder,特点是病毒作者使用特定的捆绑程序将病毒与一些应用程序(如 QQ、IE)捆绑起来,使其看上去是一个正常的文件,但当运行这些文件时,会隐藏运行捆绑在一起的病毒,从而给用户造成危害。常见的如捆绑 QQ(Binder. QQPass. QQBin)等
脚本病毒	前缀是 Script,特点是使用脚本语言编写,通过网页传播,如红色代码(Script. Redlof)。脚本病毒也有以 VBS 或 JS 为前缀的,表明了脚本病毒是用何种脚本编写的(其中 VBS 表示用 VBScript 脚本语言编写,JS 表示用 JavaScript 脚本语言编写),如欢乐时光(VBS. Happytime)等
病毒种植程序病毒	特点是运行时会释放出一个或几个新的病毒到系统目录下,由释放出的新病毒产生破坏,常见的如冰河传播者(Dropper. BingHe2. 2C)、MSN 射手(Dropper. Worm. Smibag)等

通过上面的介绍,我们在查到某个病毒后可以通过其前缀来初步判断病毒的基本情况,尤其是在杀毒软件无法杀掉病毒的情况下,可以根据病毒名在网上查找相关资料,做进一步处理。

了解常见计算病毒的分类之后,我们来介绍计算机病毒的特点。计算机病毒作为一种特殊的计算机程序,主要有可执行性、破坏性、非授权性、可触发性、寄生性、传染性等特点。

1. 可执行性

计算机病毒通过寄生等方式,随程序一起执行,从而达到其破坏的目的。

2. 破坏性

计算机病毒的破坏性程度取决于病毒本身。例如,"小球病毒"只是简单地破坏屏幕输出;而 CIH 病毒则能够感染各种类型的文件;BIOS 病毒破坏主板,从而导致计算机瘫痪。

3. 非授权性

正常的计算机程序是通过用户调用,为程序创建进程来完成用户交给的某一项任务,而计算机病毒则是未经用户授权而隐蔽地执行的。

4. 可触发性

很多计算机病毒并不是一进入系统就执行破坏活动,而是潜伏一段时间,等相应的触发条件满足后才开始破坏系统。这个条件可以是日期或时间、使用特定的文件、敲入特定的字符等。

5. 寄生性

通常,计算机病毒不是一段独立完整的程序,而是寄生在其他可执行的程序上,在运行宿主程序时才得以运行。

6. 传染性

计算机病毒通常都具有传染性,一般通过移动存储介质、网页、电子邮件等方式进行传播,中了病毒的计算机能够以相同的方式向其他计算机进行传播。

5.1.4　计算机蠕虫

计算机蠕虫是指能在计算机中独立运行,并把自身包含的所有功能模块复制到网络中其他计算机上的程序。它有两个突出的特点:一是自我复制;二是能够从一台计算机传播到另一台计算机。

蠕虫的基本结构一般包含三个模块:传播模块、本地功能模块和扩展功能模块。

(1) 传播模块主要完成蠕虫在网络中的传播,它包括扫描、攻击和复制模块。扫描模块主要完成主机发现、溢出漏洞扫描的工作,查看网络中是否存在特定漏洞的主机;攻击模块主要完成漏洞的溢出攻击;复制模块在成功利用漏洞后,将蠕虫本身复制到远程机器上。

(2) 本地功能模块包括隐藏模块和感染模块。隐藏模块完成文件、进程等的隐藏,使蠕虫难以被发现;感染模块完成本地主机相关结构的修改,如注册表、蠕虫自身的文件等。

(3) 扩展功能模块是蠕虫功能的扩展和延伸。该模块分为控制模块、信息收集模块和特殊功能模块等。控制模块主要完成与远程控制台通信和相关命令的执行;信息收集模块用于搜索主机的账号、密码等敏感信息;特殊功能模块完成蠕虫编写者希望实现的特殊功能,如下载木马并执行、删除特定文件,格式化硬盘等。

蠕虫还有其他很多的功能模块,以上介绍的是其基本的功能模块。

5.1.5　其他形式的恶意代码

恶意代码是独立的程序或嵌入到其他程序中的代码,它在不被用户察觉的情况下启动,从而达到破坏计算机安全性和完整性的目的。恶意代码的恶意效果可以单独出现,也可以与前面介绍的恶意效果同时出现。下面介绍三种其他形式的恶意代码。

1. 兔子和细菌

兔子和细菌是能够将某种资源全部占用的一种程序。细菌并不占用系统的所有资源,而是占用某种特定类型的资源,如进程表入口等,细菌不影响当前运行的进程,但会影响到新的进程。这种恶意代码复制速度很快,能够使系统资源快速消耗殆尽,是一种拒绝服务攻击。

2. 逻辑炸弹

一些恶意代码是通过某些外部事件的触发而执行的,如某个月的 13 日或某个星期五等,满足特定的触发条件时,恶意代码就开始执行其破坏功能。

逻辑炸弹是满足特定逻辑条件时就执行违反安全策略操作的一种程序。它能破坏计算机程序,造成计算机数据丢失,计算机不能从硬盘或软盘引导,甚至使整个系统瘫痪,并出现物理损坏。

3. Rootkit

Rootkit 是攻击者用来隐藏自己的踪迹和保留管理员访问权限的工具集,其最初只运用于 UNIX 系统和 Sun OS 中,随着 Windows 平台的广泛使用,Rootkit 进入了 Windows 操作系统。

Rootkit 由多个独立的程序组成,一个典型的 Rootkit 包括:特洛伊木马程序、以太网嗅探器、日志清理工具、隐藏攻击程序的工具等。Rootkit 的主要功能是对攻击痕迹的隐藏。按其运行时所在的模式,可分为用户级 Rootkit 和内核级 Rootkit。用户级 Rootkit 在用户模式下运行,通过替换系统关键组件、查看文件/进程列表的程序或更改用户态程序输出来实现隐藏木马或后门的目的;内核级 Rootkit 能够深入系统内核,并对其进行破坏,使得系统上的可执行文件乃至系统内核本身变得不可信。著名的用户级 Rootkit 有 Windows 系统下的 Hacker Defender 等，内核级 Rootkit 有 Linux 系统下的 Knark 等。

5.1.6 恶意代码分析与防御

通过前面的介绍，我们对恶意代码有了一些了解，本节将对恶意代码进行分析并介绍一些防御恶意代码的措施。

恶意代码的关键技术主要包括生存技术、攻击技术和隐藏技术三部分。

(1) 生存技术

恶意代码的生存技术主要包括四个部分：反追踪技术、加密技术、模糊变换技术和自动生产技术。

反追踪技术使得恶意代码能够提高自身的伪装和防破译能力，增加其被检测和清除的难度。目前常用的反追踪技术包括反动态追踪技术和反静态追踪技术。其中反动态追踪包括：禁止跟踪中断、封锁键盘输入和屏幕显示来破坏各类跟踪调试软件的运行环境、检测跟踪等。反静态追踪主要包括：对程序代码分块加密执行、伪指令法等。

加密技术是恶意代码自我保护的一种有效手段，通过配合反追踪技术，使分析者无法正常调试和阅读恶意代码，不能掌握恶意代码的工作原理，无法抽取恶意代码的特征串。其加密手段分为：信息加密、数据加密、程序代码加密等。

利用模糊变换技术，使得恶意代码感染每一个对象时，恶意代码体都不相同。因为同一种恶意代码有不同的样本，几乎没有稳定的代码，使得基于特征的检测工具难以识别。目前模糊变换技术主要包括：指令替换法、指令压缩法、指令扩展法、伪指令技术、重编译技术等。

自动生产技术主要包括：计算机病毒生成器技术和多态性发生技术。多态性发生器可以使恶意程序代码本身发生变化，并保持原有功能。

(2) 攻击技术

常见的恶意代码攻击技术包括：进程注入技术、三线程技术、端口复用技术、对抗检测技术、端口反向链接技术和缓冲区溢出攻击技术等。

① 进程注入技术

当前操作系统中都提供系统服务和网络服务，它们在系统启动时自动加载，进程注入技术将以上述服务程序的可执行代码作为载体，把恶意代码程序自身嵌入到其中，实现自身隐藏和启动的目的。

② 三线程技术

Windows 系统引入线程概念，一个线程可以同时拥有多个并发线程，三线程技术指一个恶意代码进程同时开启三个线程，其中一个是主线程，负责具体的恶意功能，另外两个线程为监视线程和守护线程。监视线程负责检查恶意代码的状态；守护线程注入其他可执行文件内，与恶意代码进程同步，一旦恶意代码线程被停止，守护线程会重新启动该线程，从而保持恶意代码执行的持续性。

③ 端口复用技术

重复利用系统已打开的服务端口传输数据，从而可以躲避防火墙对端口的过滤，端口复用一般不影响原有服务的正常工作，因此具有很强的隐蔽性。

④ 对抗检测技术

有些恶意代码具有攻击反恶意代码的能力，采用的技术手段主要有终止反恶意代码的运行、绕过反恶意代码的检测等。

⑤ 端口反向连接技术

通常情况下，防火墙对进入内部网络数据包具有严格的过滤策略，但对内部发起的数据包却疏于管理，端口反向连接技术就是利用防火墙的这种特性从被控制端主动发起向控制端的连接。

⑥ 缓冲区溢出技术

主要是对存在溢出漏洞的服务程序发动攻击，获取远程目标主机管理权限，是恶意代码进行主动传播的主要途径。

(3) 隐藏技术

恶意代码的隐藏技术包括：本地隐藏和通信隐藏。本地隐藏主要包括：文件隐藏、进程隐藏、网络连接隐藏、内核模块隐藏等。通信隐藏主要包括：通信内容隐藏和传输通道隐藏等。

① 本地隐藏技术

本地隐藏是为防止本地系统管理员觉察而采取的隐蔽手段。本地系统管理员通常使用“查看进程列表”“查看文件系统”“查看内核模块”“查看系统网络连接状态”等命令来检测系统是否被植入恶意代码。本地隐藏主要是针对上述安全管理命令进行相应的隐藏。

② 通信隐藏技术

防火墙、入侵检测技术等网络安全防护设备在网络中的广泛使用，使得传统通信模式的恶意代码难以正常运行，因此，恶意代码发展出了更隐蔽的网络通信模式。常见的隐蔽技术有：使用加密算法对内容加密，优点是可以隐蔽通信内容，缺点是无法隐蔽通信状态；对于传输信道的隐蔽主要采用隐蔽信道技术。

美国国防部可信操作系统评测标准对隐蔽信道进行定义：隐蔽信道是允许进程违反系统安全策略传输信息的通道。

在 TCP/IP 协议中，有许多冗余信息可以用来建立隐蔽信道，攻击者可以利用这些隐蔽信道绕过网络安全机制秘密地传输数据，TCP/IP 数据包格式在实现时为了能够适应复杂多变的网络环境，有些信息允许使用多种方式表示，恶意代码能够用这些冗余信息来实现通信的隐蔽。

通过对恶意代码关键技术的介绍，对其特点有了一定的了解，恶意代码的防御要利用恶意代码的一些不同特性来检测或阻止其运行。下面介绍几种恶意代码的防御方法。

(1) 冒充用户身份的恶意代码

如果用户(无意中)执行了恶意代码，恶意代码就能访问和影响该用户保护域内的对象。因此，限制用户进程所能访问的对象是一种直观的保护技术，如降低权限和沙箱技术。

降低权限是指用户在执行程序时可缩小与之关联的保护域。这种方法遵循的是最小授权原则。

沙箱技术根据系统中每一个可执行程序的访问资源，以及系统赋予的权限建立应用程序的“沙箱”，限制恶意代码的运行。每个应用程序都运行在自己的受保护的“沙箱”之中，不能影响其他程序的运行。同样，这些程序的运行也不能影响操作系统的正常运行，操作系统和驱动程序也存活在自己的“沙箱”之中。

对于每一个应用程序,沙箱都为其准备了一个配置文件,限制该文件能够访问的资源与系统赋予的权限。Windows XP/2003 操作系统提供了一种软件限制策略,隔离具有潜在危害的代码。这种隔离技术实际上也是一种沙箱技术,可以保护系统免受通过电子邮件和网络传播的各种恶意代码的侵害。这些策略运行选择系统管理应用程序的方式:应用程序可以被“限制运行”,也可以“禁止运行”。通过在“沙箱”中执行不受信任的代码和脚本,系统可以限制甚至防止恶意代码对系统完整性的破坏。

(2) 通过共享来穿越保护域边界的恶意代码

通过限制不同保护域的用户对程序或数据的共享,可以限制恶意代码在这些保护域中的传播,也可将要保护的程序设置为多级安全策略实现中的最低可能级别。因强制访问控制禁止这些进程去写更低级别的客体,而任何进程又只可以读但不能写这些程序,因此可以防止恶意代码对系统的破坏。

(3) 篡改文件的恶意代码

采用操作检测码的机制(MDC)对文件实施操作,从而获得一组称为签名块的比特并保护该签名块。如果重新计算得出的签名块结果与存储的签名块不同,说明文件被修改过,可能是恶意代码篡改文件造成,可以通过这种方法发现篡改文件的恶意代码。

(4) 行为超越规范的恶意代码

在软件和硬件不能执行某些规范时,容错技术可以保证系统的正确运作。Necula 提出一种结合规范检查和完整性检查的技术,这种技术成为携带证明代码(PCC),需要用户指定安全要求。“代码生产者”给出证明来说明代码满足所要求的安全特性,并将该证明和可执行代码结合起来。这将产生 PCC 二进制代码,把该代码发布给用户,用户可以检验安全性证明,如果正确,就可确认代码会遵守安全策略,可以执行代码,通过该方法达到对恶意代码的防御。

(5) 改变统计特性的恶意代码

对统计特性改变的检测有助于发现恶意代码。通过对源代码和目标代码的对比,可以检查出目标代码中包含的与源代码无法对应的条件语句,因此目标代码可能被感染。另外,可以设计一种过滤器,对程序所做的所有改动进行检测、分析和分类;或使用入侵检测专家系统检查病毒,通过检查文件大小的改动,可执行文件写操作执行频度的增加,检测特定程序执行频度的改变,来分析改变方式是否与传播病毒的特征匹配,找出病毒。

5.2 网络安全漏洞

本节通过对系统漏洞分类的介绍和系统漏洞的分析,来讲解分析网络安全中的漏洞。

5.2.1 概述

漏洞也叫脆弱性(Vulnerability)是指计算机系统在硬件、软件、协议的具体实现或系统安全策略上存在的缺陷和不足。当程序遇到一个看似合理,但实际无法处理的问题时,就会引发不可预见的错误。

1990 年，Dennis Longley 和 Michael Shain 在"The Data and Computer Security Dictionary of Standards，Concepts，and Terms"中对漏洞做出如下定义：

在计算机安全中，漏洞是指自动化系统安全过程、管理控制以及内部控制中的缺陷，漏洞能够被威胁利用，从而获得对信息的非授权访问或者破坏关键数据的处理。

分析和发现系统漏洞对保证网络安全意义重大，本节首先介绍系统漏洞的分类，接着对系统漏洞进行了分析。

5.2.2　系统漏洞的分类

对漏洞分类分级研究，目的是为了更好地描述、理解、分析并管理已知的系统安全漏洞，再在此基础上进一步预测或主动发现未知的安全漏洞。

系统漏洞分类框架从不同角度的各个方面描述安全漏洞，有些从漏洞的技术角度来分类，有些从产生漏洞的软硬件或接口条件的角度来分类，还有一些则从漏洞的本质的角度来分类。下面介绍一些经典的系统漏洞分类方法。

1. RISOS 的研究

美国进行的 RISOS(Research In Secured Operating Systems)安全操作系统研究计划，目的是帮助计算机系统管理人员和信息处理人员了解操作系统的安全性，并帮助他们决定提高系统安全性所需的投入。RISOS 工程是漏洞研究中的开创性工作，研究重点是检测和修复已有系统的漏洞。

调查人员将漏洞分为七类。

(1) 不完全的参数合法性验证

参数在使用前没有进行参数检查，这类漏洞的典型例子是缓冲区溢出。另一类例子是计算机软件中的整数除法问题，调用者提供两个地址作为参数，一个地址作为商，另一个地址作为余数。系统对商地址进行检查以确保它位于用户的保护域中，但对余数地址不做类似检查，通过将用户认证码的地址作为余数进行传递，用户就可以得到系统的授权。在使用参数前需要对参数的类型、值域、访问权限以及是否存在等情况进行检查。

(2) 不一致的参数合法性验证

不一致的参数合法性验证是指每个程序都检查数据的格式对该程序的合法性，但是不同程序需要不同的数据格式。漏洞主要是相互接口不一致造成的。例如，数据库中每个字段用冒号分割，如果一个程序将换行符号和冒号都作为数据接收了，而另一个程序将冒号作为字段的分隔符，换行符作为新的记录的分割，就会产生假记录。

(3) 隐含的权限/机密数据共享

当操作系统未能做到进程和用户间的间隔，就会出现隐含的权限/机密数据共享的问题。如果一个文件访问时需要口令，系统会逐字符地检查口令，并会在第一个错误的字符处停止，因此如果攻击者要猜测口令，可以在第一个和第二个字符之间设置一个页面的边界，如果发生了换页则说明第一个字符是正确的，否则就是错误的。通过反复猜测，攻击者很快可以猜出文件的口令。

(4) 非同步的合法性验证/不适当的顺序化

冲突条件以及检查时间和使用时间不同步，就是非同步的合法性验证/不适当的顺序化漏洞的例子。

(5) 不适当的身份辨识/认证/授权

错误地辨别用户;用户可以假冒其他用户的身份;不经授权就可以运行一些程序,这些都是不适当的身份辨识/认证/授权的漏洞。特洛伊木马就是这类漏洞的例子。

(6) 可违反的限制

当设计者没有正确处理边界条件时,就会出现可违反的限制漏洞。当用户使用的地址的值超过内存最大值时,系统会认为用户使用的内存大于了特定值而把内存作为用户空间。

(7) 可利用的逻辑错误

除以上漏洞外的其他可利用的逻辑错误,如不正确的错误处理、不可预知的指令边界效应和错误的资源分配等。

2. 保护分析模型

20 世纪 70 年代,美国开始关于操作系统保护错误 PA(Protection Analysis,保护分析)计划,希望将操作系统保护问题分割为较容易管理的小模块,降低对操作系统工作人员的要求。PA 计划的主要工作包括:描述操作系统中的保护错误,寻找错误的发现方法,提出基于模式匹配的漏洞检测技术。其分析模型将系统安全漏洞分为如下四类:范围错误(Domain Error)、校验错误(Validation Error)、命名错误(Naming Error)和串行化错误(Serialization Error)。

3. NRL 分类法

1992 年,Landwehr、Bull、McDermott 和 Choi 开发出一种用来帮助系统的设计者和操作者实现系统安全的分类方法。第一种分类方案按照漏洞的来源分类,分为疏忽性漏洞(使用 RISOS 方法细化)和意向性漏洞(包括恶意漏洞和非恶意漏洞);第二类分类方法是按照漏洞出现的时间分类如图 5-1 所示;第三种是按照漏洞出现的位置分类,如图 5-2 所示。

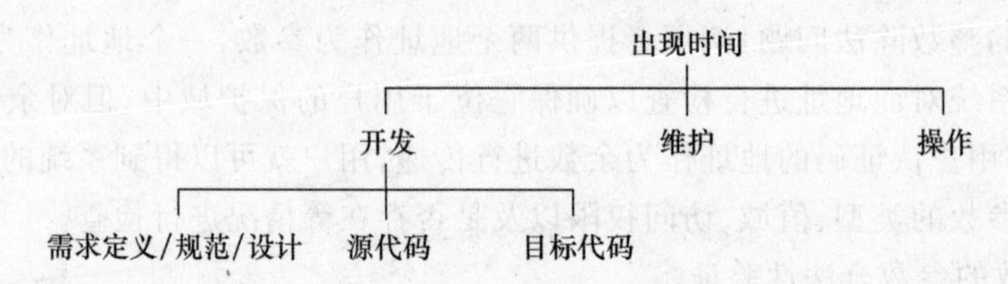

图 5-1 NRL 分类法(根据漏洞出现时间分类)

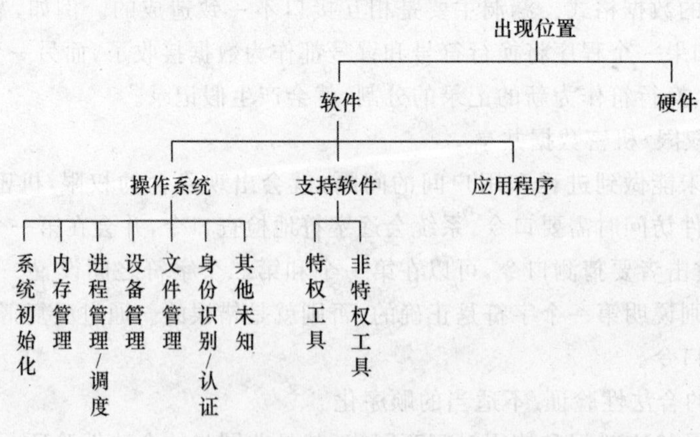

图 5-2 NRL 分类法(根据漏洞出现位置分类)

4. Aslam 模型

Aslam 模型将错误分为编码错误和意外错误，编码错误是软件开发时引入的错误；意外错误是由于不正确的初始化、操作或者应用而出现的错误。

编码错误分为同步错误和条件合法性验证错误。同步错误指两个操作之间有漏洞或者两个操作之间的顺序不正确；条件合法性验证错误指不检查边界、忽视访问权限、不对输入进行合法性验证或认证失效等引起的错误。

意外错误分为配置错误和环境错误。配置错误包括软件安装错误、初始化或配置信息错误以及授权错误等；环境错误是由运行环境引入，而不是代码或配置引入的错误。

下面介绍几种常见的漏洞分类方法。

(1) 根据被攻击者分类，可以分为：本地攻击漏洞和远程攻击漏洞。本地攻击漏洞的攻击者是本地合法用户或通过其他方式获得本地权限的非法用户；远程攻击漏洞的攻击者通过网络，对连接在网络上的远程主机进行攻击。

(2) 根据目标漏洞存在的位置，可分为：操作系统、网络协议栈、非服务器程序、服务器程序、硬件、通信协议、口令恢复和其他类型的漏洞。

(3) 根据漏洞导致的直接威胁可分为如下几类。

- 普通用户访问权限：攻击者可以获得系统的普通用户存取权限，通常是服务器的某些漏洞。
- 本地管理员权限：已有本地用户权限的攻击者通过攻击本地某些有缺陷 suid 程序，得到系统管理员权限。
- 远程管理员权限：攻击者不需要本地用户权限可直接获得远程系统的管理员权限，通常是通过 root 身份执行有缺陷的系统守护进程而获得。
- 权限提升：攻击者通过攻击某些有缺陷的程序，把自己的普通权限提升为管理员权限。
- 本地拒绝服务：攻击者使系统本身或者应用程序不能正常运作，或者不能正常提供服务。
- 远程拒绝服务：攻击者利用此类漏洞对远程系统发起拒绝服务攻击，使系统或相关的应用程序崩溃或失去响应能力。
- 读取受限文件：攻击者通过利用某些漏洞，读取系统中自己没有权限阅读的文件。
- 远程非授权文件读取：攻击者可以不经授权从远程存取系统的某些文件。
- 口令恢复：攻击者分析出口令加密的方法，从而通过某种方式得到密码，然后通过密码还原密文。
- 欺骗：攻击者对目标系统实施某种形式的欺骗。
- 信息泄露：攻击者收集有利于进一步攻击的目标系统信息。

以及一些其他类型的攻击漏洞。

(4) 根据其对系统造成的潜在威胁以及被利用的可能性可将各种系统安全漏洞进行如下分级。

- 高级别漏洞：大部分远程和本地管理员权限漏洞属于高级别。

- 中级别漏洞：大部分普通用户权限、权限提升、读取受限文件、远程和本地拒绝服务漏洞属于中级别。
- 低级别漏洞：大部分远程非授权文件存取、口令恢复、欺骗、信息泄露漏洞属于低级别。

5.2.3 系统漏洞分析

漏洞分析的目的是建立一套能够提供以下功能的方法：描述、设计并实现一个没有漏洞的计算机系统；分析计算机系统并找出其漏洞的能力；准确定位操作过程中所出现漏洞的能力；检测出试图利用漏洞的能力。

检查系统漏洞有形式化验证和基于属性的测试方法，它们都是以计算机系统的设计和实现为基础，但计算机系统包括一些策略、程序和操作环境等外部因素，很难用形式化验证和基于属性的测试来描述。

渗透测试是一种测试方法，而不是一种证明方法。它只能证明有安全漏洞存在而无法证明不存在安全漏洞。理论上，形式化验证可以证明不存在系统漏洞，形式化验证只能证明一个特定的程序或设计没有缺陷而无法证明整个计算机系统没有缺陷。

我们通过介绍渗透研究，来进行系统漏洞分析方法的介绍。

渗透研究主要是评估计算机系统所有安全控制的强度，目的是试图违反站点的安全策略。渗透研究并不能作为详细的设计、实现并有组织地进行测试的替代，它只是一种测试系统手段。与其他测试或检测不同的是，它不但检查程序和操作上的控制，同时也检验技术上的控制。

1. 目标

渗透测试是一项被授权违反安全性或完整性策略限制的研究。在目标描述中给出了判断测试是否成功的一个标准，同时也提供了保护系统安全所涉及的特定程序、操作和技术上的安全机制框架。

另一类研究没有很明确的目标，它的目的可能是找出一些系统漏洞或在一定时间内找出系统漏洞。这类测试的强度取决于对结果的适当解释。如果将这些漏洞分类加以研究，能总结出一些缺陷本质，那么分析人员就可以在以后的设计和实现上加以注意。如果只是找出一些漏洞，虽然对防范这些特定漏洞有帮助，但对提高系统安全来说是远远不够的。

还有一些限制影响渗透研究，如资源和时间的限制，如果把这些限制也作为策略的一部分，就能够对渗透研究加以改进。

2. 测试的层次模型

渗透设计能够描述安全机制的有效性和对攻击者的控制能力。渗透测试模型主要包括以下几个层次。

(1) 对系统没有任何了解的外部攻击者

这个层次上，测试人员只知道目标系统的存在以及当他们到达系统时，他们有足够的信息来识别它。必须自己决定如何才能得到系统的访问权限。这一层主要是社会人员，他们需要从各处收集信息才能艰难地到达系统。渗透测试通常略过这一层，因为它对判断系统的安全性意义不大。

(2) 能够访问系统的外部攻击者

在这个层次上，测试人员可以访问系统，他们可以登录并使用系统对网上所有主机开通的服务，然后他们可以发起攻击，典型的，这一步通常包括访问一个账号来实现他们的目的或使用一项网络服务。通过他们，测试人员访问系统，从而实现他们的目的。这一层次的一般攻击方式是口令猜测、寻找没有保护的账号、攻击网络服务器等。服务器上的缺陷通常是提供所需的访问权限。

(3) 具有系统访问权限的内部攻击者

在这个层次上，测试人员拥有一个系统的账号并可以作为授权用户来使用这个系统。这类测试通常包括没有被授权的权限或信息，并通过它们实现他们的目的。在这个层次上，测试人员对目标系统的设计和操作有很好的了解。攻击是以对系统具有足够的认识和访问权限为基础发起的。

3. 各层的测试方法

渗透测试方法起源于漏洞假设方法。测试的有用之处是渗透测试分析的文档和结论而不是简单的成功或失败。渗透的程度很重要。一般认为，通过攻击获得了系统权限比获得某个用户的资料更成功，因为前者可以危及很多用户并能破坏系统的完整性。漏洞假设法是 System Development Corporation 提出的，提供了渗透研究的框架。一共包括五步：

第一步，信息收集。

这一步测试人员主要熟悉系统的功能，他们需要测试系统的设计、实现、操作过程及它们的用法。

第二步，漏洞假设。

对第一步收集到的信息进行分析，并结合对其他系统漏洞的了解，假设系统的漏洞。

第三步，漏洞测试。

测试人员对他们假设的漏洞进行测试，如果漏洞不存在或无法利用，退回第二步，如果缺陷可以利用则继续下一步。

第四步，漏洞一般化。

成功利用一个漏洞后，测试人员试图将这一系统漏洞一般化，并找出其他类似的漏洞。加入新的了解或新的假设返回到第二步并不断地重复直到测试结束。

第五步，漏洞排除。

测试人员提出一些排除漏洞的方法或者使用程序来改善系统弱点。

渗透测试并不能替代完备的规范、严格的设计、认真正确的实现以及详细的测试。然而它是最后测试环节中重要的组成部分。渗透测试从一个攻击者角度测试系统的设计、实现的安全机制，找出系统的漏洞。

下面我们分析几种常见的存在于计算机系统的漏洞。

(1) 缓冲区溢出漏洞

对于存在缓冲区溢出漏洞的系统，攻击者通过向程序的缓冲区写超过其长度的内容，造成缓冲区的溢出，从而破坏程序的堆栈，使程序转而执行其他指令，以达到攻击的目的。

(2) 拒绝服务攻击漏洞

攻击者利用此类漏洞进行攻击主要为了使服务器资源消耗殆尽而无法响应正常的服务请求。Windows NT Service Pack 2 之前的系统中,部分 Win32 函数不正确检查输入参数,远程攻击者可以利用这个漏洞对系统进行拒绝服务攻击。Win32K. sys 是 Windows 设备驱动程序,用于处理 GDI(图形设备接口)服务调用,但是 Windows NT Service Pack 2 之前的系统不是所有 Win32 函数都对参数进行充分检查,攻击者可以写一些程序传递非法参数,导致 Win32 函数和系统崩溃,也可利用包括 ActiveX 的页面触发此漏洞。

(3) 权限提升漏洞

本地或利用终端服务访问的攻击者利用这个漏洞使本地用户可以提升权限至管理用户。如 Microsoft IIS 5.0 在处理脚本资源访问权限操作上存在问题,远程攻击者可以利用这个漏洞上传任意文件到受此漏洞影响的 Web 服务器上并以最高权限执行。Microsoft IIS 5.0 服务程序在脚本资源访问权限文件类型列表中存在一个错误,可导致远程攻击者装载任意恶意文件到服务器中。脚本资源访问存在一个访问控制机制可防止用户上载任意执行文件或脚本到服务器上,但是这个机制没有防止用户上传.COM 类型文件。远程攻击者如果在 IIS 服务器上有对虚拟目录写和执行权限,就可以上传.COM 文件到服务器并以最高权限执行这个文件。

(4) 远程命令执行漏洞

攻击者可利用这个漏洞直接获得访问权限。如 Webshell 是基于 Web 的应用程序,可以作为文件管理器进行文件上传和下载,使用用户名/密码方式进行认证,以 suid root 属性运行 Webshell 中多处代码,对用户提交的请求缺少正确过滤检查。远程攻击者可以利用这个漏洞以 root 身份在系统上执行任意命令。

(5) 文件信息泄露漏洞

Kunani FTP server1.0.10 存在一个漏洞,通过一个包含“../”的恶意请求可以对服务器进行目录遍历。远程攻击者可以利用这个漏洞访问系统 FTP 目录以外任意的文件。PHP 也存在这样的漏洞,PHP session 信息默认存放在/tmp 目录下,这些文件的名字包含了 session ID,一个本地攻击者可以浏览/tmp 目录的内容来获取这些 session ID,并可能劫持当前 Web 会话,获取未授权的信息。

5.3 入侵检测

本节将详细介绍入侵检测技术,主要内容包括:入侵检测的原理、基本的入侵检测、入侵检测模型、入侵检测体系结构、入侵检测系统的构成、入侵响应和入侵检测技术的发展方向。

5.3.1 原理

入侵检测是用于检测任何损害或者企图损害系统的保密性、完整性和可用性的一种网络安全技术[1,50~53]。入侵检测技术通过监视受保护系统的状态和活动，采用误用检测（Misuse Detection）或异常检测（Anomaly Detection）等方式，来发现非授权或恶意的系统及网络行为，从而有效地防范入侵行为。

未遭受攻击的计算机系统呈现以下三个特点：

(1) 户和进程的行为总体上符合统计预测模式。

(2) 用户和进程的操作中不包含破坏系统安全策略的命令序列。理论上，任何此类命令是要被系统拒绝的，但实际上只有已知会破坏系统安全策略的命令能被检测到。

(3) 进程的行为符合一系列的规定，这些规定描述了这些进程可以做或不能做的操作。

假设凡是遭受攻击的系统至少不满足以上一个特征。上述特征可以用来指导进行入侵检测。入侵检测提供了一种用于发现入侵攻击与合法用户滥用特权的一种方法，前提是入侵行为和合法行为是可区分的，也即是可以通过提取行为的模式特征来判断该行为的性质。一般入侵检测系统需要解决两个问题：第一，如何充分并可靠地提取描述行为特征的数据；第二，如何根据特征数据，高效并准确地判定行为的性质。

5.3.2　基本的入侵检测

入侵检测系统（Intrusion Detection System，IDS）是进行入侵检测和分析过程自动化的软件与硬件的组合系统。处于防火墙之后对网络活动进行实时检测，是防火墙的一种补充。入侵检测系统的目标有以下四个：

1. 能够检测出多种入侵

入侵检测系统能够检测出已知的攻击和先前未知的攻击，具备学习和自适应的机制。

2. 入侵检测系统要设置合理的时间周期

一般来说，每间隔一个较短的时间进行一次入侵检测就能够满足系统安全的需求，实时的入侵检测会带来响应速度慢的问题。另一方面，判定一个很久前的入侵一般没有用处。

3. 入侵检测系统能够用简单、易于理解的方式把分析结果表示出来

入侵检测机制向站点的安全管理员呈现出较为复杂的数据，由管理员决定采取的处理方式，而且入侵检测机制可能会检测多个系统，因此需要用简单、易于理解的方式表示分析结果。

4. 入侵检测系统要具有精确性

当入侵检测系统报告发生了一次攻击而实际没有攻击时被称为误检，误检操作不仅减弱了对结果正确性的置信度，也增加了相关工作量。入侵检测系统没能报告出正在遭受到的攻击称为漏检，入侵检测系统的目标是把这两类错误减到最少。

入侵检测系统一般具备以下的功能：

(1) 监测并分析用户和系统的活动；

(2) 发现入侵企图或异常现象；

(3) 检测系统配置和漏洞；

(4) 评估系统关键资源和数据文件的完整性；

(5) 识别已知的攻击行为；

(6) 统计分析异常行为;

(7) 操作系统日志管理,并识别违反安全策略的用户活动;

(8) 实时报警和主动响应。

由于网络环境和系统安全策略的差异,入侵检测系统在具体实现上有所不同。从系统结构上看,入侵检测系统应包括事件提取、入侵分析、入侵响应和远程管理四大部分,另外还可能结合安全知识库、数据存储等功能模块,提供更为完善的安全检测以及数据分析功能。

事件提取负责提取与被保护系统相关的运行数据或记录,并对数据进行简单的过滤。入侵检测分析是在提取到得数据中找出入侵的痕迹,将授权的正常访问行为和非授权的异常访问行为分开,分析出入侵检测并对入侵进行定位。入侵响应功能在发现入侵行为后被触发,执行响应措施。由于单个入侵检测系统的检测能力和检测范围的限制,入侵检测系统一般用分布监视、集中管理的结构,多个检测单元运行于不同的网段或系统中,通过远程管理功能在一台管理站点上实现统一的管理和监控。

静态的安全防御技术如防火墙等对网络环境下日新月异的攻击手段缺乏主动地反应,而 IDS 通过对入侵行为的过程和特征的研究,使安全系统对入侵事件和过程做出实时响应,是防火墙技术的合理补充。IDS 能够帮助系统防范网络攻击,扩展了系统管理员的安全管理功能,如安全审计、监视、进攻识别和响应,提供对内部攻击、外部攻击和误操作的实时保护。

5.3.3 入侵检测模型

入侵检测系统基于一个或多个模型来决定一组操作是否构成入侵,本节针对典型模型进行分析。实际应用中各种模型通常混合在一起,入侵检测系统一般使用两种或三种不同类型模型来混合。

1. 异常模型

异常检测技术通过分析系统的一系列特征,把这些系统操作与一系列的值作比较,当计算出操作的统计值与预期测量值不匹配时就会报警。下面介绍三种统计模型。

第一种模型使用阈值度量,在预期中设定事件发生的阈值为最多发生 m 个,最少发生 n 个,当多于 m 或少于 n 的事件发生了,则认为发生了异常的操作。

例 5-1 Windows NT 4.0 允许系统在用户登录系统的尝试失败 n 次后把该用户锁定,这就是用了阈值度量的入侵检测系统,其下限为 0,上限为 n。

因为需要确定阈值,使得该模型的使用变得复杂,使用阈值要考虑不同级别的复杂性和用户特性。一种解决方法是把这两种方案和其他两种模型结合来更好地设定阈值。

第二种模型使用统计动差,分析器知道平均偏差和标准偏差(即前两个动差),并可能知道另外相关性的度量(较高的动差)。如果操作值不在该动差间隔内,则该值代表的动作被认定为异常。基于异常的入侵检测系统要考虑到系统配置文件可能过时的因素,要计算数据的时效性(或加大权值)或基于要做的决策来更改统计规则。

这种统计动差模型比阈值模型提供更大的灵活性,管理员可以通过调整来获得比阈值模型更好的辨别性能。虽然这种方法很灵活,但是也带来复杂性,如果操作与一个统计分布(如正态分布)相匹配,则对参数的选定就需要有能从系统取得的实验数据;如果没有,分析员就需要使用其他技术(如聚类)来判定能标示为异常的特征、动差和值。另外,实时计算这些动差是很困难的。

第三种模型是马尔科夫模型,在一些时间点对系统及时进行检查。对于特定的时间点,用发生在该时刻前的事件把系统设置为特殊状态,当下一个事件发生时系统转换到一个新的状态。随着时间的推移,会产生一系列转换的可能性。当一个小概率事件的转换发生时,就被认为是出现了异常。这个模型含有“状态”和历史的概念,可以用来检测异常。这些异常不再是基于单个事件发生的统计值,而是基于一系列的事件。这种方法能够预测误用检测。

基于马尔科夫模型的有效性取决于合适的建模数据,这些训练数据是从实验中获得的,通常是从正常的总体样本中获得。如果训练数据能够精确反映将要在其中运行入侵检测系统的环境,则模型运行良好;如果训练数据不能符合环境,则马尔科夫模型会产生误报和漏报的异常操作。只有当训练数据涵盖了系统所有可能使用的正常数据,模型才能运行良好,否则就会报告假的异常。

异常检测的核心观点是要检测出孤立点,或是检测出与某套合理值不匹配(不符合)的值,这些孤立点就是异常,我们可以通过统计建模的方法建立正常值。例如,IDES(Intrusion Detection Expert System,入侵检测专家系统)把异常检测机制建立在假设事件的值符合高斯分布的基础上,如果是高斯分布,则模型工作正常,否则认为模型不符合事件,并且可能会产生过多的异常事件(高的误检率)或错过异常事件(高的漏检率)。前者会给系统安全管理员过多的数据并可能漏掉真正异常的操作;而后者则完全不上报需要报告的事件。

正常值还可以通过聚类分析的技术建立,对系统检测一段时间后得到若干组数据,然后将数据按属性(或称为特征)分组到子集或簇中。该方法不是分析单独的数据点,而是对各个簇进行分析。这个方法能够极大地减少需要分析的数据量,但是会花费对数据进行聚类的时间。该方法对特征和聚类的统计定义十分敏感。

另外,异常模型还有基于神经网络的方法、基于贝叶斯推理的方法、基于数据挖掘的方法、基于机器学习的方法等。

异常模型的关键问题在于,正常使用轮廓的建立以及如何利用该轮廓对当前的行为进行比较,从而判断出偏离程度。因为不需要对每种入侵行为进行预定义,因此能有效检测未知的入侵。异常模型可以自适应地学习被检测系统中每个用户的行为习惯,发展系统或用户的行为轮廓,提高检测模型的精度,其缺点是:

(1) 选择恰当的系统(用户)特征集较难,且随环境不同变化很大。

(2) 用户的行为动态变化,难以协调一致。

(3) 入侵者可以逐步训练以改变正常轮廓接受其行为。

(4) 随着检测模型的逐步精确,异常检测会消耗更多的系统资源。

(5) 难以定量分析。

2. 误用模型

误用检测是通过判定一系列运行中的指令是否违反站点的安全策略来报告潜在的入侵。误用模型需要有可被攻击者尝试利用的系统漏洞或潜在的漏洞知识。入侵检测系统把这些知识结合到一个规则集中。当数据被送到该入侵检测系统时,系统就运行该规则来检测数据，看是否有数据序列符合其中的某些规则，如有，系统就报告可能正在发生的一次入侵。

基于误用的入侵检测系统通常使用专家系统来分析数据并运用规则集。这些系统无法检测到连这些规则集的开发人员都不知道的攻击。原先未知的攻击者甚至连已知攻击变种也可能检测不到。使用神经网络和 Petri 网络的自适应方法能够改进误用模型的检测能力。

下面介绍几种误用检测的方法。

(1) 条件概率预测法

条件概率预测法是基于统计理论来量化外部网络事件序列中存在入侵事件的可能程度。预测误用入侵发生可能性的条件概率表达式为：$P(\text{Intrusion}|\text{EventPattern})$，其中，Event Pattern 表示网络事件序列，Intrusion 表示入侵事件，应用 Bayes 公式得

$$P(\text{Intrusion}|\text{EventPattern})=P(\text{EventPattern}|\text{Intrusion})\frac{P(\text{Intrusion})}{P(\text{EventPattern})} \tag{5-1}$$

$P(\text{Intrusion})$表示入侵事件发生的先验概率，通过对网络系统全部事件数据的统计，能够得到构成每个入侵的所有事件序列，由此可计算出构成特定入侵的事件占全部入侵事件序列集的相对发生频率，这个值就是特定入侵攻击的事件序列条件概率$P(\text{EventSequence}|\text{Intrusion})$。同理，在给定的入侵审计失败事件序列集中，可以统计出入侵审计失败时对应的事件序列的条件概率$P(\text{EventSequence}|\neg\text{Intrusion})$，由上述两个条件概率可以计算出事件序列的先验概率为

$$P(\text{EventSequence})=(P(\text{ES}|I)-P(\text{ES}|\neg I))\cdot P(I)+P(\text{ES}|\neg I) \tag{5-2}$$

其中，ES 代表 Event Sequence，I 代表 Intrusion。

因此可得

$$P(\text{Intrusion}|\text{EventPattern})=\frac{P(I)}{(P(\text{ES}|I)-P(\text{ES}|\neg I))\cdot P(I)+P(\text{ES}|\neg I)}$$

(2) 产生式/专家系统

用专家系统对入侵检测进行检验，主要是检测基于特征的入侵行为，专家系统的建立依赖于知识库的完备性，知识库的完备性取决于审计记录的完备性与实时性。专家系统是误用检测早期的方案之一，在 MIDAS、IDES、NIDES、DIDS 和 CMDS 中都使用了这种方法。

产生式系统成功地将系统的控制推理与解决问题的描述分离开，这个特性使得用户可以使用 if-then 形式的语法规则输入攻击信息，再以审计事件的形式输入事实，系统根据输入的信息评估这些事实，当表示入侵的 if 条件满足时，then 字句的规则就被执行，整个过程不需要理解产生式系统的内部功能，避免了用户自己编写决定引擎和规则代码的麻烦。

产生式/专家系统只能对给定的数据象征性地判断入侵的发生，不确定处理能力存在缺陷，因此产生式/专家系统存在一些问题：产生式系统中使用的说明性规则一般作为解释系统实现，而解释器效率低于编译器，因此不适合处理大批量的数据；没有提供对连续数据的处理；系统的专业能力不足。

另外，还有状态转换方法、信息检索技术等误用检测方法。

误用模型是根据已知的入侵模式来检测入侵。入侵者常常利用系统和应用程序中的漏洞点攻击，而这些漏洞点可以编码成某种固定的模式。如果入侵者攻击方式恰好匹配上检

测系统中的模式库，则入侵行为即被检测到。执行误用检测，需要具备：完备的规则模式库、可信的用户行为记录、可靠的记录分析技术。但是它也存在一些缺点：已知的入侵模式必须要手工进行编码和不能察觉未知入侵或已知入侵的变种。

3. 规范建模

异常检测被称为搜寻不平常的状态的技术，误用检测被称为搜寻已知坏状态的技术，而规范建模使用相反的方法，它搜寻已知不好的状态，等系统进入该状态后报告一次入侵。

5.3.4　入侵检测体系结构

入侵检测系统由三个部分组成：代理、控制器和通告器。代理从目标（如计算机）系统中获取信息，控制器根据需求对从代理送来的数据进行分析，然后控制器把信息传给通告器，由通告器决定是否要通知相关实体及如何通知。通告器会与代理通信以便在适当的时候修改日志。

1. 代理

代理从数据源中获得信息，数据源可以是一个日记文件、另一个进程或网络。代理获得信息后送给控制器，通常信息先被预处理成特定的格式，处理过程中代理可能丢弃它认为不相关的信息。

下面介绍几种信息采集的方法：

（1）基于主机的信息采集

基于主机的代理通常使用系统和应用的日志来获得事件记录，然后对日志进行分析并决定向控制器发送信息，被查看和分析的事件由入侵检测机制的目标决定。日志可能是与安全相关的日志，也可能是其他的账户日志。

（2）基于网络的信息采集

基于网络的代理使用许多设备和软件来检测网络通信，该技术相对于主机的检测来说提供不同风格的信息。它能检测面向网络的攻击，如通过对网络进行洪泛式的拒绝服务攻击。它能监视大量主机的通信量，也能检测通信的内容。基于网络的代理可能使用网络嗅探器来读取网络通信。这样，系统就让代理能访问所有经过该主机的网络通信。若媒介是点对点的，典型地仅需一台计算机作为监视代理。对监视代理进行安排，使得能提供全网络覆盖所需的代理数目最小。通常，该策略会集中关注入侵者进入网络的情况而不是入侵者本身。这样，若网络的接入点有限，代理就仅需要监视通过这些点的通信。若通过控制这些接入点的计算机对收到的网络通信记录详细日志，则实际上基于网络的信息采集就变成基于主机的信息采集了。

（3）资源整合

代理的目标是给控制器提供信息，以使控制器能报告可能的安全策略违规（入侵），这就需要整合信息。信息有多层次的视角，对信息关注方面的不同，使得代理向控制器报告的内容以及控制器从信息中分析、归纳出的内容不相同。

2. 控制器

控制器能够简化引入的日志条目，以消除不必要和多余的记录。分析器用分析引擎或攻击预报器判断是否正遭受攻击。分析引擎可以使用多种技术进行混合分析。控制器的功能对入侵检测的有效性至关重要，因此控制器通常运行在一个单独的系统中，它要求系统全力支持控制器的运行。其附加效应是必须使用特定的规则和普通用户不可使用的系统配置文件。这就使得攻击者缺少了通过遵守已知的系统配置文件或只用不在检测规则范围内技术的方法来躲避入侵检测系统的必要知识。另外，控制器必须将多个日志文件的信息相关联。

自适应控制器能够修改系统的配置文件，添加或删除规则，适应被检测系统的变化。典型的自适应控制器使用机器学习或规划来决定如何更改其操作。控制器很少引用一种分析技术，采用不同的技术能顾及入侵的不同方面。

3. 通告器

通告器接收从控制器传来的信息并执行适当的动作，在某些情况下，通告器仅简单地发给系统安全负责人一条相信系统正遭到攻击的通告。在其他情况下，通告器可能采取某些行动来回应攻击。

许多入侵检测系统使用图形界面，一个设计良好的图形显示使得入侵检测系统能够把信息转变为一幅易于领会的图像或一组图像。它允许用户判断正在遭受何种攻击，理想情况下还应带有一些标注，以显示不是虚报的可能性。这要求图形界面用户在设计时条理清晰，且不包含不必要的信息。

事件响应是通告的一种类型，除提供可理解的通告外，入侵检测系统还与其他实体进行通信以反抗攻击。响应包括断开网络、对来自攻击主机的包进行过滤、增加日志记录的级别、指导代理转发来自其他信息源的信息等。

5.3.5 入侵检测系统的分类

随着入侵检测技术的发展，到目前为止出现了很多入侵检测系统，不同的入侵检测系统具有不同的特征。根据不同的分类标准，入侵检测系统可分为不同的类别。按照信息源划分入侵检测系统是目前最通用的划分方法。入侵检测系统主要分为两类，即基于网络的入侵检测系统(NIDS)和基于主机的入侵检测系统(HIDS)。下面对这两种IDS进行分析。

1. 基于网络的NIDS

基于网络的入侵监测系统使用原始的网络数据包作为数据源，主要用于实时监控网络关键路径的信息，它侦听网络上的所有分组来采集数据，分析可疑现象。基于网络的NIDS通常将主机的网卡设成混杂模式，实时监视并分析通过网络的所有通信业务。当然也可能采用其他特殊硬件获得原始网络色。它的攻击识别模块通常使用4种常用技术来识别攻击标志：模式、表达式或字节匹配；频率或穿越阈值；次要事件的相关性；统计学意义上的非常规现象检测。

一旦检测到攻击行为，入侵检测系统的响应模块就会对攻击采取相应的反应。基于网络的NIDS有许多仅靠基于主机的入侵检测法无法提供的功能。实际上，许多客户在最初使用NIDS时，都配置了基于网络的入侵检测。基于网络的检测有以下优点。

(1) 实施成本低。一个网段上只需要安装一个或几个基于网络的入侵检测系统，便可以监测整个网段的情况。由单独的计算机做这种应用，不会给运行关键业务的主机带来负载上的增加。

(2) 隐蔽性好。一个网络上的监测器不像一个主机那样显眼和易被存取,因而也不那么容易遭受攻击。基于网络的监视器不运行其他的应用程序,不提供网络服务,可以不响应其他计算机,因此可以做得比较安全。由于使用一个监测器就可以保护一个共享的网段,所以不需要很多的监测器。相反,如果基于主机,则在每个主机上都需要一个代理,这样的话,花费昂贵,而且难于管理。但是,如果在一个交换环境下,就需要特殊的配置。

(3) 检测速度快。基于网络的监测器通常能在微秒或极秒级发现问题,而大多数基于主机的产品则要依靠对最近几分钟内审查记录的分析。可以配置在专门的机器上,不会占用被保护的设备上的任何资源。

(4) 视野更宽。可以检测一些主机检测不到的攻击,如泪滴攻击(Teardrop)、基于网络的SYN攻击等,还可以检测不成功的攻击和恶意企图。

(5) 操作系统无关性。基于网络的NIDS作为安全检测资源,与主机的操作系统无关。与之相比,基于主机的系统必须在特定的、没有遭到破坏的操作系统中才能正常工作,生成有用的结果。

(6) 攻击者不易转移证据。基于网络的NIDS使用正在发生的网络通信进行实时攻击的检测,所有攻击者无法转移证据。被捕获的数据不仅包含攻击的方法,而且还包括可识别黑客身份和对其进行起诉的信息。许多黑客都熟知审计记录,知道如何操作这些文件掩盖作案痕迹,如何阻断需要这些信息的基于主机的系统去检测入侵。

基于网络的入侵检测系统的主要缺点是:只能监视本网段的活动,精确度不高;在交换网络环境下无能为力;对加密数据无能为力;防入侵欺骗的能力较差;难以定位入侵者。

2. 基于主机的HIDS

基于主机的入侵检测系统通过监视与分析主机的审计记录和日志文件来检测入侵,日志中包含发生在系统上的不寻常和不期望活动的证据,这些证据可以指出有人正在入侵或已成功入侵了系统。通过查看日志文件,能够发现成功的入侵或企图,并很快地启动相应的应急响应程序。当然也可以通过其他手段从所在的主机收集信息进行分析,基于主机的入侵检测系统主要用于保护运行关键应用的服务器。

基于主机的HIDS可以检测系统、事件和Windows NT下的安全记录以及UNIX环境下的系统记录,从中发现可疑的行为。当有文件发生变化时,IDS将新的记录条目与攻击标记相比较,看是否匹配。如果匹配,系统就会向管理员报警并向别的目标报告,以采取措施。对关键系统文件和可执行文件的入侵检测的一个常用方法,是通过定期检查校验和来进行的,以便发现意外的变化。此外,许多HIDS还监听主机端口的活动,并在特定端口被访问时向管理员报警。

基于主机的HIDS分析的信息来自单个计算机系统,这使得它能够相对可靠、精确地分析入侵活动,能精确地决定哪个进程和用户参与了对操作系统的一次攻击。尽管基于主机的入侵检测系统不如基于网络的入侵检测系统快捷,但它也有基于网络的入侵检测系统无法比拟的优点。

(1) 能够检测到基于网络的入侵检测系统检测不到的攻击,基于主机的入侵检测系统可以监视关键的系统文件和执行文件的更改,并将其中断。

(2) 安装、配置灵活,交换设备可将大型网络分成许多小网段加以管理,将基于主机的入侵检测系统安装在重要的主机上。

(3) 监控粒度更细,基于主机的 IDS 监控的目标明确,可以检测到通常只有管理员才能实施的非正常行为。一旦发现有关用户的账号信息发生了变化,基于主机的入侵检测系统能检测到这种不适当的更改。它可以很容易地监控系统的一些活动,如对敏感文件、目录、程序或端口的存取。

(4) 监视特定的系统活动,基于主机的入侵检测系统监视用户和文件的访问活动,包括文件的访问、改变文件的权限、试图建立新的可执行文件、试图访问特许服务。例如,基于主机的入侵检测系统可以监督所有用户的登录及退出登录情况,以及每位用户在连接到网络后的行为。而基于网络的入侵检测系统要做到这种程度是非常困难的。

(5) 适用于交换及加密环境,加密和交换设备加大了基于网络的 IDS 收集信息的难度,但由于基于主机的 IDS 安装在要监控的主机上,因而不会受这些因素的影响。

(6) 不要求额外的硬件,基于主机的入侵检测系统存在于现有的网络结构中,包括文件服务器、Web 服务器及其他共享资源。这些使得基于主机的入侵检测系统效率很高。因为它们不需要在网络上另外安装登记、维护及管理额外的硬件设备。

基于主机的入侵检测系统的主要缺点是:它会占用主机的资源,在服务器上产生额外的负载;缺乏平台支持,可移植性差,应用范围受到严重限制。例如,在网络环境中某些活动对于单个主机来说可能构不成入侵,但是对于整个网络是入侵活动。又如“旋转门柄”攻击,入侵者企图登录到网络主机,他对每台主机只试用一次用户 ID 和口令,并不进行暴力口令猜测,如果不成功,便转向其他主机。对于这种攻击方式,各主机上的入侵检测系统显然无法检测到,这就需要建立面向网络的入侵检测系统。

3. 主机网络混合检测(DIDS)

传统的入侵检测系统通常都属于自主运行的单机系统,无论基于网络数据源,还是基于主机数据源;无论采用误用检测技术,还是异常检测技术,在整个数据处理过程中,包括数据的收集、预处理、分析、检测,以及检测到后采取的响应措施,都由单个监控设备或监控程序完成。然而,在大规模、分布式的应用环境中,传统的单机方式遇到极大挑战。如何在规模网络范围内部署有效的入侵检测系统这一应用需求,推动了分布式入侵检测系统(Distributed Intrusion Detection System,DIDS)的诞生和不断发展。

通常采用的方法有两种:一是对现有 IDS 进行规模上的扩展;另一种是通过 IDS 之间的信息共享来实现。具体的处理方法也分为两种:分布式信息收集、集中式处理;分布式信息收集、分布式处理。前者以 DIDS、NADIR、ASAX 为代表,后者采用了分布式计算的方法,降低了对中心计算能力的依赖,同时也减少了对网络带宽的压力。分布式入侵检测的优点主要有:能够检测大范围的攻击行为;提高检测的准确度;提高检测效率;能够根据具体攻击情况协调响应措施。

分布式入侵检测系统与单机版相比有很大的优势,但也存在着一些技术难点,如事件产生以及存储问题、状态空间管理以及规则复杂度、知识库管理问题和推理技术等。

5.3.6 入侵响应

入侵响应是检测到入侵后,采取适当的措施阻止入侵和攻击的方式,它的目标是以把损失减到最小(由安全策略决定)的方式处理该“未遂的”攻击。入侵响应系统有几种分类方式,如表 5-3 所示。

表 5-3　入侵响应系统分类

分类方法	类型
响应类型	报警型响应、人工响应、自动响应
响应方式	基于主机的响应、基于网络的响应
响应范围	本地响应、协同响应

当检测到入侵时,采用的技术很多,大致可分为被动响应和主动响应。被动响应型系统只发出警告通知,将发生的不正常情况报告给管理员,本身并不试图降低所造成的破坏,不会主动对攻击者采取反击行动。主动响应包括对被攻击系统实施防护和对攻击系统实施反击。对被攻击系统实施防护,通过调整被攻击系统的状态,阻止或减轻攻击影响,如断开网络连接、杀死可疑进程等。攻击系统实施反击,常被军方系统使用。

下面详细介绍入侵响应。

1. 突发事件预防

系统安全的理想情况是:系统能检测到入侵企图并在入侵得逞前就阻止它;典型情况下,需要使用密切监视系统(通常使用入侵检测机制)并采取行动来击败攻击。

在响应过程中,预防就是在攻击完成前识别出攻击,然后用防御设法阻止攻击完成,可以通过手工或自动的方法来完成。

基于主机的入侵检测方法可集成到入侵检测机制中;基于标示识别的方法使管理员能够监视潜在攻击的转变;基于异常的方法使得管理员能够监视相应的异常系统特征并在实时检测出异常后采取行动。

2. 入侵处理

当入侵发生时,站点的安全策略就被违反了,处理入侵就是把系统恢复为符合站点安全策略并根据策略的规定对攻击者采取行动。入侵处理包括六个阶段:

第一,攻击的预备阶段。在检测任何攻击前都需要这一步,它设立了检测及对攻击进行响应的程序和机制。

第二,标识攻击。标识攻击触发了其余各阶段。

第三,遏制(限制)攻击。这一步尽可能地限制损失。

第四,清除攻击。这一步停止攻击并阻止进一步类似的攻击。

第五,从攻击中恢复。把系统恢复成安全状态(根据站点安全策略)。

第六,攻击的后续。涉及对攻击者采取行动,确定在处理事件中产生的问题,并记下学到的经验教训。

下面重点介绍遏制、清除、后续这三个阶段。

(1) 遏制阶段

遏制或限制攻击就是限制攻击者对系统资源的访问。对攻击者的保护域要尽可能地减小。主要有两种方法:一是被动监视攻击;二是限制访问以防止对系统进一步的损害。在这里,"损害"是指任何根据站点安全策略会导致系统偏离安全状态的操作。

被动监视只是简单地记录攻击者的操作以便日后使用。监视器不对攻击者采取任何干涉。这种技术的作用有限。它只能揭示攻击的信息并可能发现攻击者的目的。然而,不仅是受到入侵的系统易受攻击,攻击者还可能攻击其他系统。

例 5-2 知道入侵者进入的操作系统的类型是有用的。被动监视器能检查 TCP 和 IP 头进入连接的设置以产生识别标志。例如,一些系统经常以不同于其他系统的方式改变窗口大小字段。这种识别标志能与已知操作系统的识别标志进行比较,分析员可以从远程系统生成的数据包中得知这些系统的类型。

另一种方法是每一步骤都采取限制攻击者的行动,这显然要更困难。目标是在把对攻击者的保护域减小到最小的同时防止攻击者达到目的。但系统防御者可能不知道攻击者的目的是什么,因而可能误导了限制操作,结果导致攻击者要寻找的数据或资源反而处于攻击者最小的保护域内。

(2) 清除阶段

清除攻击就是中止攻击,通常的方法是完全拒绝对系统的访问(如终止网络连接)或终止企图与攻击相关的进程。对清除来说,一个重要的方面是要确保攻击不会立即恢复,这就要求阻挡住攻击。

一个普通的实现阻挡的方法是在怀疑目标周围放置安装包装器,包装器实现各种形式的访问控制。包装器能控制对系统本地的访问或控制对网络的访问。

防火墙是位于组织内部网络和其他外部网络之间的系统。防火墙控制了来自外部网络对内部网络的访问,反之亦然。防火墙的优点是能在网络流量到达目标主机前进行过滤。防火墙也能适当地把网络连接重定向或对通信进行节流以限制流入(或流出)内部网络的通信量。

一个组织在其边界上可能有许多防火墙,多个组织也可能希望协调它们的响应。入侵检测和隔离协议(IDIP)提供了对攻击的协同响应协议。

IDIP 协议在一组计算机系统上运行,边界控制器系统能阻止企图进入边界的连接,典型的边界控制器就是防火墙或路由器。边界控制器若与另一组系统直接相连,就互为邻居。若它们互发消息,则消息并不途径其他系统而直接发到对方。若两个系统不知边界控制器,且它们又能不通过边界控制器而直接互发消息,则它们在同一 IDIP 域中。这表示边界控制器构成了 IDIP 域的边界。

当连接经过了 IDIP 域时,系统会对该连接进行入侵企图的监视,若发生了入侵企图,系统就向邻居们报告。邻居们把有关攻击的消息传播出去并继续追踪该连接或数据包到适当的边界控制器。然后边界控制器协调响应,阻塞攻击并通知其他边界控制器去阻塞相关的通信。

(3) 后续阶段

在后续阶段,系统采取外部行动对付攻击者。最常见的后续行动是诉诸法律。在此仅讨论通过网络追踪攻击者。这里介绍两种追踪攻击的技术:指纹和 IP 头标记。

指纹方法利用了要经过多个主机的连接。攻击者可能要从一个主机通过许多中间主机才能到达攻击目标。若其中一个监视了连接中所经过的任意两个主机,连接的内容就是一样的。通过比较经过这些主机连接的内容就能构建组成这些连接的主机链。

好的指纹应具备以下特征:尽可能少地占用空间,使得每个站点对存储空间的要求降到最低;若两个连接的内容不同,则指纹相同的概率就很低;指纹在传输过程中受到普通错误的影响应该是最小的；指纹应该是附加的，因此两个连接区间的指纹可以合并成为一个总的区间的指纹；指纹在计算和比较上开销很少。

另一种追踪方法是 IP 头标记，即忽略包内容而检查包头。路由器把附加信息放入每个 IP 头，用来表示包经过的路径。通过反向追踪包的路由就可以检查该信息。

IP 头标记的关键是选择做标记的包及包要做的标记，包的选择可以是确定性的和随机性的，对包的标记可能是内部的或扩张型的。

确定性包选择表示包是基于一个确定的非随机算法进行选择的。如每秒钟都可能有路由器的 IP 地址插入包中做标记。一般的，确定性包选择代价太大又不可靠，因为攻击者能把虚假数据加入 IP 头以阻止标记。对随机包选择，包的选择是按一定的概率来挑选的。

反攻或攻击攻击者有两种形式：一是设计法律机制，如进行刑事诉讼；二是技术上的攻击，目标是严重破坏攻击者，使攻击者中断当前的攻击并使得不敢再次发动攻击。但这种方法需要考虑几个重要的后果：反击可能殃及无辜，攻击者可能假扮其他站点，反击会破坏无辜的一方；反击会引起副作用，若反击包含对特定目标的洪范攻击，则会阻塞网络中其他通信方的数据传输和破坏；反击会引起法律诉讼，在反击中对无辜方造成损害，则可能面临法律诉讼。

5.3.7　入侵检测技术发展方向

面对各种各样的问题，入侵检测系统也不断在技术方面进行改进。

1. 分析技术的改进

入侵检测误报和漏报的解决最终要依靠分析技术的改进。目前入侵检测分析方法主要有统计分析、模式匹配、数据重组、协议分析和行为分析等。统计分析是统计网络中相关事件发生的次数，以达到判别攻击的目的。模式匹配利用对攻击的特征字符进行匹配，完成对攻击的检测。数据重组是对网络连接的数据流进行重组再加以分析，而不仅仅分析单个数据包。协议分析是在对网络数据流进行重组的基础上，理解应用协议，再利用模式匹配和统计分析来判别攻击。例如，某个基于 HTTP 协议的攻击含有 ABC 特征，如果此数据分散在若干个数据包中，如一个数据包含有 A，另一个数据包含有 B，再一个数据包含有 C，则单纯的模式匹配就无法检测，只有基于数据流重组才能完整检测。而利用协议分析，则只在符合的协议（HTTP）检测到此事件时才会报警。假设此特征出现在 E-mail 里，因为不符合协议，所以不会报警。利用此技术，有效地降低了误报和漏报。行为分析不仅简单分析单次攻击事件，还根据前后发生的事件确认是否有攻击发生，攻击行为是否已经生效。行为分析是入侵检测分析技术的最高境界。由于算法处理和规则制定的难度很大，行为分析技术目前还不是非常成熟，但却是入侵检测技术发展的趋势。目前最好综合使用多种检测技术，而不只是依靠传统的统计分析和模式匹配技术。另外，规则库是否及时更新也与检测的准确程度相关。

2. 内容恢复和网络审计功能的引入

前面已经提到，入侵检测的最高境界是行为分析。但行为分析目前还不是很成熟，因此，个别优秀的入侵检测产品引入了内容恢复和网络审计功能。

内容恢复即在协议分析的基础上，对网络中发生的行为加以完整的重组和记录，网络中发生的任何行为都逃不过它的监控。

网络审计即对网络中所有的连接事件进行记录，入侵检测系统中的网络审计不仅像防火墙一样可以记录网络进出的信息，还可以记录网络内部的连接状况，此功能对内容无法恢复的加密连接尤其有用。

内容恢复和网络审计让管理员看到网络的真正运行状况，其实就是调动管理员参与行为分析的过程，此功能使管理员不仅可以看到孤立的攻击事件的报警，还可以看到整个攻击过程，了解攻击是否确实发生，查看攻击者的操作过程，了解攻击造成的危害；不但能发现已知攻击，而且能发现未知攻击；不仅能发现外部攻击者的攻击，还能发现内部用户的恶意行为。管理员通过使用这个功能，可以很好地进行行为分析，但同时需要注意隐私保护的问题。

3. 集成网络分析和管理功能

入侵检测对网络攻击是一个检测，同时，因为入侵检测可以收集网络中的所有数据，对网络的故障分析和健康管理也可起到重大作用，当管理员发现某台主机存在问题时，利用入侵检测系统能马上对其进行管理。入侵检测也不应只采用被动分析的方法，最好能和主动分析结合。因此，入侵检测产品集成网管功能、扫描器、嗅探器等功能是以后发展的方向。

4. 安全性和易用性的提高

入侵检测是个安全产品，自身安全极为重要。因此，目前的入侵检测产品大多采用硬件结构，黑洞式接入免除自身的安全问题，同时对易用性的要求也日益增强，如友好的图形界面、数据库的自动维护及多样的报表输出等都是优秀入侵产品的特性和以后继续发展的趋势。

5. 改进对大数据量网络的处理方法

随着对大数据量处理的要求，入侵检测的性能要求也逐步提高，出现了千兆入侵检测等产品。但如果入侵检测产品不仅具备攻击分析的能力，同时还具备内容恢复和网络审计的功能，则其存储系统很难完全工作在千兆环境下。这种情况下，网络数据分流也是一个很好的解决方案，性价比也较高，这也是国际上较通用的一种做法。

6. 防火墙联动功能

入侵检测发现攻击，自动发送给防火墙，由防火墙加载动态规则拦截入侵，称为防火墙联动功能。目前此功能还没有到完全实用的阶段，主要是一种概念，随便使用会导致很多问题。目前这一功能主要的应用对象是自动传播的攻击，如 Nimda 等。联动只在这种场合有一定的作用，无限制地使用联动，如未经充分测试就加以使用，对防火墙的稳定性和网络应用会造成负面影响。但随着入侵检测产品检测准确度的提高，联动功能将日益趋向实用化。

7. 入侵防御系统

入侵防御系统(IPS)是近年来对入侵检测系统的一种改进型产品。传统的入侵检测系统只能在旁路上探测经过交换端口的数据包，采用被动方式监控数据流量；而入侵防御系统则能够实时阻断攻击，它不是旁路安装而是在线安装，因此能主动截获并转发数据包。借助于在线方式，入侵防御系统可根据设定的策略丢弃数据包或拒绝连接。

另外，提高入侵检测系统的检测速度；提高可靠性；提高检测技术的精度；提高易用性也是入侵检测技术发展的目标和趋势。更新体系结构、发展应用层入侵检测技术、基于智能代理技术的分布式入侵检测系统、自适应入侵检测系统、与其他安全技术结合等也是入侵检测技术研究的发展方向。

5.4　网络安全案例

本节介绍一个具体的网络安全案例，在该案例的分析和实施中，融入前面介绍的相关的知识，并将信息安全的原则和概念应用其中，加深读者对网络安全的理解。

网络安全的设计，首先需要对其安全需求和安全威胁进行分析，接着根据安全需求来明确设计目标并制订相应的设计原则，同时兼顾抗攻击方法的设计和使用，进而设计网络安全整体的解决方案。

5.4.1　常用技术

首先我们介绍一些常用的网络安全方法和技术。非军事区(Demilitarized Zone，DMZ)是将内部网络和外部网络分开的网络部分。DMZ 能够解决安装防火墙后外部网络不能访问内部网络服务器的问题，它是一个非安全系统与安全系统之间的缓冲区，该缓冲区位于企业内部网络和外部网络之间的小网络区域内，在这个小网络区域内可以放置一些必须公开的服务器设施，如企业 Web 服务器、FTP 服务器和论坛等。通过配置 DMZ 区域，能够有效地保护内部网络。

防火墙是设置在被保护网络和外部网络之间的一道屏障，以防止发生不可预测的、潜在破坏性的侵入。防火墙通过监测、限制、更改跨越防火墙的数据流，尽可能地对外部屏蔽网络内部的信息、结构和运行状况，以此来实现网络的安全保护。

代理是代替终端的中间人或服务器，它不允许两个终端间的直接连接。代理防火墙通过代理实现访问控制，访问控制的基础是服务器、信息的内容以及数据包头的属性等。

网络地址翻译协议(Network Address Translation，NAT)能够将局域网每个计算机节点的 IP 地址转换成一个合法的 IP 地址在 Internet 上使用。它与防火墙技术相结合，能够把内部 IP 地址隐藏起来不轻易被外网查寻到内部 IP 地址，使外界难以直接访问内部网络设备，以此来保护内网。

5.4.2　案例概述

下面我们来介绍一个具体的案例。该案例通过对网络安全需求的分析，进而采用一些必要的技术方法来保障网络、信息的安全。

首先我们介绍安全需求，某电子产品公司(EC)制造并销售一种 MP4，公司决定开发一种网络基础设施，使之连接到 Internet，提供给消费者、供应商和其他合伙人可用的网络和电子邮件服务，并同时能够保护公司的专有信息。开发者能够连入 Internet，但不允许外部用户设计网络开发过程。

有另外一家电子产品公司(AC)也生产 MP4，EC 公司的律师需要保护公司的专利权，公司主管需要应付 AC 的恶意收购，因此公司主管和律师可使用开发数据，但开发人员不能接触公司私有的法律信息。

根据安全需求分析，可以得到 EC 公司的安全策略目标如下：

(1) 与公司计划有关的数据必须保密，敏感的公司数据只能提供给有必要知道的人。

(2) 客户购买时提供给 EC 的数据以及有关客户的信息，只能让填写订单的人员使用，公司的分析人员可获得一批订单的统计数字以用于产品规划。

(3) 公布敏感数据需要公司主管和律师的同意。

通过安全需求分析以及安全策略目标的指导，可以明确该案例的目标是设计一个符合这些要求的网络基础设施。

下面对网络安全威胁进行分析。

(1) 网络病毒问题，由于网络蠕虫病毒的泛滥，对网络用户造成了极大的损失。尤其是在网络环境下病毒的传播更加便捷，如通过电子邮件、文件共享等传播的病毒，会严重影响系统的正常运行。

(2) 来自外部的入侵，公司的局域网与 Internet 相连，对外提供信息发布等服务，容易遭到 Internet 上黑客的攻击。

(3) 来自内部人员的威胁，一方面是心怀不满的内部员工的恶意攻击，由于在网络内部在网络外部更容易直接通过局域网连接到核心服务器等关键设备，尤其是管理员拥有一定的权限可以轻易地对内网进行破坏，造成严重后果。另一方面是由于内部人员的误操作，或者为了贪图方便绕过安全系统等违规的操作从而对网络构成威胁。

(4) 非授权访问，有意避开系统访问控制机制，对系统设备及资源进行非正常使用，擅自扩大权限，越权访问信息。

明确了安全策略目标和安全威胁，接着我们需要制订整体方案的设计目标和原则。我们的目标是设计一套 EC 公司的网络安全方案，确保该公司的安全需求得到满足，并能抵御面临的安全威胁。设计原则是贴近安全需求，设计实用的网络安全方案。

接下来我们通过策略开发过程、网络组织的设计以及抵御攻击方法的设计来完成网络安全解决方案。

5.4.3 策略开发

在 5.4.2 小节中，我们通过安全分析明确了安全策略的目标，下面详细介绍策略开发的过程。EC 公司的安全策略需要使得泄露数据给未授权实体的威胁最小化。公司内部有三个主要组织：第一个是客户服务部(CSG)，处理客户事务，该部门维护客户数据，是其他部门与公司客户间的纽带；第二个是开发部(DG)，负责开发、修正并维护产品，开发部成员靠客户服务部了解客户的投诉、建议和想法，但不与客户直接交谈，以防止开发人员无意中泄露机密信息(如信用卡号码)；第三个是法人部(CG)，负责处理公司的债务、专利和其他法人级事务。

策略要描述信息在各个部门间的流动方式，根据三个部门现有的功能，需要制订限制信息、共享信息的模型。现有产品规格、市场营销说明等都是可以公开的，但现有产品的其他信息，如存在的问题、专利申请和预算都是不公开的。法人部和开发部共享这些数据作为筹划、预算和开发使用，除此之外各部门私有数据保密。据此，我们设计数据类别、用户类别，并介绍确保可用性和一致性检查方面的策略。

1. 数据类别

根据开放设计原则，策略和其所有规则不保密。（开放设计并非表示信息对公众可见，而是该公司里受策略影响的人和想了解策略是什么以及为什么如此设计的人，能够获得必要的信息。）根据策略需求，基于最小权限原则把信息分为五类，使得能够获得一类数据的权限而不隐含获得另一类数据的权限。

第一类，公众数据（PD）是公开的，包括产品规格、价格信息、营销材料，以及可以帮助公司销售产品而不会因此泄露机密的数据。

第二类，现有产品开发数据（DDEP）只在内部可得，如果有未裁定的诉讼，该数据必须对公司主管人员、律师和开发者可见，对其他人保密。

第三类，未来产品的开发数据（DDFP）只有开发者可得，公司不公布正在开发的产品信息。

第四类，公司数据（CpD）包括有特定利益的数据和不应为公众所知的公司运作信息（如可能影响股票价格的运作）。只有公司主管和律师可以得到这些信息。

第五类，客户数据（CuP）是客户提供的数据，例如信用卡信息等等。公司要严格保护这些数据。

当产品实现后，数据从未来产品开发数据变为现有产品开发数据；当宣传开发细节对公司有利时，数据从现有产品开发数据变为公众数据；当有特殊利益的信息通过合并、诉讼卷宗等为公众所知后，数据从公司数据变为公众数据。

2. 用户类别

用户分类遵循同数据分类一致的原则：权限分离原则和最小权限原则，一些用户可能处于多个分类中，但用户不能从一类数据复制到另一类数据，当必须执行该操作时，要受到一定的约束限制（后面有详述）。据此将用户分为 4 类。

第一类，公众，能得到一些公众数据，如价格、产品描述、公开的公司信息。

第二类，开发人员，能得到两类产品开发数据。

第三类，公司主管，能得到公司数据，能访问两类产品开发数据但不能修改，能读取客户数据，在特定情况能公布敏感数据。

第四类，公司职员，只能得到客户信息。

根据强制访问控制策略和机密性、完整性的要求，得到如表 5-4 所示的访问控制列表。

表 5-4　访问控制列表

权限 数据类型 / 用户类型	公众数据	已有产品开发数据	未来产品开发数据	公司数据	客户数据
公众	读	—	—	—	写
开发者	读	读	读、写	—	—
公司主管	读	读	读	读、写	读
职员	读	—	—	—	读、写

特定类的用户能把一类数据转移到另一类中，特定的转移规则如下所述：只有得到开发者和公司主管的同意才能将未来产品开发数据重新分类到现有产品分类中；只有职员和公

司主管都同意才能把现有产品开发数据重新分类为公众数据；至少两个主管同意才能把公司数据重新分类为公众数据，这是根据权限分类的原则——把数据从一个分类转移到另一类时需要多于一个人的同意。

3. 可用性

公司希望职员和大众能随时连接到公司网络，系统需要保持很高的可用性。为此要规划出很少的时间作为系统维护时间和无法预计的停机时间。

4. 一致性检查

一致性检查需要做两方面的工作：一是验证策略是否符合目标；二是验证验证策略的一致性，即不能自相矛盾。上述策略需要符合公司的目标，否则为不合适的策略。根据我们前述的公司目标，结合策略开发过程，我们不难看出，策略与目标一致，策略也保持一致性。

5.4.4 网络组织

完成了策略开发后，我们对公司的网络组织进行设计。根据安全需求，我们将网络分成几部分，由各个部分间的安全装置来阻止数据泄露。如图 5-3 所示，该公司网络一部分面向公众，一部分面向内部。

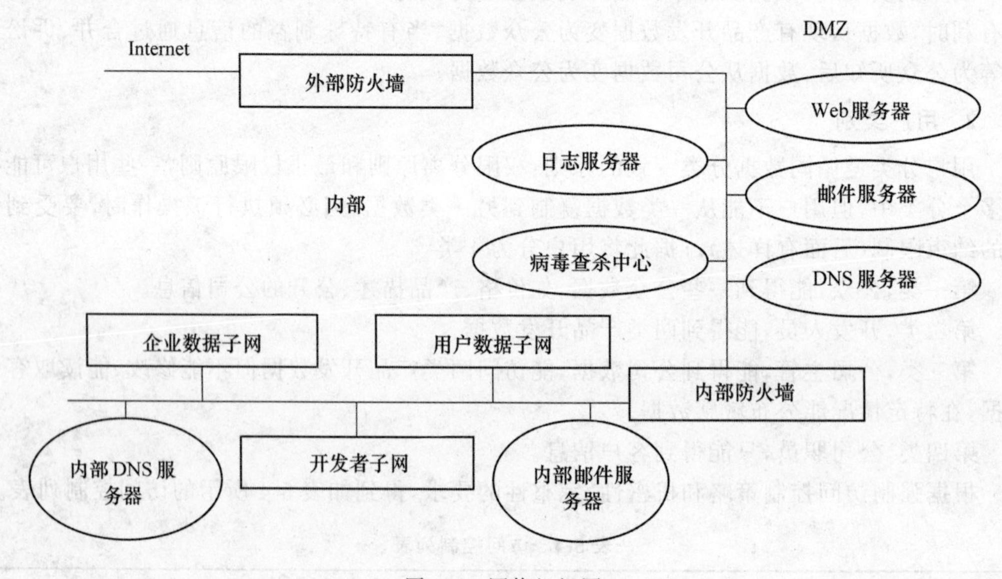

图 5-3　网络组织图

非军事区(DMZ)是将公司内部网络和外部网络分开的网络部分。当信息从 Internet 转移到内部网时，需要考虑完整性；当信息从内部网转移到 Internet 上时，需要考虑保密性和完整性。防火墙要确定没有机密数据转移到 Internet 上。防火墙的使用和设置能够为实现访问控制机制提供支持。下面我们就网络组织的设置进行分析。

1. 防火墙和代理

防火墙设置在公司内网和外网之间，以防止发生不可预测的、潜在破坏性的侵入。在该案例中，分别设置内部防火墙和外部防火墙来保护公司的数据。外部防火墙位于外网入口处，内部防火墙位于内网 DMZ 与内网之间。

2. 网络基础设施分析

安全策略区别对待公司内部和公众实体,公众实体可以进入公司的环形防线(以外部防火墙为界),但受 DMZ 区域限制(以内部防火墙为界)。下面介绍技术细节和基础结构的配置。

公众不能直接与内部网任何系统相连,内部网也不能直接与 Internet 上其他系统连接(逾越外部防火墙),DMZ 和防火墙控制 Internet 来回所有连接并过滤两个方向上的流量。为实现安全需求,采用隐藏内部网地址的方法,内部防火墙使用如网络地址翻译协议(NAT)的代理将内部主机地址映射为 Internet 地址来保护内部网。将 DMZ 邮件服务器置于 DMZ 中是因为它需要知道一个地址以使内部邮件服务器来回传递邮件,但并不需要是内部邮件服务器的真实地址,可以是另一个内部防火墙承认的代表内部邮件服务器的地址。内部邮件服务器必须知道 DMZ 邮件服务器的一个地址来完成服务。Web 服务器置于 DMZ 内的理由相同。外部连到 Web 服务器的连接只进入到 DMZ 为止。

这种网络组织方式反映了一些设计原则:对内部地址的限制反映了最小权限原则;内部防火墙中介于每条包括 DMZ 和内部网的连接,满足完全仲裁原则;离开内部网到 Internet 需要符合一些标准,实现权限分类原则。

我们从以下几个方面介绍基础结构的配置。

(1) 外部防火墙设置

目标是限制公众进入公司的网络以及对 Internet 的使用。为实现必要的访问控制,防火墙使用一个访问控制表,赋予源地址和源端口及目标地址和目标端口响应的访问权限。公众需使用 Web 服务器和邮件服务器,因此防火墙需允许一个和 Web 服务(HTTP 和 HTTPS)及电子邮件的连接。我们使用基于代理的防火墙,当一个电子邮件连接开始时,在防火墙上的 SMTP 代理接收邮件。然后检查计算机病毒和其他形式的恶意代码,如果没有发现,则转寄邮件到 DMZ 邮件服务器。当一个网络连接或数据包到达时,防火墙进行扫描,如没有发现可疑则转发给 DMZ Web 服务器。这两个 DMZ 有不同的地址,都不是防火墙的地址。根据内部地址隐藏和外部防火墙的配置,攻击者没有内部 DMZ 邮件服务器和 Web 服务器的地址,即使攻击者绕过防火墙检查,也不知道数据包该送往哪里。

(2) 内部防火墙设置

内部防火墙允许一些有限制的流量穿越,使用与外部防火墙相同类型的访问控制机制,允许 SMTP 连接使用代理,但所有的电子邮件送到 DMZ 邮件服务器处理;允许有限制的信息传送到 DMZ 的 DNS 服务器;允许来自可信管理服务器的系统管理员使用 DMZ 内的系统,除此之外阻塞网络中的其他流量。管理员使用安全 Shell 协议(SSH),允许管理服务器地址不在内网中,但防火墙过滤器确保 SSH 连接只能到达 DMZ 服务器之一,因此使用基于密码学的认证,来确保信息的保密性和完整性。但授予系统管理员的使用权违反了最小权限原则,这样的连接将使得系统管理员具有对 DMZ 系统的全面控制权限,因此提出一些预防措施来改善:一是如果到 DMZ 内系统的连接不是始于内部网中一个特定的主机,防火墙将不予连接;二是只有被信任的使用者才能无限制享有 DMZ 服务器的使用权;三是管理员使用 SSH 协议只能用来连接 DMZ 服务器,所有流量受 SSH 保护。据此,攻击者不但要知道内部网主机地址,还需要找到正确的密钥才能获得管理信息流。

3. DMZ 内部

DMZ 内部有四种服务器:邮件服务器、Web 服务器、DNS 服务器和日志服务器。下面详细介绍这几种服务器。

(1) DMZ 邮件服务器

DMZ 邮件服务器检查所有电子邮件的地址和内容,目标是对外隐藏内部信息,对内部透明。当邮件服务器接到来自 Internet 的邮件时,采取以下步骤:邮件代理将邮件重新组装为含头部、消息和任意附件的形式;邮件代理扫描消息和附件,查找恶意内容;邮件代理扫描接收者地址信息,重写地址使发到公司的邮件改为发到内部邮件服务器,然后由 DMZ 邮件服务器转寄给内部邮件服务器;邮件代理扫描头部信息,重写关于内部主机的信息,标记主机为外部防火墙的名字。

这样的配置使得服务器只接受从内部网可信赖的主机的连接,系统管理员可以远程配置和维护 DMZ 邮件而不会暴露该服务器。

(2) DMZ Web 服务器

Web 服务器接受来自 Internet 的服务请求,不连接任何内部网的服务器或信息资源,这样使得当 Web 服务器被攻击后,不会影响到其他内部主机。

Web 服务器使用外部防火墙的 IP 地址,这样可以隐藏部分 DMZ 结构,符合最小权限原则,并使得外部实体将网络流量送至防火墙。内部网的一个系统用来更新 DMZ Web 服务器,有权更新公司网页的人可以使用这一系统。管理员定期复制 Web 服务器的内容到 DMZ Web 服务器上。这遵循了权限分离原则,因为任何未经授权的对 Web 服务器内容的改变将被这个复制过程消除。与邮件服务器一样,Web 服务器运行 SSH 服务来进行维护,服务器提供必要的密码技术来确保机密性和完整性。

例如,公司接受网络订货的过程中,消费者输入的数据存为一个文件,确认一个订单后,网络程序调用一个简单程序,检查文件的格式和内容,并使用内部客户子网系统产生的公钥加密文件。这个文件存于 Web 服务器不可访问的假脱机区域,程序删除原始文件,即使攻击者能获得文件,也不能得到订货信息或客户的信用卡号码。使用脱机方式和加密保存有价值的信息遵循了最小权限原则;机器的使用者无权读数据,遵循了权限分离原则;使用加密系统使得即使系统被攻破也可避免攻击者解密数据,遵循了自动防障缺省原则。另外,内部可信的管理服务器定时使用 SSH 协议连接到 Web 服务器,Web 服务器上的 SSH 服务器配置成除了可信的内部管理服务器外拒绝任何连接,否决未知连接,而不是先允许后认证,符合自动防障缺省原则。

(3) DMZ DNS 服务器

DMZ DNS 主机包含 DNS 服务器必须知道的关于主机名字的目录服务和信息,记录了下列各项:DNS 邮件、Web 和日志主机、内部可信的管理主机、外部防火墙和内部防火墙。

DNS 服务器不知道内部邮件服务器的地址,内部防火墙会转寄邮件到内部邮件服务器,DMZ 邮件服务器只需要两个防火墙的地址和可信管理服务器的地址。如果邮件服务器知道 DNS 服务器的地址,就能够获得这三个地址,这为内部网重新安排其他地址提供了灵活性。如果内部可信管理主机的地址改变了,DMZ DNS 服务器也需要更新。DNS 服务器的有限信息反映了最小权限原则。

(4) DMZ 日志服务器

日志服务器实现管理功能,所有 DMZ 机器进行日志记录,当发生入侵,这些记录对于判断攻击方法和损害,以及如何应对攻击具有重大价值。但攻击者也能将记录删除,因此,如果日志记录存放在被攻击的机器上,就可能被篡改或删除。

据此,公司在DMZ内设置了第四个服务器,所有其他服务器先将日志信息写到本地文件,然后再写到日志服务器,以这样的方式记录日志信息。然后日志服务器也把它们写成一个文件,再写到一次可写的介质上,以防某些攻击能够覆盖目标服务器和日志服务器上的日志文件。这体现了权限分离原则。

日志系统设置在DMZ中能够限制其行为,日志系统不主动启动对内部网的信息传输,只有可信管理主机可以启动信息传输,且当管理员不选择读记录所在存储介质的方法来读取日志记录的时候才启动这种传输。

与其他服务器一样,日志服务器接受来自内部可信管理主机的连接,管理员能直接查看记录,或更换一次性写介质并直接读取数据。使用一次性写介质是应用最小权限原则和自动防障缺省原则的例子,介质是不能改变的,只有攻击者以物理方式进入系统才能销毁它们。

4. 内部网

数据的使用者分别分布在内部网的三个子网之中,开发者网络的防火墙允许来自公司网络的读操作,但阻塞对所有其他子网的写操作;公司网络的防火墙不允许来自另一个子网的读或写操作;客户子网的防火墙允许来自公司网络的读操作,也允许公众将数据传输到DMZ Web服务器上的写操作。但DMZ Web服务器和内部防火墙能够控制该写操作,因此公众不享有无限制的写操作。

内部邮件服务器要能够自由连接每个子网防火墙后面的主机,或子网可有自己的邮件服务器,内部邮件服务器能直接传送邮件给子网上的每台主机。一个内部Web服务器为公司网页提供一个表现区域,所有内部防火墙允许对该服务器的读写操作,DMZ Web服务器的页面通过使用可信管理主机与该服务器上的网页同步,使得在公众可见之前,公司能够检查对网页信息的修改。而且一旦DMZ Web受到攻击,网页能够很快得到恢复。

可信管理服务器的使用规则是只有被授权管理DMZ系统的系统管理员能使用它。除邮件服务器和DNS服务器,所有通过内部防火墙到DMZ的连接必须使用该服务器。管理服务器本身使用SSH连接和DMZ内部的系统,而DMZ服务器认定管理服务器为唯一被授权可以使用SSH操作其他服务器。这样可以防止内部网上的用户将SSH指令从本地工作站发送到DMZ服务器。

对于内部网,DMZ服务器遵循最小权限原则,它只知道内部防火墙地址和可信管理主机的地址。DMZ服务器不直接与内部服务器连接,而是发送数据给防火墙,由防火墙适当地推信息做出路由选择并发送。DMZ服务器只接受来自可信管理主机的SSH连接,这些连接使用公钥认证身份,这样攻击者就不能伪造源地址。

在网络设计方案中,同时配备使用加密技术、数字签名技术、身份认证技术、访问控制机制、防病毒技术以及审计方法来确保EC公司的网络安全。

(1) 加密技术

为确保EC公司的信息安全,采用基于公钥的加密技术对公司内部产生的信息进行加密。发送方A用接收方B的公钥pk_B对其产生的信息M进行加密得到密文C,接收方B收到A发送的密文C后用B的私钥sk_B对C进行解密,得到A产生的原始信息M。由于B的私钥只有B本人知道(在私钥未泄露的情况下),因此A发送给B的信息只有B能够解密得到，其他人不能解密，从而确保了信息的安全性。

(2) 数字签名技术

为确保EC公司信息接收者对数据来源和完整性的确认，我们采用数字签名技术来确保公司信息的完整性、可靠性和不可抵赖性。由于采用基于公钥的加密技术，公司用户很容易获知其他用户的公钥。当信息发送者A产生一条信息M准备发送给接收者B时，用户A用Hash函数对信息产生一个散列值h，并用自己的私钥对该散列值h进行签名得到s，然后采用加密技术对信息M和签名s进行加密。用户B收到A发送的信息后，首先用自己的私钥对信息解密，然后用A的公钥对签名s进行验证。如果B用Hash函数对解密后的信息计算散列值h'，如果该散列值与h一致，则可以确认信息M是由A发送的。

(3) 身份认证技术

EC公司采用一个签证机构(Certification Authority，CA)来完成身份的鉴别和认证。CA为公司内部的每个用户颁发一张数字证书，通过认证服务器对公司用户的身份进行认证。

(4) 访问控制机制

根据EC公司的访问控制策略，采用基于角色的访问控制列表。对公司成员分配角色，并将角色划分为不同的安全等级，不同安全等级的角色赋予不同的权限，以此对EC公司的信息进行访问控制，从而确保信息的安全。

(5) 防病毒技术

采用网络病毒检测、用户端智能杀毒软件、网络病毒查杀管理中心结合的方法来实现网络病毒的查杀。基本原则是：全网范围内部署一个网络病毒查杀管理中心；在每一个相对独立的网段中，分别部署网络病毒检测；用户端智能杀毒软件的部署覆盖网络中的每个桌面机。因此，网络防杀毒系统由一个网络病毒查杀管理中心、多个网络病毒检测器和多个智能杀毒软件构成。防病毒系统部署如图5-4所示。

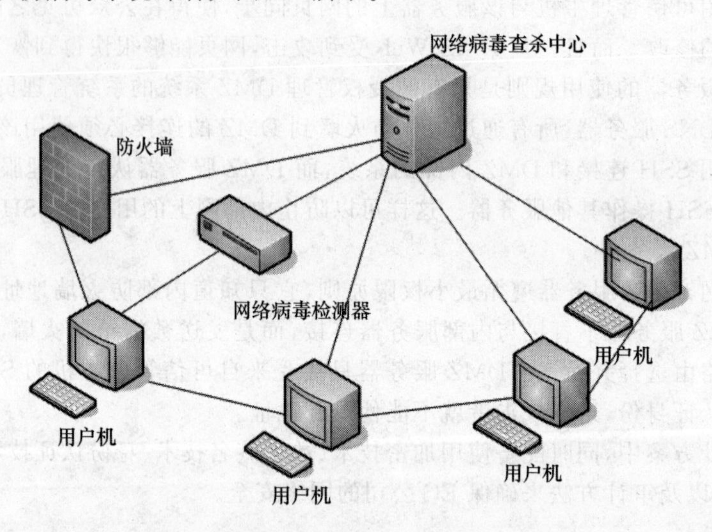

图5-4　防病毒系统部署图

通过部署防病毒软件，实现以下功能：用户端可以定期从网络病毒查杀中心更新病毒库；网络病毒查杀中心可以直接发现每个时段内中病毒较多的客户端的情况，并可以同步进行杀毒；客户端登录系统时可自动检测是否安装防病毒软件，如果未安装则强制安装。

（6）审计方法

一个审计系统包含三个部分：日志记录器、分析器和通告器，它们分别用于收集数据、分析数据和通报结果。EC 公司通过对网络中的信息进行审计，并将结果及时上报管理员，从而确保公司网络信息安全。

根据采用的相关网络安全技术，当公司内部用户需要将产生的信息上传到公司服务器上时，通过加密和数字签名的技术确保信息的机密性和完整性；公司服务器运用访问控制的方法对存储在上面的信息进行保护，只有通过身份认证和满足访问控制条件的用户才能访问服务器上的信息。同时审计系统对公司内部网络中产生的信息流进行审计并及时报告申请结果（如图 5-5 所示）。

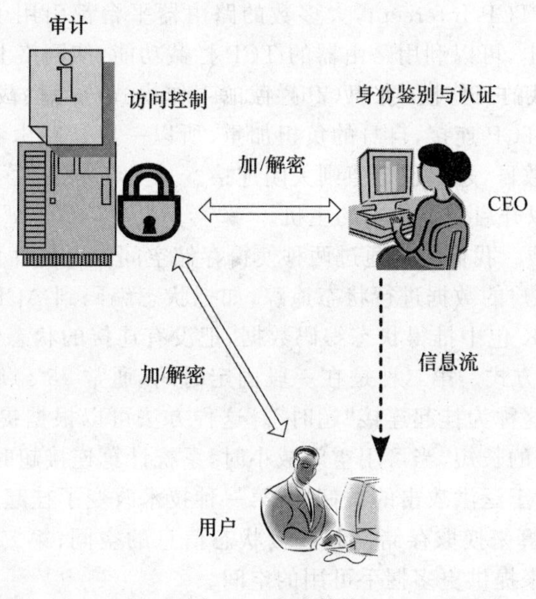

图 5-5 安全技术

5.4.5 可用性和泛洪攻击

一个成功的网络安全设计方案需要兼顾抗攻击的能力，因此，在本部分我们介绍保障可用性以及抵抗泛洪攻击的技术和设计方法。根据公司策略的可用性要求，公众和公司用户能够使用该系统，也就是通过 Internet 的访问要畅通，对于可用性的保证，我们通过抗泛洪攻击的技术来解决。

SYN 泛洪是最常见的泛洪攻击，它发生在收到连接重复拒绝执行 TCP 三步握手协议的第三步时，是一种拒绝服务攻击。SYN 泛洪的影响主要有：一、带宽的消耗，如果泛洪超过物理网络容量或中间节点的接受能力，合法连接无法正常使用；二、资源的消耗，泛洪消耗目标主机的内存空间。下面通过对中间主机和 TCP 状态及内存分配两个方面介绍对于泛洪的防范。

对于中间主机的防护不涉及目标系统的防御，有两个方案进行防护。一个方案是通过使用路由器删除非法的流量来减少目标主机上的资源消耗，关键是在 SYN 泛洪攻击到达防火墙之前在基础设施层已得到处理，使得合法握手（即非 SYN 泛洪的连接）到达防火墙。另一个方案是让系统监控网络流量并记录三步握手的状态。采用这样的方法可以把攻击的焦点从防火墙转到公司网络外的基础设施系统上,但只能改善对 SYN 泛洪攻击的防护,使一些合法的连接能够到达目的地。

TCP 状态和内存分配主要是针对研究目标系统,这样的方法源于大多数 TCP 服务的实现方式,当接收到一个 SYN 包时服务器在挂起的连接数据结构中创建一个数据条目,然后发送 SYN/ACK 包,数据条目保留至接收到对应的 ACK 包或超时发生为止。当出现泛洪攻击时,数据结构里持续充满了从不转移到连接状态的数据条目,直到完全超时后,新的 SYN 包产生新的数据条目来重复这个过程。SYN 泛洪成功的原因是分配给保留状态数据的空间在任何三步握手完成之前已被填满,合法握手不能获得数据结构空间。因此,如果能为合法握手确保空间,即使面对拒绝服务攻击,合法握手也可能成功完成。

例如,TCP 拦截即 TCP Intercept,大多数的路由器平台都引用了该功能,其主要作用就是防止 SYN 泛洪攻击,可以利用路由器的 TCP 拦截功能,使网络上的主机受到保护。

(1) 设置 TCP 拦截的工作模式。TCP 拦截的工作模式分为拦截和监视。在拦截模式下,路由器审核所有的 TCP 连接,自身的负担加重,所以一般让路由器工作在监视模式,监视 TCP 连接的时间和数目,超出预定值则关闭连接。

(2) 设置访问表,以开启需要保护的主机。

(3) 开启 TCP 拦截。我们可以通过两种使得存储空间的可得性更高的技术,防御泛洪攻击。第一种是使用客户的数据进行状态追踪,如把状态编码到 ACK 包的序列号中,服务器能从来自客户的 ACK 包中推得状态编码数据,把没有连接的状态保存在服务器上,这种技术称为 SYN Cookie 方式。第二种是在一段固定时间(通常 75 s)后,服务器删除和攻击握手相关的状态数据,这称为挂起连接"超时"。这种方法可以根据提供给新连接的可用空间大小来改变超时时间的长短,当可用空间减小时,系统计算连接超时的时间也减少。这两种技术都增加了系统对于泛洪攻击的柔韧性:第一种技术改变了挂起连接的存储空间分配,通过对 ACK 状态的计算来换取存储挂起连接状态信息的空间;第二种技术以适应性的方法计算挂起连接超时,来提供更多握手可用的空间。

本节我们通过一个具体例子,展示了根据安全需求进行网络基础设施开发的过程。安全目标指导安全策略的开发,安全策略决定了网络的结构。通过内、外两个防火墙实现如下两个功能:限制对公众服务器流量的类型;阻塞所有的外部流量使之不能到达公司内部网络。接着分析了网络基础设施中的相关配置情况,最后谈论了如何应对攻击。

5.5 本章小结

首先,我们介绍了网络安全的相关知识和技术,通过对特洛伊木马、计算机病毒、计算机蠕虫和一些其他形式的恶意代码的介绍,展现了网络攻击的主要方法。随后,我们介绍了系统漏洞分类和系统漏洞分析,给出了一些系统漏洞的分析方法。接着,通过对入侵检测基本原理、入侵检测模型、入侵检测体系结构、入侵响应等的介绍,帮助读者全面地了解入侵检测技术,并为读者介绍了入侵检测的最新发展方向。最后,我们通过一个网络安全具体的案例分析,将计算机安全的一些原则和概念应用到特定的案例中,使读者能够更好地理解网络安全。

第6章　信任管理基础理论

由于云计算是较新的热门技术，当前研究适合云计算环境的信任模型较少。为了能够深入理解信任管理技术，本章重点介绍了信任管理基础理论。主要介绍信任的基本概念、对待非信任和信任的分类。

6.1 基本概念

很少有一个概念像信任一样，在如此广泛的领域内被考察和研究。由于涉及和研究信任现象的领域颇多，因而存在许多有关信任的观点。本书从计算机科学的角度对信任的基本概念进行详细介绍。

6.1.1　主体

主体是指由人或由人和客体的混合体构成的个体或群体。主体之间的信任是主观信任。主观信任是一种人类的认知现象，是对主体的特定特征或行为的特定级别的主观判断，而这种判断是独立于对主体特征和行为监控的。主观信任是相信关系的重要前提和基础，它本质上是基于信念的，具有很大的主观性、模糊性，无法精确地加以描述和验证。

6.1.2　信任的定义

信任是一个很难严格定义的复杂概念，它是人类社会的一种自然属性。大多数信任定义依赖于交互发生的上下文，或者观察者的主观观点。通常，信任作为一种直觉上的概念加以理解，并没有形成一个准确和统一的定义。据 Gabriel Becerra 等人的统计，到 2001 年为止各种不同的关于信任的定义就已经达到 65 个之多。

彼得什托姆卡夫(Hosmer)从心理学的角度给出了自己的经典定义，他认为“信任是个体面临一个预期的损失对于预期的得利之不可预料事件时，所做的一个非理性的选择行为。”在这一经典定义中，体现了 Hosmer 对信任的三个基本看法：

(1) 信任是个体的一种预期，而且该预期会通过所选择的某一行动得到反映。

(2) 产生信任的先决条件是：在对未来事件的不可预料中才会有信任。

(3) 信任是一个非理性的行为，是个体在作纯理性的选择时不会做出的行为。

可以看出心理学倾向于将信任解释为一个个体的心理概念，而不是一种二元的关系。

此后 Gambetta 为了探讨信任这一主题，组织了一系列很有影响的学术讨论班。他从社会学的角度认为"信任是一个特定的主观概率水平，一个行为人以此概率判断另一个行为人或行为人群体将采取某个特定行动[54]。"当我们说我们信任某人或某人值得信任时，隐含的意思是，他采取对我们有利或至少对我们无害的行动的概率很高，足以使我们考虑与他进行某种形式的合作。Gambetta 认为信任不是一个门限点，而应该是一个概率分布的概念，可以用介于完全不信任(用 0 表示)和完全信任(用 1 表示)之间的值来表示，且以不确定性为中点(用 0.5 表示)。该定义引入了从信任方的角度认识到的被信任方的可靠性概念。Gambetta 的定义强调了信任从根本上说来是一种信念或者估计，推动了 Jøsang 等人从主观逻辑着手对信任进行测度的研究。

Anderson 认为"信任是指一个厂商的信念(belief)：认为对方会执行有利于双方的方案，而不会做出有损于交易伙伴的非预期行为[55]。"Doney 认为信任是"一种对方可让我们感觉到的可靠性(credibility)与仁慈(benevolence)，前者着重于交易伙伴的客观信任，是针对交易伙伴对其口头承诺或契约协议能够确实执行的一种期望，后者着重于交易伙伴是关心我的利益且愿意追求共同的利益[56]。"

计算机领域内对于信任有不同的解释，体现出不同应用的研究侧重和信任上下文相关的特性。Jøsang、Ismail 和 Boyd 对信任是这样定义的："在一种给定的环境下，以一种相对安全的感觉，某方愿意依赖于另一方的程度，即使可能会产生负面结果[57]。"他们认为该定义包括：对信任实体或者信任方的依赖，信任实体或者信任方的可靠性和实效性；由正面结果产生的正面效应和由负面结果产生的负面效应以及一定程度的冒险态度；信任方愿意接受因前述因素导致的特定风险。

Mui 认为信任是一个实体基于以往的交互历史，对其他主体未来行为的主观期望[58]。

Yao 定义信任为一主体对于另一主体所持有的一系列主张[59]。

Grandison 和 Sloman 将信任定义为在特定的情境下，对某一个体能独立、安全且可靠地完成任务的能力的坚固信念[60]。

唐文将信任定义为一种人类的认知现象，是对主体的特定特征或行为的特定级别的主观判断，而这种判断是独立于对主体特征和行为的监控的[61]。

汪进认为，所谓信任是指其他实体对某个实体的行为能否达到他们所期望值的能力的可靠信心值。这种可靠信心是一个在很大程度上由实体本身的过去行为所决定的动态值，取值范围可从"完全不可信"到"完全可信"[62]。

Zhong 等认为信任是受信方(Trustor)通过直接交互或推荐而形成的对被信方(Trustee)的看法[63]。

王小英等认为信任是在不断交互过程中，某一实体逐渐动态形成的对另外实体的能力的评价，这个评价可以用来指导这个实体的进一步动作[64]。

可以看出，在计算机科学领域中不同的学者对信任的理解千差万别。通过对信任定义的研究，本书针对移动 P2P 网络环境的具体化，并考虑到移动节点间的协作应用的需求对信任的定义如下：

定义 6.1　信任(Trust)：信任是 Trustor 在特定时段特定上下文环境中对 Trustee 在某

方面行为的依赖性、安全性、可靠性等能力的坚定依靠。并蕴涵着对 Trustee 过去的行为进行评价,这种评价是随着 Trustee 行为能力的改变而动态变化的。

6.1.3　信任度量

信任能用与信息或知识相似的方式来度量,从离散度量到连续度量,有很多信任度量和信任获取方案。例如,典型的离散信任度量有“strong trust”、“weak trust”、“strong distrust”和“weak distrust”。PGP 是众所周知的密钥管理和 E-mail 安全软件工具,用“ultimate”、“always trusted”、“usually trusted”、“usually not trusted”和“undefined”度量对密钥所有者的信任。如果要使离散方法和连续方法兼容,离散词汇要能够映射成连续度量。当度量信任时,对于信任发起人和信任目标,对信任目的和交互的上下文要有一个共同的理解,并且信任度量方法一样,否则信任值没有意义。信任关系与时间有关,即使没有发生交互,信任者关于某一目的对被信任者的信任度会随着时间的消逝而改变。

6.1.4　信任推荐

当主体 A 具有对主体 B 的信任度时,A 与 B 之间存在信任关系。如图 6-1 所示,信任关系分为两类:(1)直接信任关系,A 具有对 B 关于某一信任目的的信任度;(2)间接信任关系,A 具有对 B 提供的关于目标主体 C 的某一信任目的的信任度,B 是推荐人,A 对 B 有推荐者信任度,A 对 C 有间接信任。推荐时,只能推荐直接信任,不能推荐间接信任。由于信任值需要传输,为了保证推荐的认证性和完整性,需要用到密码安全机制。

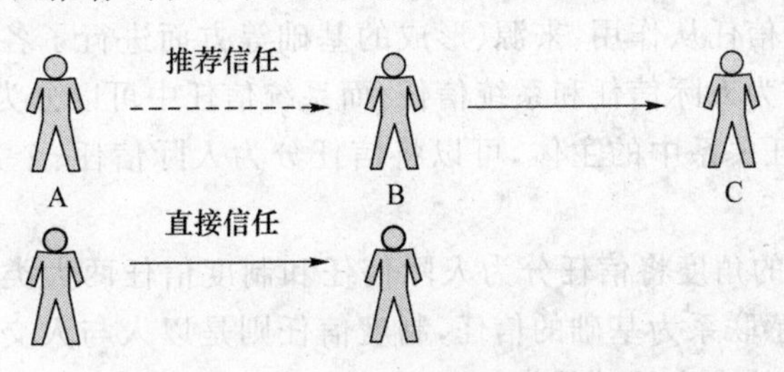

图 6-1　直接信任和推荐信任

6.1.5　信任管理

M. Blaze 等人将信任管理定义为采用一种统一的方法描述和解释安全策略(Security Policy)、安全凭证(Security Credential)以及用于直接授权关键性安全操作的信任关系(Trust Relationship)。信任管理系统的核心内容是,用于描述安全策略和安全凭证的安全策略描述语言以及用于对请求、安全凭证集和安全策略进行一致性证明验证的信任管理引擎。D. Povey 在 M. Blaze 定义的基础上,结合 A. Adul-Rahman 等人提出的主观信任模型思想,给出了一个更具一般性的信任管理定义,即信任管理是信任意向(Trusting Intention)的获取评估和实施。信任度评估与安全策略的实施相结合同样可以构成一个一般意义上的信任管理系统。P. Herrmann 等人提出了一个“信任适应的安全策略实施(Trust-adapted

Enforcement of Security Policy)"的概念,并在这方面做了一些初步的研究。

6.2 对待非信任

非信任(Non-Trust)包括:不信任(Distrust)和误信任(MisTrust)。Marsh信任模型、Poblano信任模型、PGP信任模型使用一个数值来表示对其他Agent的未知。Jøsang使用一个数值来表示未知。在Jøsang的信任模型中,某个Agent对待其他Agent的观念由一个三元组(belief,disbelief,ignorance)组成。这三个值的总和等于1。当碰到不信任的Agent,或由不信任的Agent发出的消息的时候,或者忽略它们,或者以不信任值来表现不信任程度,这些情况下决定权取决于用户。可是,这些能够处理不信任的信任模型都属于悲观模型,因为没有一个信任模型给那些不受信的Agent一些机会来证明他们自己是可信的。这或许阻碍了模型中的用户与这些Agent交互,从而也不能发现这些Agent潜在的价值。

6.3 信任的分类

6.3.1 传统领域的分类

基于考查信任的不同视角,各学科的学者们给出了信任各种不同的定义,表达了对信任各自不同的理解,也对信任从作用、来源、形成的基础等方面进行了各种分类。一般从研究对象来说,可将信任分为人际信任和系统信任,而系统信任中可以分为组织层次的信任和社会层次的信任。按信任关系中的主体,可以将信任分为人际信任、个人-组织信任和组织间的信任等。

Luhmann从功能的角度将信任分为人际信任和制度信任两大类。人际信任是以人与人交往中建立起的情感联系为基础的信任,制度信任则是以人与人交往中所受到的规范准则、法纪制度的管制和约束为基础的信任。

韦伯则按信任产生的基础将其分为:特殊信任和普遍信任。前者基于共同的血缘关系,后者基于共同的信仰或道德文化。

Shapiro也从信任的产生基础对信任进行了分类,他将信任分为三类:以权威为基础的信任,即信任的形成是由权威的压力而来的;以知识为基础的信任,即信任的形成是由所收集的知识获得的,允许了解和预测被信任者的行为;以认同感为基础的信任,即信任的形成是由伙伴间共同认同的价值而来的。

Lewis和Weigert将信任理解为人际关系的产物,是由人际关系中的理性计算和情感关联决定的人际态度。他们认为,理性与情感是人际信任中的两个重要维度,两者的不同组合可以形成不同类型的信任,其中,认知型信任和情感型信任是最重要的两种。

Zucker分析了信任的产生和建构,按信任的产生机制将信任分为三类:基于过程的信任、基于特性的信任和基于制度的信任。基于过程的信任是根据对对方过去的行为和声誉的了解而决定信任;基于特性的信任是根据对方的家庭背景、种族、价值观念等方面的特性决定信任；基于制度的信任是将信任建构在正式的组织机构上，根据非个人性的社会规章制度(如专业资格、科层组织、中介机构及各种法规等)的保证而给予信任。她认为，随着现代社会的发展，组织和制度的加强，信任的产生将更多地依赖于基于制度的信任和基于声誉的信任。

Sako 认为信任是对他方未来可能行为的预期，而该被预测的行为是由许多不同的理由产生的。据此，他将信任分为三类契约信任：相信对方会履行契约协议；能力信任相信对方会有足够的能力；善意信任相信对方会遵守诺言。

Kramer 则根据信任的来源，认为存在六种信任网：作为个人个性之一的先天性信任；基于交往经历的历史性信任；以第三方为中介而建立的信任；基于相同范畴的信任；基于角色的信任；基于社会规则的信任。

McKnight 和 Chervany 结合了心理学、社会学和经济学的研究，提出了一个概念上的、抽象的信任模型，受到了较广泛的关注。在该模型中，他们将信任分为信任倾向、组织信任、信任信念和信任意图四类。

信任倾向是实体一贯表现出来的，愿意依赖于其他实体的程度。它包括对人性的信心和信任立场。前者是实体对于其他实体是否值得信任做出的假设，后者则是实体信任其他实体时所采用的策略和选择。信任倾向直接影响其他三类信任。

组织信任表示对于其他实体的信任是因为认为现有的结构、组织和角色提供了事情应该朝着正确方向发展的保证。这种信任来源于两方面：一是结构性保证，认为担保人、合同、规章、承诺、法律程序等结构性因素可以确保事情成功；二是常规状态，是指事情发生的情境因素保持正常或有利状态。后者也被定义为系统信任或非个人信任，直接影响信任信念和信任意图。

信任信念是从能力、道德、诚实、预见性四方面判断另一实体值得信任的程度，也被定义为人际信任，直接影响信任意图。

信任意图是指表示对于一个特殊的任务或情况，实体愿意依赖于其他实体的程度，包括依赖意愿和依赖主观概率两方面内容。信赖程度表示愿意信赖其他实体的程度。信赖可靠程度表示预期的可以信赖其他实体的可靠程度。

6.3.2　计算机领域的分类

在计算机科学领域的研究中，最常见的分类是将信任分为直接信任和间接信任(或推荐信任)两类，但对于两者的定义不尽相同。Abdul 和唐文等认为推荐信任是指实体 A 对其他实体推荐实体 B 的行为的信任，Beth 和汪进等认为间接信任或推荐信任是指实体经由其他实体推荐所得到的信任。也有的学者对网络信任进行了较为细致的分类，其中，Grandison 的信任分类较有代表性，体现出了网络信任在应用上的特点，得到了广泛的认同。Jøsang 对于信任的研究更注重于逻辑和语义上的分析，在文献中，他给出了相似的分类。

Jøsang 对于各类信任的解释如下。

(1) 服务信任：描述了信任方对服务或资源提供方的信任，可以使信任方避免恶意或不可靠的服务提供方。

(2) 访问信任：用于描述对于访问控制可靠性的信任。这与计算机安全中的访问控制有密切联系。

(3) 委托信任:描述了对于另一方代表进行交互和做出决策的信任。

(4) 身份信任:描述了对于一主体身份的确认。

(5) 上下文信任:描述的是对于应用场景包括系统、制度等的信任。

可以看出 Jøsang 对 Grandison 的分类进行了两方面的扩展。首先,他将基础结构信任扩展为上下文信任,把应用场景,包括系统、制度等因素都考虑进去。其次,他将身份信任命名,从而把局限于证书认证的身份信任也给予了扩充。此外,Jøsang 指出,服务信任和身份信任是网络信任的基础,服务信任是当前网络环境下信任声誉研究的重点。

6.4 本章小结

本章对信任管理的基础理论进行了综述。首先,给出了相关概念;然后,论述了对待非信任;最后,具体从传统领域和计算机领域介绍了信任的分类。

第7章 信任模型

在云环境中，各主体间相互独立，而主体之间进行有效的交互必须首先建立相互的信任关系。在任何具有一定规模的分布式应用中，信任都是一个基础性的问题。越来越多的研究人员意识到，信任机制在开放网络环境下的重要作用。信任是一种简化复杂的机制，涉及心理学、社会学、哲学等多个领域。近年来，在计算机科学领域已经有许多研究者以信任为目标展开了各自的不同侧重点的研究。本章对与信任模型相关的技术和研究工作进行介绍。主要围绕信任的定义和特性，信任关系的建立，信任模型的理论基础以及典型的信任模型展开综述。

7.1 信任和信任的关系

很少有一个概念像信任一样，在如此广泛的领域内被考察和研究。由于涉及和研究信任现象的领域很多，因而存在着许多有关信任的观点。本书从计算机科学的角度对信任的特性进行详细分析。

7.1.1 信任的特征

信任是一种复杂的二元关系，并不具备一般二元关系普遍具有的典型数学特性。而移动网络环境的异构性、动态性使得信任的研究难度更大。对信任的特性进行较为全面的分析和总结，是进行移动网络环境下信任研究的基础工作。这里总结了相关文献中对信任特性的讨论：

(1) 信任是主观的，不同的观察者对同一个实体的可信性有不同的理解。即便对于同一受信方相同上下文环境相同时段相同行为，依受信方的不同，给出的量化判断也很有可能不同。并且由于信任的主观特性，使得信任关系并不具有对称性。尽管信任可能是相互的，但并不是对等的。即 A 信任 B 并不意味着 B 也信任 A，或者 A 对 B 的信任评价为 T，并不意味着 B 对 A 的信任评价也为 T。甚至有时会发生单向信任的极端情形，即 A 信任 B，但 B 并不信任 A。

(2) 信任有程度之分，信任关系是可以被度量被量化的。例如，可以使用模糊的语义变量，或使用 0～1 的实数来表达，甚至可以使用一个概率。随着研究的深入，对信任可度量的认识越来越清晰，信任的度量方式也从双值式发展为多级离散式、区域连续式等多种形式。

(3) 信任是上下文相关的，离开具体上下文环境讨论信任问题是毫无意义的。例如，一个 IT 企业工作的软件工程师李四给客户张三安装过软件，其技术得到了张三的信任，如果友人让他推荐IT工程师，张三会推荐李四。但如果李四向张三借钱，张三未必相信他会如他声称的那样按时还钱。

(4) 信任是动态的，时间和经验可以改变对一个实体的可信性的评估。即如果实体A和实体B之间长时间不发生交互，A对B的信任评价将随着时间的流逝而有所衰减。信任的动态性是由信任关系中的实体的自然属性决定的。在现实世界中信任的变化既可以由实体的内因引起，如实体的心理、性格、知识、能力、意愿等；也可以由实体的外因引起，例如，互相信任的双方有可能会因为几次极不满意的合作而导致信任度降低，而原本不信任的双方会因为多次的成功合作而提高彼此的信任度。

(5) 信任具有不确定、不准确和不清楚的自然属性。信任的不确定性来自于对其他主体及其所要采取的行动的不了解或不完全了解，即为后两种情况。Jøsang指出，信任不是简单概率问题。

(6) 信任是有条件传递的，对信任推荐的评估需要考虑推荐的来源。即A信任B，B信任C，不一定能得出结论A信任C。但是，在一定约束条件下，譬如友群中，信任又具有一定的传递性。推荐是比较典型的信任传播方式，是信任传递性的一种体现[65]。

信任建立在之前的经验之上。实体可以根据在相似的条件上的经验来评估信任。互相都认为是可以信赖的，方才开始交互。交互完成后，双方的信任值要根据本次交互的效果进行更新，其结果也许是满意，也许是不满意，根据不同的结果对双方的信任值进行适当的增减，以便在下一次的服务选择中用到。Luhmann认为，经验对信任具有很重要的作用。初期的信任具有较高的脆弱性，但随着交互经验的增加，信任值的稳定性将越来越高。

信任模型定义了信任关系的量化表示方法、操作，信任关系的传播途径和计算方法。信任管理则针对信任关系在应用中的管理（包括收集、评估、监督等）和可信决策支持进行研究。信任模型是信任管理系统的抽象化，信任管理则是信任模型在具体应用系统中的体现。

7.1.2 信任关系的分类

信任关系是发生在主体和客体之间的二元关系，并且和特定的属性、应用上下文和应用领域相关。通常来说，信任不是针对客体本身，而是针对特定上下文中客体的某个或某些属性。

信任关系不是简单的信与不信的二值逻辑关系，根据信任的程度可以将信任关系分成五类：不信任、一般信任、较信任、很信任和非常信任。这种表示方式使用离散级别来划分。但是如何划分却没有明确客观依据。在计算机网络世界里，主体之间的协作结果可以记录下来，根据协作结果的记录可以很客观地评价出对对方的信任度。因为协作次数不是固定的，每次协作的结果也是未知的，计算出的信任值也不会在某个离散级别划分范围内。因此本书认为信任值是在一定范围内取值的。

如果根据信任形成的基础可以将信任关系分为两类：

(1) 直接信任关系。如图7-1所示，直接信任可以是一对一的关系、一对多的关系、多对多的关系。一对一的关系很好理解，就是两个主体之间的 信任关系。一对多的关系，是针对一组主体，如某个专家组。多对多的关系，如在一组的成员同另一个组的成员之间相互信任；或者多对一，如几个部门信任一个协作组织。一般来说，涉及信任关系的主体是分散的，可能不知道相互的直接信息，所以信任管理是在分散的主体之间建立信任关系。

(2) 间接信任关系。也就是说信任在一定程度上传递。当两个主体之间有多次协作经历时，双方可以根据对方的行为评价对方，建立直接信任关系。当两个主体事先没有协作时，或某个主体想更多了解关于另一主体的信任信息时，可以通过其他主体提供的推荐信息来参考。其实在人际社会中，也是这样的。在初次与某人交往前，总会四处打听对方的信誉(reputation)。即使与某人有过交往，也想得到更多关于对方的信誉信息，进而更加全面地了解对方。在图 7-1 中，B 向 A 提供关于目标主体 C 的某一信任目的的信任度，B 是推荐人，A 对 B 有直接信任度，A 对 C 有间接信任。文献[66、67]解释了推荐时，只能推荐直接信任，不能推荐间接信任。由于信任值需要传输，为了保证推荐的认证性和完整性，需要用到密码安全机制。

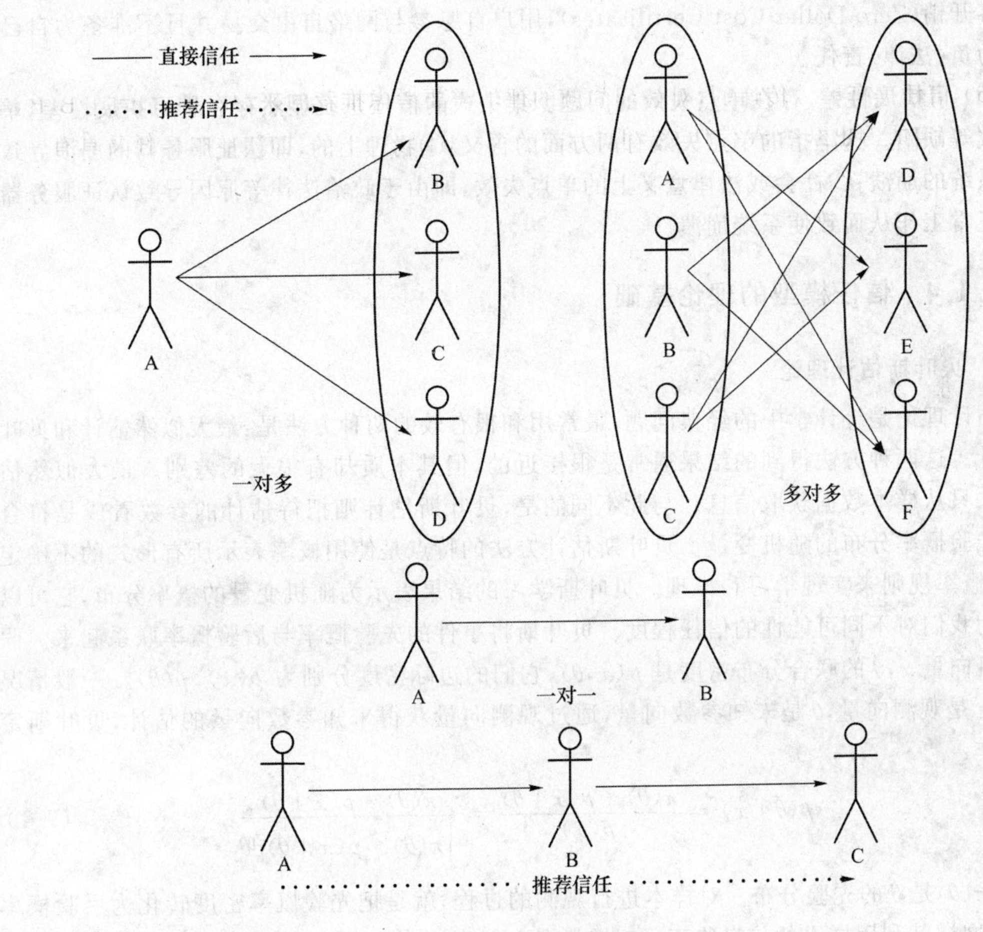

图 7-1　直接信任关系和推荐信任关系

7.1.3 信任关系的建立

信任关系的建立包括如下三步骤。

(1) 信任关系的建立。在实体之间建立信任、不信任、未知关系。

(2) 信任关系的更新。根据已经建立的信任关系，基于多次的协作交互积累的经验动态地改变信任值，即如何增加或减少信任度。

(3) 信任关系的推导。即信任关系在实体之间的传递。

信任模型(Trust Model)是指建立和管理信任关系的框架,它定义了信任关系的量化表示方法、操作,信任关系的传播途径和计算方法。本书将信任模型分为两种基本类型:集中式的信任模型和分布式的信任模型。集中式的信任模型由具有权威性的节点来管理网络中其他节点的可信度,如传统的广泛应用于电子商务环境中的基于 CA 的层次型信任模型。虽然集中式的信任模型具有结构简单,易于管理和实现的优点,但却很难应用在云计算环境下。这主要基于以下两点。

(1) 集中式的认证往往伴随着额外的费用和开销。云计算环境下的信任关系很难建立在少数权威和可信的节点或基础设施的基础之上,并且云计算环境和 P2P 环境类似,通常追求零开销(Zero-Dollar-Cost Certificates),用户自愿参与网络自由交易并且不准备为自己的行为负(法律)责任。

(2) 可扩展性差、存在单点失效的问题。集中式的信任系统显然存在着可扩展性差,单点失效等缺陷。这里指的单点失效有两方面的含义:①物理上的,即认证服务器的崩溃导致整个系统的崩溃;②社会或法律意义上的单点失效,即由于政治法律等原因导致认证服务器无法正常工作从而致使系统崩溃。

7.1.4 信任模型的理论基础

1. 贝叶斯估计理论

估计理论是统计学中的经典问题,最常用和很有效的两种方法是:最大似然估计和贝叶斯估计。这两种方法得到的结果通常是很接近的,但其本质却有很大的差别。最大似然估计方法只从样本数据获取信息。与此不同的是,贝叶斯估计则把待估计的参数看成是符合某种先验概率分布的随机变量。贝叶斯估计方法的特点是使用概率表示所有形式的不确定性,用概率规则来实现学习和推理。贝叶斯学习的结果表示为随机变量的概率分布,它可以理解为我们对不同可能性的信任程度。贝叶斯将事件的先验概率与后验概率联系起来。假定随机向量 x,θ 的联合分布密度是 $p(x,\theta)$,它们的边际密度分别为 $p(x)$,$p(\theta)$。一般情况下设 x 是观测向量,θ 是未知参数向量,通过观测向量获得未知参数向量的估计,贝叶斯定理记作:

$$p(\theta \mid x) = \frac{\pi(\theta) * p(x \mid \theta)}{p(x)} = \frac{\pi(\theta) * p(x \mid \theta)}{\int \pi(\theta) * p(x \mid \theta) \mathrm{d}\theta} \tag{7-1}$$

其中,$\pi(\theta)$是 θ 的先验分布。对样本进行观测的过程,就是把先验概率密度转化为后验概率密度,这样就利用样本的信息修正了对参数的初始估计值。贝叶斯方法对未知参数向量估计的一般过程如下。

第一步,将未知参数看成是随机向量。这是贝叶斯方法与最大似然估计方法的最大区别。

第二步,根据以往对 θ 参数的知识,确定先验分布 $\pi(\theta)$。

第三步,计算后验分布密度,做出对未知参数的推断。

在第二步,如果没有任何以往的知识来帮助确定 $\pi(\theta)$,贝叶斯提出可以采用均匀分布作为其分布,即参数在它的变化范围内,取到各个值的机会是相同的,通常称这个假定为贝叶斯假设。贝叶斯假设在直觉上易被人们所接受，然而它在处理无信息先验分布，尤其是未知参数无界的情况时却遇到了困难。经验贝叶斯估计 EM(Empirical Bayesian Estimator)把经典的方法和贝叶斯方法结合在一起，用经典的方法获得样本的边际密度 $p(x)$，然后通过下式来确定先验分布 $\pi(\theta)$：

$$p(x)=\int_{-\infty}^{+\infty}\pi(\theta)p(x|\theta)\mathrm{d}\theta \tag{7-2}$$

贝叶斯定理的计算学习机制是将先验分布中的期望值与样本均值按各自的精度进行加权平均，精度越高其权值越大。在先验分布为共轭分布的前提下，可以将后验信息作为新一轮计算的先验，用贝叶斯定理与进一步得到的样本信息进行综合。多次重复这个过程后，样本信息的影响越来越显著。由于贝叶斯方法可以综合先验信息和后验信息，既可避免只使用先验信息可能带来的主观偏见和缺乏样本信息时的大量盲目搜索与计算，也可避免只使用后验信息带来的噪音影响。因此，适用于具有概率统计特征的数据采掘和知识发现问题，尤其是样本难以取得或代价昂贵的领域。

2. 幂法理论

一般，计算 n 阶矩阵的绝对值最大的特征值和相应的特征向量采用幂法(Power Method)。幂法主要是用来计算绝对值最大的特征值和相应的特征向量。其优点是算法简单，容易在计算机上实现，缺点是收敛速度慢，其有效性依赖于矩阵特征值的分布情况。幂法的基本思想是：若求某个 $n\times n$ 的矩阵 $\boldsymbol{A}$ 的最大特征值的特征向量，先任取一个初始向量 $\boldsymbol{X}^{(0)}$，构造如下序列：

$$\boldsymbol{X}^{(0)},\boldsymbol{X}^{(1)}=A\boldsymbol{X}^{(0)},\boldsymbol{X}^{(2)}=A\boldsymbol{X}^{(1)},\cdots,\boldsymbol{X}^{(k+1)}=A\boldsymbol{X}^{(k)},\cdots$$

当 k 增大时，序列收敛的情况与绝对值最大的特征值有密切关系，分析这一序列的极限，即可求出绝对值最大的特征值的特征向量。设矩阵 $\boldsymbol{A}$ 的 n 个特征值按绝对值的大小排列如下(这里只讨论 $\boldsymbol{A}$ 的最大特征值为 1 的情况)：

$$1=|\lambda_1|\geqslant|\lambda_2|\geqslant\cdots\geqslant|\lambda_n|$$

其相应的特征向量为

$$\boldsymbol{V}_1,\boldsymbol{V}_2,\cdots,\boldsymbol{V}_n$$

并且是线性无关的，假定这些向量已按其长度为 1 或其最大模元素为 1 进行了归一化。由于这些特征向量构成了 n 维空间的一组基，因此，初始向量见 $\boldsymbol{X}^{(0)}$ 可以表示为特征向量 $\boldsymbol{V}_1$ 的线性组合，即：

$$\boldsymbol{X}^{(0)}=a_1\boldsymbol{V}_1+a_2\boldsymbol{V}_2+\cdots+a_n\boldsymbol{V}_n$$

这样构造的向量序列有：

$$\boldsymbol{X}^{(k)}=A\boldsymbol{X}^{(k-1)}=A^2\boldsymbol{X}^{(k-2)}=\cdots=A^k\boldsymbol{X}^{(0)}=a_1\boldsymbol{V}_1+a_2\lambda_2^k\boldsymbol{V}_2+\cdots+a_n\lambda_n^k\boldsymbol{V}_n \tag{7-3}$$

如果最大特征值为 1 是单根，当 k 充分大时，$\lambda_2^k,\lambda_3^k,\cdots,\lambda_n^k$ 趋近于无穷小，那么式(7-3)可以写成下式：

$$\boldsymbol{X}^{(k)}=a_1\boldsymbol{V}_1+\boldsymbol{\varepsilon}_k \tag{7-4}$$

其中，$\boldsymbol{\varepsilon}_k$ 为可以忽略的小量，这说明 $\boldsymbol{X}^{(k)}$ 与特征向量 $\boldsymbol{V}_1$ 相差一个常数因子 a_1。即使 a_1 等于 0，由于计算过程的舍入误差，必将引入在 $\boldsymbol{V}_1$ 方向上的微小分量，这一分量随着迭代过程的进展而逐渐成为主导，其收敛情况最终也将与 a_1 不等于 0 相同。幂法的收敛速度虽然与初始向量 $\boldsymbol{X}^{(0)}$ 的选择有关，但更主要的是依赖于 $|\lambda_2|$。$|\lambda_2|$ 越小，收敛越快，当 $|\lambda_2|$ 接近 1 时，

也就是接近最大特征值时，收敛很慢。

3. 模糊逻辑理论

模糊逻辑理论已经被成功应用到很多领域，比如机器人的自动控制，电子消费的跟踪，数据库信息的恢复以及在大规模信息系统中对于处理不确定性的决策支持。通过信任的定义可以发现信任本身及其相关特征都具有模糊性。

首先，主观性本身是模糊的，从而导致了信任概念的模糊性。信任的主观性体现为信任不完全依赖于证据，信任始终会与信任者本身相关。作为一种人类复杂的主观概念，信任在大多数情况下呈现出不分明且无法精确加以描述的模糊性。人们了解、掌握和处理问题时，在大脑中形成的概念往往是模糊概念，信任也属于这样的概念。这些模糊概念的类属边界是不清晰的，由此产生的划分、判断和推理也都具有模糊性。而人类的大脑则具有很强的处理模糊概念和对象的能力。人们表达和传递知识的自然语言中就渗透着模糊性，能够用最少的词汇表达尽可能多的信息。“年轻人”、“老年人”、“性能良好”、“大致接近”、“非常信任”，这些模糊性的陈述都包含了人们的主观描述或判断，并能够很自然地被人们交流和处理。但以数值精确计算为基础的数学模型却无法表述和处理这种模糊性。

其次，导致信任具有不确定性的原因同样导致了信任的模糊性。信任作为一种知识，常常会涉及大量构成因素，而这些构成因素之间存在着极其复杂的关系，所以每一种信任都可以被看作是一个复杂的概念体系。在现实环境中，信任构成的复杂性直接导致了对信任做有意义的精确描述的可能性的降低，同时还造成了获取这些构成信息的困难，从而导致信任相关信息的缺失，这无疑加剧了信任概念模糊化的趋势。此外，主体本身所具有的主观能力和自由也只能被看作是系统中的主观性因素，无法用精确的方法加以描述。

所以，任何一个以主观信任为研究对象的信任管理模型都不能无视或回避信任的模糊性。在信任管理的形式化研究中，只有恰当地描述和处理了这种模糊性，信任管理模型才会具有直观合理的实际意义，其推理过程及其推导出的结果才能与人们的常识相符。

模糊逻辑理论能够描述和处理模糊概念和对象。因此，本书借助模糊逻辑理论中的语言变量和隶属度的概念来得到节点的局部信任度权重 w。在经典模糊逻辑理论中，任给一个性质（概念）p，就对应一个集合 G。集合 G 由所有满足 p 的对象 g（并且仅由 g）组成：

$$G=\{g \mid p(g)\}$$

它的特征函数为下述映射：

$$X \rightarrow \{0,1\}$$

$$x \mapsto \mu_A(x)$$

映射中的函数 $\mu_A(x)$ 为论域 X 上经典集合 A 的特征函数。对经典集合来说，特征函数 $\mu_A(x)$ 的取值仅为 0 或 1。$\mu_A(x)=1$，表示 $x \in A$，即对象 x 满足性质（概念）p；$\mu_A(x)=0$，表示 $x \notin A$，即对象 x 不满足性质 p。

对一个节点的信任程度是一个模糊的概念，通常可以使用语言变量来描述信任程度的高低。这里，使用多个模糊子集 $A_i \in \psi(X)(i=1,2,\cdots,l)$ 来定义信任度的集合，即用离散的标度来描述对节点的信任的高低，同时，为直观起见采用自然语言变量 L_i 对 A_i 进行命名，不同的语言变量代表了信任的不同程度，如：

L_1——Large

L_2——Average

L_3——Small

不同的信任级可以由不同的语言变量来描述,这些语言变量刻画了主观的、难于定量描述的信任程度,m_L 是语言变量 L 相关联的模糊集隶属度。在实际应用中,对节点的信任程度的模糊集合的隶属度不是简单的 0 或 1,无法判断对节点的信任属于哪个信任度模糊子集中,一般可以使用对各个语言变量所构成的隶属度向量来描述对节点的信任,即信任值可以表示为一个模糊向量 $T=(m_{L_1},m_{L_2},\cdots,m_{L_l})$,其中的每一个元素代表了相应的信任级的隶属度。一般来说,其信任值在较高的信任级具有较大隶属度的节点更可信。

7.2　典型的信任模型

本节主要介绍几个重要的信任模型(基于 CA 的层次型信任模型、Beth 模型、Jøsang 模型、Poblano 模型、EigenTrust 模型和 PeerTrust 模型),以及这些模型如何处理信任关系的变化。

7.2.1　基于 CA 的层次型信任模型

层次型信任模型可以被描述成一棵倒转的树,如图 7-2 所示。其中,作为信任模型的信任锚——根证书中心(Root Certificate Authority,RCA)是树根;中介证书中心是树枝;端实体是叶子节点[68,69]。

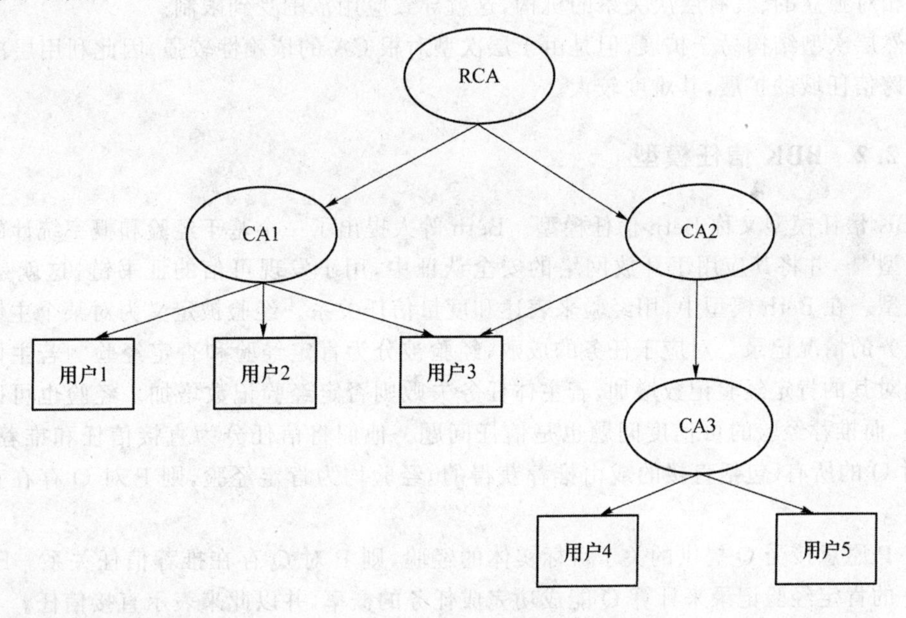

图 7-2　层次信任模型

层次型信任模型的构建规则如下:

(1) 根 CA 是唯一的信任锚,主要负责颁发自签名证书和为其直接下属的中介 CA 颁发证书。

(2) 上级 CA 负责为其直接下属 CA(数量可能为零)颁发证书。

(3) 倒数第二层证书中心负责为端实体颁发证书。

(4) 全体实体(根 CA、中介 CA 和端实体)都必须拥有根 CA 的证书。

层次型信任模型中有且仅有唯一的根 CA,它是整个信任模型的信任锚。与其他模型相比,层次信任模型的证书链建立最简单,证书链开始于信任锚的证书,结束于目标端实体的证书。在该模型中,两个端实体在进行交互时会向对方提供自己的证书,通过根 CA 对证书进行有效性和真实性认证。即,在层次信任模型中,信任关系的建立是单向的。上级 CA 能够认证下级 CA,但是下级 CA 却不能认证上级 CA。

层次型信任模型具有下列优点:

(1) 扩展性较好,只需通过增加下级 CA 就可以方便地进行扩展。

(2) 证书信任路径构造简单、证书路径短,最长的证书路径是树的层数加 1。

(3) 树型结构上下级关系严格,更能反映企业、政府或军队的内部管理或指挥结构。

(4) 根 CA 具有绝对权威,便于制定统一的证书策略。

正因为层次型信任模型具有上述优点,所以这种信任模型成为 PKI 系统使用最为广泛、技术成熟度最高的一种信任模型。

当然,层次型信任模型也存在一些不足:

(1) 模型存在单点故障隐患。根 CA 是整个信任模型的唯一信任锚,如果它出现问题(如私钥泄露等),就会导致整个信任体系的崩溃,从技术角度讲,从这种严重情况中恢复几乎是不可能的。

(2) 并不是所有场合(特别是 Internet)均适合这种层次型结构。这种模型一般只适用于业务相对独立的、具有层次关系的机构,这就导致应用范围受到限制。

虽然层次型结构易于扩展,但是由于层次型对根 CA 的依赖性较强,因此利用层次型结构进行跨信任域的扩展,其难度较大。

7.2.2 BBK 信任模型

BBK 信任模型又称 Beth 信任模型。Beth 等人提出了一个基于经验和概率统计的信任评估模型[70],并将其应用于开放网络的安全认证中,用于发现可信的证书链,这就是 Beth 信任模型。在 Beth 模型中,用经验来表述和度量信任关系。经验被定义为对某个主体完成某项任务的情况记录。对应于任务的成败,经验被分为肯定经验和否定经验。若主体任务成功则对其的肯定经验记数增加,若主体任务失败则否定经验记数增加。经验也可以由推荐获得,而推荐经验的可信度问题也是信任问题。他们将信任分为直接信任和推荐信任。若 P 对 Q 的所有(包括直接的或由推荐获得的)经验均为肯定经验,则 P 对 Q 存在直接信任关系。

若 P 愿意接受 Q 提供的关于目标实体的经验,则 P 对 Q 存在推荐信任关系。Beth 用 P 对 Q 的肯定经验记录来计算 Q 能成功完成任务的概率,并以此来表示直接信任。

$$v_r(p)=1-\alpha^p \tag{7-5}$$

其中,p 是 P 所获得的关于 Q 的肯定经验数,α 则是对 Q 成功完成一次任务的可能性期望。该公式基于 Q 完成一次任务的可能性在[0,1]上均匀分布这一假设。

若 P 愿意接受 Q 提供的关于目标实体的经验,则 P 对 Q 存在推荐经验关系。Beth 采用肯定经验与否定经验相结合的方法描述推荐信任度。

$$v_r(p,n)=\begin{cases}1-\alpha^{p-n}, & p>n \\ 0, & \text{其他}\end{cases} \tag{7-6}$$

其中，p,n 分别是 P 所获得的关于 Q 的肯定经验数和否定经验数。

Beth 还考虑了直接信任和推荐信任关系的传递，以及多条推荐路径的综合等情况，给出了相应的计算规则和计算方法。下面通过举例来说明推荐信任的计算方式。如果 Alice 对 Bob 的推荐信任度是 rv_1，Bob 对 Mary 的推荐信任度为 rv_2，如图 7-3 所示，那么 Alice 对 Mary 的信任度，计算得 $T_{\mathrm{Mary}}^{\mathrm{Alice}}=\mathrm{rv}_1\times\mathrm{rv}_2$。如果 Bob 与 Mary 是直接信任关系，如图 7-4 所示，那么 Alice 对 Mary 的信任度，计算得 $T_{\mathrm{Mary}}^{\mathrm{Alice}}=1-(1-\mathrm{dv}_2)^{\mathrm{rv}_1}$。在实际的网络中，在两个实体之间可能存在多个推荐信任路径。当收到多个推荐信任值（$v_1,v_2,\cdots,v_n$）时，需要综合采纳这些信任值。Beth 模型采用算术平均值的方式来计算，如下：

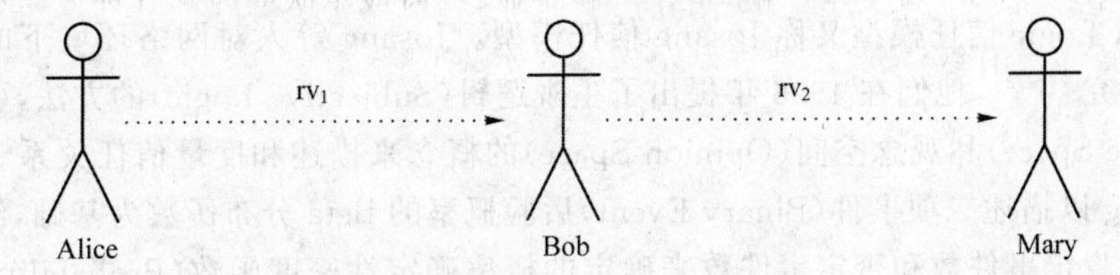

图 7-3　Alice 推荐信任 Bob，Bob 推荐信任 Mary

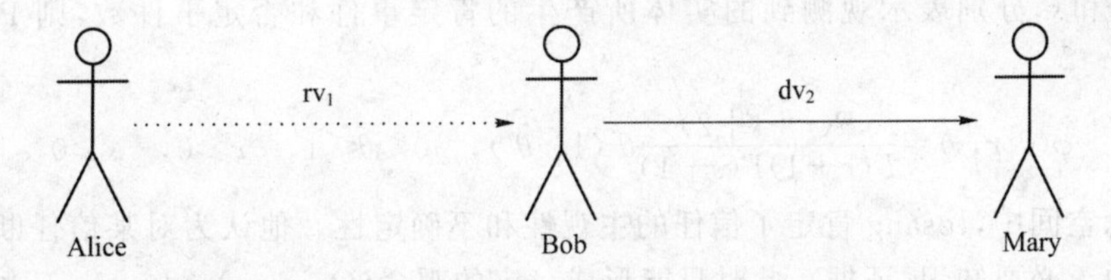

图 7-4　Alice 推荐信任 Bob，Bob 直接信任 Mary

$$v_{\mathrm{combined\_recommendation\_trust}}=\frac{1}{n}\sum_{i=1}^{n}v_i \tag{7-7}$$

实体之间也可能存在多个混合信任关系路径，如图 7-5 所示。

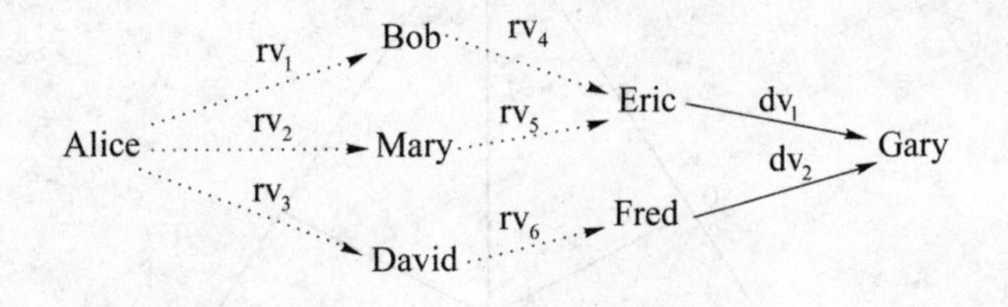

图 7-5　多个推荐关系

这种信任关系计算方式比较复杂，假设所有的推荐路径中最后的推荐实体共有 m 个（m 的数值不一定等于推荐路径的条数，因为可能存在多个推荐路径共享同一个最后的推荐实体，如 Bob 和 Mary 共享 Eric）。首先，计算每条信任路径的信任值 v。然后，把信任路径分组，分组规则是按照推荐路径中最后的推荐实体为同一个实体的分为一组，总共有 m 组。如果每组有 n 条信任路径，第 i 个推荐路径信任值为 $v_{g,i}$，那么每组的信任合并计算方式如下：

$$v_{\text{group\_trust}} = \sqrt[n]{\prod_{i=1}^{n}(1-v_i)} \tag{7-8}$$

那么所有的混合信任关系路径综合计算方式如下：

$$v_{\text{combined\_group\_trust}} = 1-\prod_{g=1}^{n}\sqrt[n]{\prod_{i=1}^{n}(1-v_{g,i})} \tag{7-9}$$

Beth 模型中直接信任的定义过于严格，仅采用肯定经验对信任关系进行度量，夸大了信任的脆弱性，将信任模型退化为“非此即彼”的形式。同时，其信任度综合计算采用简单的算术平均，无法很好地消除恶意推荐带来的影响。但 Beth 模型第一次给出了计算环境下信任的量化描述方法，并提出了相应的度量方法，其影响意义较为深远。

7.2.3 Subject logic 信任模型

Subject Logic 信任模型又称 Jøsang 信任模型。Jøsang 等人对网络环境下的信任进行了深入的研究[71~73]，他们在 1996 年提出了主观逻辑(Subjective Logic)的方法，引入证据空间(Evidence Space)和观念空间(Opinion Space)的概念来描述和度量信任关系。在证据空间中，Jøsang 以描述二项事件(Binary Event)后验概率的 Beta 分布函数为基础，给出了一个由观察到的肯定事件数和否定事件数来确定的概率确定性密度函数(Probability Certainty Density Functions，PCDF)，并以此为基础计算实体产生每个事件的概率的可信度。设概率变量为 θ，r 和 s，分别表示观测到的实体所产生的肯定事件和否定事件数，则 PCDF 公式如下：

$$\varphi(\theta|r,s)=\frac{\Gamma(r+s+2)}{\Gamma(r+1)\Gamma(s+1)}\theta'(1-\theta'),\quad 0\leqslant\theta\leqslant1,\quad r\geqslant0,\quad s\geqslant0 \tag{7-10}$$

在观念空间中，Jøsang 肯定了信任的主观性和不确定性。他认为对某信任断言的不确定性在于缺乏必要知识(证据)，此时只能形成一定的观念(Opinion)。Jøsang 巧妙地提出了用观念三角形(Opinion Triangle)表示观念的方法，如图 7-6 所示。

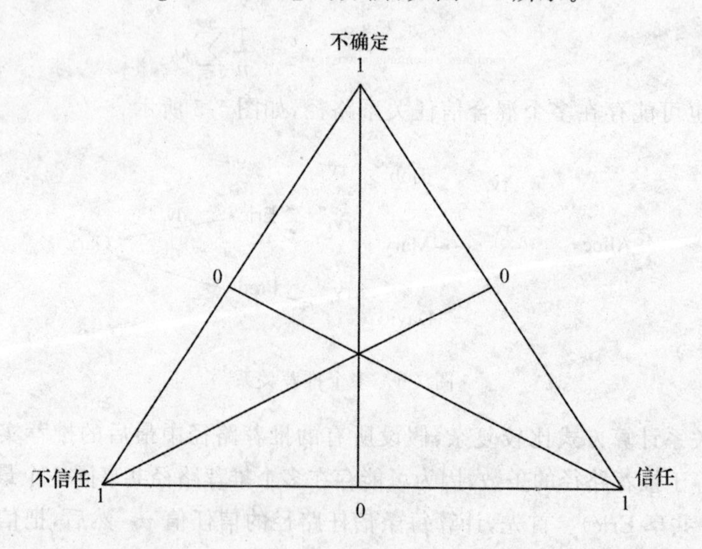

图 7-6　Jøsang 信任模型的观念三角图示

观念空间则由一系列对断言的主观信任评估组成。Jøsang通过主观逻辑方法从信任、不信任、不确定三个方面来对该断言的主观信任度进行计算，用三元组$\omega=\{b,d,u\}$来描述主观信任度。该三元组满足：

$$b+d+u=1,\{b,d,u\}\in[0,1]^3$$

其中，b,d,u分别描述对该断言的信任程度、不信任程度、不确定程度。由下式计算三元组：

$$\begin{cases} b=\dfrac{r}{r+s+2} \\ d=\dfrac{s}{r+s+2} \\ u=\dfrac{2}{r+s+2} \end{cases} \tag{7-11}$$

主观逻辑基于Shafer信念模型和概率算子。考虑到信任的计算，Jøsang还先后定义了6类算子：合并(conjunction)、析取(disjunction)、取反(negation)、合意(consensus)、折扣(discounting)和条件推导(conditional inference)等。

Grandison认为主观逻辑具有强大的推理和计算能力，在不确定性较大，且对反应速度要求较高的情况下，其性能要优于传统的Dempster-Shafer模型。但是Jøsang的模型的缺陷导致它并不适合应用到P2P网络环境。第一，Jøsang模型没有明确区分直接信任和推荐信任，无法有效地消除恶意推荐带来的影响。第二，Jøsang模型将信任的主观性和不确定性与随机性混为一谈，并不是合适的处理方法。第三，尽管Jøsang考虑了信任的传递性，也指出信任的传递是有限制条件的，但利用折扣(discounting)算子来体现信任传递中的限制也不完全合适。

7.2.4 Poblano信任模型

在Poblano信任模型中[74]，信任是用离散级别数字来表示信任程度。值域范围从−1到4，分别表示不信任、未知、最低信任、一般信任、比较信任、完全信任。信任关系的建立是通过直接交往进行评价的。Poblano模型提供三种不同的算法来对信任更新。

第一个算法：当信任者收到关于某目标客体的推荐信任时，更新算法如下：

$$a\times \text{oldTrustValue}+b\times \text{recommendedTrustValue}+c\times \text{latestUserRating} \tag{7-12}$$

式(7-12)中，$a+b+c=1$，该公式用三个相对的权值来均衡计算信任值。a和b的取值依赖于信任者和推荐者对目标客体的熟悉程度。c的取值一般大于a和b的取值，因为信任者的最近评价远比其他的评价更接近现实。该算法完全取决于信任者自己，非常自主，很难给出合理的解释。

第二个算法：稍微合理一些，在更新信任值时，根据反馈者的信任值和反馈信任值来综合评价目标者。算法如下：

$$\frac{\text{oldTrustValue}+\dfrac{\text{feedbackTrustValue}\times \text{feedbackkerTrustValue}}{4}}{2} \tag{7-13}$$

第三个算法：针对对等实体的推荐信任度，当信任者了解到推荐者所推荐目标客体的真正质量时，更新推荐者的信任度。计算方式如下：

$$\frac{\text{oldPeerTrustValue} + \frac{1}{|a|}\sum_{a \in K} \text{trustInRecommendedObject}_p^a}{2} \tag{7-14}$$

其中，变量 $\text{trustInRecommendedObject}_p^a$ 是对等实体 P 收到关键词 a 时，对目标客体的推荐度。通过$\sum$运算给出了对等实体 P 的综合推荐信任度。然后再与过去的信任值求平均值，得到当前对 P 的推荐信任度。

Poblano 模型支持信任的传递性，如图 7-7 所示，Alice 查询关键词 K，她把这个请求给 R_1，她对 R_1 的信任值是 $t(R_1)$。如果满足请求则返回结果，否则推荐其他节点。类似地，R_1 把该查询请求发送给 R_2，直到到达满足查询请求的 Bob。在这个查询链中，关键词的查询从 Alice 传送到目的节点 Bob。除了最初的 Alice，其他每个节点都被前一个节点赋予一个信任值（前面的节点作为该节点的推荐者）。这个信任值代表它的推荐者把它推荐给其他节点的推荐度。但是 Bob 的信任值代表它能够正确返回查询文件的可信度。

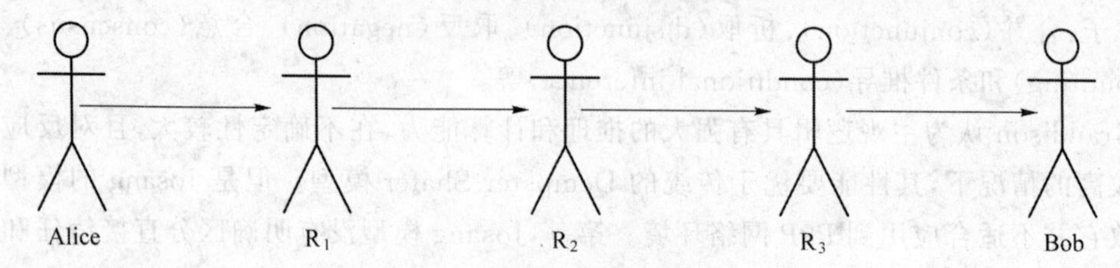

图 7-7　P2P 查询路径

7.2.5　EigenTrust 信任模型

Stanford 大学的 Sepandar D. Kamvar 等人提出了名为 EigenTrust 的 P2P 网络声誉计算方法[75]，利用节点声誉对网络节点提供服务的可靠性进行度量。EigenTrust 信任模型目标是建立全局推荐的信任模型。节点 i 的全局声誉是网络中其他节点对它的局部信任值的加权和。节点 i 对节点 j 的局部信任值通过式(7-15)，经归一化到[0,1]区间内，记作 C_{ij}，所有的 C_{ij} 便形成推荐关系矩阵 $\boldsymbol{C}$。

$$c_{ij} = \frac{\max(s_{ij}, 0)}{\sum_j \max(s_{ij}, 0)} \tag{7-15}$$

其中，s_{ij} 表示局部信任值（Local Trust Value）。s_{ij} 采用 eBay 模型的评价方法，如下：

$$si_{ij} = \text{sat}(i,j) - \text{unsat}(i,j) \tag{7-16}$$

其中，sat(i,j)、unsat(i,j)分别为节点 i 对节点 j 在历史交易中积累的满意次数和不满意次数。

EigenTrust 模型支持信任的传递性。这一点可以从它的计算原理中得出。EigenTrust 的核心思想是：当节点 i 需要了解任意节点 k 的全局可信度时，首先从直接交易伙伴（曾经与 k 发生过交易的节点）获知节点 k 的可信度信息，然后根据这些交易伙伴自身的局部推荐信任度综合出 k 的全局可信度。计算方式如下：

$$T_k = \sum_j (C_{ij} \times C_{jk}) \tag{7-17}$$

EigenTrust 的思想方法比较简单，但在具体实现中较为复杂，在信任计算方面也存在

一些问题,本书对此进行了分析。笔者认为 EigenTrust 模型的主要问题在于:

(1) 迭代的可收敛性问题。EigenTrust 在计算全局声誉值时是个反复迭代的过程,而 EigenTrust 模型的全局声誉值计算公式并不满足简单迭代的收敛充分条件。对此,Kamvar 等人提出的一个补救策略是,假定网络中始终预先存在一个固定的亚可信的节点集合 P,P 中的节点拥有至少 $T_{i(i\in p)}>f$ 的全局可信度,从而保证了计算的收敛性。但该假定使得某些节点拥有了"先天"的特权,违背了 P2P 中节点对等的原则,同时,指定哪些节点组成集合 P 也是一个较难操作的问题。

(2) EigenTrust 模型没有考虑惩罚因素。张维迎指出,对失信和欺诈行为实施严厉和迅捷的惩罚是声誉制度发挥作用的重要前提。而 EigenTrust 模型没有对造成交易失败的节点在声誉度上做出惩罚。

(3) EigenTrust 模型的协议实现没有考虑网络的性能开销,每次交易都会导致在全网络范围内的迭代,给网络流量带来较大压力,也影响了网络的正常服务,因此,该模型在大规模网络环境中缺乏工程上的可行性。

(4) 该模型没有考虑冒名、诋毁以及协同欺诈等不实评价问题。

7.2.6　PeerTrust 信任模型

Li Xiong 等人注意到不实反馈对信任管理模型的影响,提出了 P2P 网络中基于声誉的信任管理模型 PeerTrust[76]。在该模型中,她定义反馈满意度、交易总数、反馈可靠度、交易上下文因子、社区上下文因子等五大信任参数,并在此基础上提出了如下的信任生成算法:

$$T(u)=\alpha*\sum_{i=1}^{I(u)}S(u,i)*\mathrm{Cr}(p(u,i))*\mathrm{TF}(u,i)+\beta*\mathrm{CF}(u) \tag{7-18}$$

其中,相关参数的含义如下:

$\mathrm{Cr}(v)$—节点 v 的反馈可信度;

$\mathrm{TE}(u,i)$—节点 u 的第 i 次交易的交易上下文因子;

$\mathrm{CF}(u)$—节点 u 的社区上下文因子;

$I(u,v)$—节点 u 和 v 之间的交易总数;

$S(u,i)$—节点 u 第 i 次交易中的归一化满意度;

$P(u,i)$—节点 u 第 i 次交易的交易对象;

α—归一化的综合评价权值;

β—归一化的社区上下文因子权值。

对于节点的反馈可信度,Li Xiong 提出利用节点间反馈评价的相似度来进行度量,节点倾向于信任那些与自己评价意见相似的节点所给出的反馈意见。

$$\mathrm{Cr}(p(u,i))=\frac{\mathrm{Sim}(p(u,i),w)}{\sum_{i=1}^{I(u)}\mathrm{Sim}(p(u,j),w)} \tag{7-19}$$

在 PeerTrust 模型中,Li Xiong 通过交易上下文因子体现信任的上下文相关性特征,通过反馈可信度来降低不实反馈对模型性能的影响,通过社区上下文因子来激励节点提交反馈。应该说,该模型的设计还是较为完整的,其仿真实验也表明该模型评价的准确率也较为令人满意,但其缺憾还是不可避免的。Li Xiong 提出用节点间的评价相似性来计算节点评价反馈的可信度,不仅体现了信任的主观性特征,也可以有效地降低对不实反馈的影响,但是评价相似性的计算要求节点保留大量的历史交易和评价数据，同时节点反馈可信度的计算也较为复杂，对 P2P 中的网络节点在存储能力和计算能力上都提出了较高的要求。而且，由于 P2P 网络中节点交易的稀疏性，不同节点交易对象的交集常常为空，使得节点反馈可信度的计算事实上也很难得到较有意义的结果。

另一方面，Li Xiong 希望通过将社区上下文因子定义为节点的反馈提交率来激励节点提交反馈，这样的方法可能有助于反馈的增加，但效果显然有限。而且在模型中，Li Xiong 并没有对一些参数(如 α 和 β)在取值上进行具体的讨论或给出建议，在实验中，她甚至简单地将两者分别取值为 1 和 0，社区上下文因子的反馈激励作用自然也不复存在了。此外，在 PeerTrust 的信任生成算法中，只考虑了信任的主观性和信任的上下文相关性，并没有考虑信任的脆弱性。但是由于缺少现实人际交往中的背景、外貌、言行举止等一些常用信息，在网络环境下信任的脆弱性往往是最为突出的，应当在信任生成算法中有所体现。

7.3 本章小结

本章对信任领域已有的研究工作进行了综述。首先，给出了信任的定义，描述了信任的特性；其次，详细论述了信任关系的分类、建立，以及信任模型的理论基础；最后，具体介绍和分析了有代表性的信任模型。

第8章 信任管理

信任模型是信任管理系统的抽象化,信任管理则是信任模型在具体应用系统中的体现,是针对信任关系在应用中的管理(包括收集、评估、监督等)和可信决策支持进行研究。信任管理的概念首先由 M. Blaz 等人于 1996 年提出,旨在为分布式系统提供一个安全决策框架。他们对信任管理的定义是:采用一种统一的方法描述和解释安全策略(Security Policy)、安全凭证(Security Credential)以及用于直接描述授权的信任关系的访问控制模型。基于上述定义,他们认为信任管理的内容包括:制订安全策略、获取安全凭证、判断安全凭证集是否满足相关的安全策略等。旨在提供一种直接描述授权和信任关系的策略语言,并基于策略语言给出统一的策略验证算法。信任管理系统直接描述并处理授权问题,而不是通过认证和访问控制表间接地处理。信任管理要回答的问题可表述为"安全凭证集 C 是否能够证明请求;满足本地策略集 P?"。

由于其使用安全策略和安全凭证建立用于实体间授权的信任关系,因此称此类技术为基于凭证的信任管理,当前,使用策略与安全凭证的实体间自动信任协商技术也可归为此类。而着眼于信任的主观性、可度量性的信任管理技术称为基于证据的信任管理,其主要研究内容包括信任信息的搜集,以及用于信任评估的数学模型等。

8.1 基于凭证的信任管理

基于凭证的信任管理研究中将信任理解为授权关系,这种理解的根据是:授权的基础是信任,只有一个实体是可信的,才能获得授权。因此,一些文献将信任定义为访问控制信息的评估,以及对访问主体的授权。M. Blaze 等人将信任管理定义为,采用一种统一的方法描述和解释安全策略、安全凭证以及用于直接授权关键性安全操作的信任关系。基于该定义,信任管理的内容包括:制订安全策略、获取安全凭证、判断安全凭证集是否满足相关的安全策略等。M. Blaze 等人还提出了一个通用的信任管理模型,如图 8-1 所示,其中一致性验证器(Compliance Checker)是整个模型的核心,并根据输入的请求、凭证、策略以及输出请求是否被许可来判断结果。一致性验证器是该信任管理模型的核心,其设计一般要涉及以下几个主要方面:第一,描述和表达安全策略和安全凭证;第二,设计策略一致性证明验证算法;第三,划分信任管理引擎和应用系统之间的职能。

基于策略的信任管理技术主要为规范应用的安全策略和凭证提供了标准的通用机制,统一了安全策略、凭证、访问控制和授权。以标准语言书写的策略和凭证可以被所有的信任管理应用解释。信任管理策略易于通过网络分发,并可避免使用具体于特定应用的分布式策略配置机制、访问控制列表、证书解析等。相对于传统的基于身份的访问控制系统，此类系统统一了身份认证和授权两个概念，简化了复杂的授权判断。当前，典型的基于凭证的信任管理系统有 PolicyMaker、KeyNote、REFEREE、RT 等。

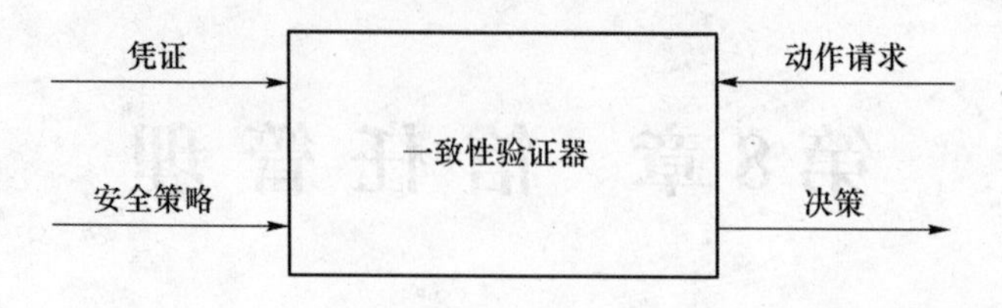

图 8-1 信任管理模型

PolicyMaker 是 M. Blaze 等人依据他们所提出的信任管理思想较早实现的信任管理系统。PolicyMaker 为网络服务安全授权提供了一个完整而直接的解决方法，取代了传统的认证和访问控制相结合的做法，并且给出了一个独立于特定应用的一致性证明验证算法，用于服务请求安全凭证和安全策略的匹配。PolicyMaker 是一个实验性质的信任管理系统，其功能相对简单，不提供安全凭证的收集和验证的功能。应用系统必须负责收集并保证足够的安全凭证用于验证相关的操作请求，还需根据安全凭证的公钥信息验证其可靠性，而 PolicyMaker 仅根据应用系统输入的操作请求安全策略集和安全凭证集来完成最后的一致性证明验证工作。这种信任管理引擎与应用系统的功能划分加重了应用系统的负担，而且可能会因为安全凭证收集不充分而导致一致性证明验证的失败。但应用系统负责安全凭证的可靠性验证，使其在选择签名算法时具有一定的灵活性。

KeyNote 是 M. Blaze 等人实现的第 2 个信任管理系统。不同于 PolicyMaker，KeyNote 在设计之初就希望能够促进信任管理系统的标准化并使其易于集成到应用系统中。为此，KeyNote 在系统的设计和实现上与 PolicyMaker 存在着很大的差别。KeyNote 提供一种专门的语言来描述安全策略和安全凭证断言，并且负责安全凭证的可靠性验证。这一方面减轻了应用系统的负担，使 KeyNote 更容易与应用系统集成；另一方面有利于安全策略和安全凭证描述格式的标准化，使应用系统能够更有效地传播获取以及使用安全策略和安全凭证。但是 KeyNote 的信任管理实质上还是基于证书的安全策略管理，其信任的形式化证明还是建立在单调证据的基础上，对于信任基本还是采取“非零即一”的简单判断。目前，KeyNote 已在 IPSec 协议[86]和网上交易[87]的离线支付等方面进行了一些应用研究。KeyNote 采用一种类似于电子邮件信头的格式来描述安全策略和安全凭证断言。

REFEREE 是 Y. H. Chu 等人为解决 Web 浏览安全问题而开发的信任管理系统。虽然其设计目标比较单一，但该系统可以较完整地实现信任管理模型所列出的各要素。REFEREE 采用了与 PolicyMaker 类似的完全可编程的方式描述安全策略和安全凭证。在 REFEREE 系统中，安全策略和安全凭证均被表达为一段程序，但程序必须采用 REFEREE 约定的格式来描述。REFEREE 灵活的一致性证明验证机制一方面使其具有较强的处理能力，另一方面也导致其实现代价较高。而允许安全策略和安全凭证程序间的自主调用则存在较大的安全隐患。另外，必须看到 REFEREE 的验证结果可能会出现未知的情况。REFEREE 能够在一致性证明验证时自动收集并验证安全凭证的可靠性，应用系统仅需给出初始的安全策略、安全凭证和验证内容以及一些必要的验证上下文信息。这一点有利于该信任管理系统的使用。

基于策略的信任管理系统本质上是使用了一种精确的、静态的方式来描述和处理复杂的、动态的信任关系，即通过程序以形式化的方法验证的信任关系，并将这种信任归结到了颁发信任凭证的信任权威，其研究的核心问题是访问控制信息的验证，包括凭证链的发现、访问控制策略的表达及验证等。应用开发人员需要编制复杂的安全策略，以进行信任评估，这样的方法显然是不适合于处理受多种动态信息影响的信任关系。基于策略的信任管理技术的主要分析的是身份和授权信息，并侧重于授权关系、委托等的研究，通常考虑了授权的绝对化，没有顾及实体的行为对实体信任意向的影响。

8.2 自动信任协商

Winsborough 等人提出了自动信任协商(Automated Trust Negotiation，ATN)的概念，并成为当前的一个重要研究方向，它是“通过信任证、访问控制策略的交互披露，资源的请求方和提供方自动地建立信任关系”。自动信任协商实现了实体间自主的、无须干预的信任协商过程。同时，在协商过程中为了保护敏感的资源，如信息和服务，需要使用公布策略(Disclosure Policies)定义逐步地公布凭证和策略的条件，避免了一般的信任管理系统中服务请求者和服务提供者之间安全敏感信息的不必要泄露，从而更有效地保护了应用的安全。一个典型的信任协商在对方发出资源访问请求时触发，双方根据自身的访问控制策略通过逐步地交换凭证而渐进地增加相互的信任。协商的目标是发现凭证的序列$\{C_1, C_2, \cdots, C_k, R\}$，$R$ 是最初所请求访问的资源，只有当之前对方公布的凭证序列满足了本地一定的策略要求后，凭证 C_i 才可被公布，并在公布 k 个凭证后双方达成访问资源 R 所要求的信任，若该序列被发现，则协商成功，否则，协商失败。

为了实施信任协商，协商双方需要定义一定的协商对策(strategy)，以决定在特定的协商阶段可以公布的凭证，不同的协商对策的定义通常考虑了协商速度、发布凭证和策略时的谨慎程度等因素。协商协议的效率主要看其计算和通信开销。通信开销包括消息交换的数量和大小，而协商的通信和计算开销都也依赖于所采用的对策。

目前，ATN 的研究已经得到国际学术界的广泛关注，BYU 大学 ISRL 实验室的 Seamons 和 UIUC 大学 Winslett 等人联合承担了 ATN 的研究项目 TrustBuilder。前者主要担负 ATN 应用系统的研制；后者主要从事关键理论和技术的突破。他们开展了大量的研究工作，奠定了扎实的应用基础。TrustBuilder 是当前较为著名的信任协商系统，其提供了多种协商对策，其独立于对策的协商协议，保证了不同的对策的互操作性。TrustBuilder 体系结构中的凭证验证模块、策略一致性验证模块、协商对策模块构成了系统的核心。当前与 TrustBuilder 相关的研究开始关注于信任协商的其他方面，如敏感策略、隐私保护机制。此外，Stanford 大学的“动态协作的快捷管理(Agile Management of Dynamic Collaborations，AMDC)”项目和 NAI 实验室的“基于属性访问控制(ABAC)”项目也在开展有关 ATN 的理论和应用研究；其他如 IBM Haifa 研究院的 Trust Establishment 项目、德国 Hannover 大学的 PeerTrust 项目[93,94]也在积极从事相关的研究和应用工作。

但是，ATN 整体性研究工作尚处于初级阶段。特别是陌生方建立信任所依赖的属性信任证和访问控制策略，都可能泄露交互主体的隐私信息。隐私保护被个人、商业、政府和学术领域广泛关注,并逐渐成为提高网络服务质量和用户接受程度的主要因素。隐私的泄露不仅威胁到个人敏感数据,还会带来巨大的商业损失。

8.3 基于证据的信任管理

基于凭证的信任管理系统的本质是使用一种精确的理性的方式来描述和处理复杂的信任关系。但在信任管理思想提出之前和之后,都有一些学者,如 D. Gambetta、A. Adul-Rahman 等人,认为信任是非理性的,是一种经验的体现,不仅要有具体的内容,还应有程度的划分,并提出了一些基于此观点的信任度评估模型。信任度评估模型主要涉及以下两个问题:第一,信任的表述和度量;第二,由经验推荐所引起的信任度推导和综合计算。本书将这类着眼于信任的主观性、可度量性的信任管理技术称为基于证据的信任管理,其主要研究内容包括信任信息的搜集,以及用于信任评估的数学模型等。目前研究较多的信誉管理机制[43]就是这类信任管理系统的典型代表。

信誉管理系统是使用信誉机制推导信任关系的框架,这里给出信誉管理系统的定义:一个信誉管理系统就是一个四元组(G,W,A,T),这里G是有向的信任关系图(P,V),P是系统中的实体/节点集合,F是节点间信任关系的集合,A是处理反馈信息并输出任何实体可信性$t \in T$的算法,T是信任表示的集合。信誉机制最初应用到在线交易社区(Online Trading Communities)用于构建信任和促进合作,如 eBay。由于用户的高度动态性使传统的质量保障机制不起作用,信誉机制则使松散的系统用户间可以相互评估,并由系统综合得到每个用户的信誉。信誉管理系统负责搜集、更新、扩散网络中节点的信任反馈信息,并评估其可信性。社会结构(Social Structure)的概念也广泛地被信誉管理方案所使用。社会结构是实体或群组间的交互关系,体现了交互的连续性。H. Miranda 等人给出了使用社会关系结构进行信任推导的方案。在模拟人际网络的信任和信誉模型中所研究的信任关系更强调了信任的主观性、可度量的特征,且一般都区分了直接信任、间接信任和推荐信任,如 Beth 模型。

基于证据的信任管理系统需要解决如下几个方面的问题:信任信息的存储和搜集机制;信任的计算模型(适合应用的信任决策机制)。当前,基于证据的信任管理技术的研究较为活跃,主要从如下的几个主题入手:分析和评估现有模型或机制的性能,如计算和存储开销、健壮性和可扩展性等;设计新的机制并模拟其影响,如为抵御恶意推荐攻击而设计的新机制;为新的应用引入信任管理解决方案,如普适计算。当前的研究通常借鉴和融合了多个学科的研究成果,如经济学、社会和心理学、政治学、管理学。经济学中已研究多年的信誉的形成和社会学习现象同样也适用于 P2P 等开放系统;心理学则从情感和认知的角度来解释和预测个体的行为;社会学则从组织或社会层次来分析信誉机制的影响。

8.4 信任管理技术的发展趋势

在基于凭证的信任管理系统中,实体通过使用凭证验证来建立同其他实体的信任关系,此类系统的主要的目标是实施访问控制,其信任管理概念仅限于凭证验证,并根据具体应用的安全策略来对资源访问实施控制,只有资源所有者验证请求实体的凭证才能提供其访问权限。因此基于凭证的信任管理系统存在以下不足:

(1) 安全度量绝对化,采用策略一致性证明验证的方法进行安全度量和决策,该方法过于精确,不能很好地适应分布式环境下的多变性和不确定性。

(2) 安全策略验证的能力和效率有限,并且大部分信任管理系统在策略一致性证明验证前必须收集足够的安全凭证。

(3) 难以处理不确定的安全信息。

(4) 将信任视作一个静态的概念,需要使用代码来评价信任,因而不能充分地模拟信任的动态性、主观性,以及可度量性。

(5) 安全策略的制订过程较为繁杂,阻碍了信任管理系统的实际应用。

随着分布式计算技术的发展,如P2P、Grid等开放系统的广泛应用,系统环境更趋向于开放、动态,其中的节点具有更大的自主性,节点间的协作具有更大的动态性,仅使用凭证的方式来表达节点间的信任关系具有明显的不足,在此类开放系统中节点间的相互信任关系通常受到对方的行为表现的影响而呈动态性,且各个节点有自身的主观倾向,这些都无法使用静态的策略进行表达,因此基于凭证的信任管理技术不可能为所有的分布式应用提供完整的、通用的信任管理方案。基于证据的信任管理提出的信任度量和评估,其实质是采用一种相对的方法对安全信息进行度量和评估,能够贴切地模拟人类社会中的信任机制,较好地反映分布式环境下的多变性和不确定性。并且该方法较适合搜集、处理、扩散其他实体在系统中多方面的信息从而实现信任信息收集评估的自动化,相应地也可以评估其所提供资源或服务的信任。但当前几个代表性的基于证据的信任模型还存在一些问题和挑战:

(1) 信任的表述和度量的合理性有待于进一步解释,现有的模型倾向于采用事件概率的方式来表述和度量信任关系,都是基于一定的概率分布假设。

(2) 现有的模型大多采用求简单算术平均的方法综合多个不同推荐路径的信任度,因此不能很好地解决恶意推荐对信任度评估的影响。

(3) 当前的信任度评估模型缺少灵活的机制。

(4) 信誉机制中的Freerider现象不能很好地被解决。

(5) 有些模型虽有信任的推导和综合公式,但没有解决初始信任值如何获得的问题。

这两种信任管理技术分不出孰优孰劣,前者建立了稳定的、可验证的信任关系,而后者建立了动态的、主观的信任关系。笔者认可T. Grandison统一的这两种信任管理技术的定义:信任管理是在Internet应用的信任关系评价和判断中,搜集、整理、分析、评估与能力、诚实、安全或可靠性相关的证据的活动。Povey也给出了一个更具一般性的信任管理定义:信任管理是信任意向(Trusting Intention)的获取、评估和实施。当前的信任管理技术研究中也引入了其他决策因素,如风险、开销、收益等。

8.5 本章小结

本章论述了不同的管理技术,包括基于凭证的信任管理、自动信任协商和基于证据的信任管理,最后分析了信任管理技术的发展趋势。

第9章　信任管理系统的设计

本章重点介绍了信任管理系统的设计。本章主要围绕信任管理系统的设计要求，以移动P2P网络的信任管理系统设计为实例进行了详细说明，最后介绍了信任模型的评估方法。

9.1　信任管理系统的设计要求

在信任管理系统中，信任的评价准则与特定的应用需求相关。一般来说信任管理系统的建立需要考虑以下设计原则。

(1) 身份标识的唯一性：匿名是移动网络环境的重要特性，对节点真实身份的保护可以为其屏蔽一定的恶意行为。例如，在路由时使用中介节点作为代理防止响应的节点知道真正的原始节点。有一系列协议和体系结构关注如何保护节点的匿名性。然而，它们都忽略了节点之间的信任关系。由于信任和匿名之间固有的折中性，信任管理系统需要给每一个节点加入身份标识使其与信任信息相关联。身份标识由节点自主管理，且具有可认证性、不可冒充或窜改性。这里的身份标识不同于节点主机/用户的真实身份，身份标识只是假名，并不破坏匿名的要求。信任管理系统中实体的身份标识必须唯一，否则同一主体很容易利用多个身份进行恶意破坏活动，影响对等资源共享。Douceur 认为在无中心节点参与下建立节点标识是可行的。例如，PRIDE 中每个节点都可以自己生成公钥/私钥对，并将公钥作为其身份标识。

(2) 健壮性：任何信任管理模型的设计必须保证节点避免相互进行勾结进行协同作弊，节点间的诋毁和夸大都会影响到模型的有效性。恶意节点日益增多，攻击行为花样翻新，这对信任系统的健壮性提出了更高的要求。这要求信任系统的设计要能保证节点间消息传递的安全性，其内容不能被恶意地窜改，且在信任计算中可以有效地区分诚实的和不诚实的反馈。好的信任模型既要能对现有的攻击方式有效处理，还要能自适应地学习、分析、预测和处理未来恶意节点的攻击行为。另外，系统可采用一定的机制激励诚实的节点，惩罚不诚实的节点，保证系统良性运转。健壮性是衡量一个信任模型性能优劣的重要指标。

(3) 扩展性：节点数目的增加导致了节点间信任关系信息的增加，信任信息查询请求数量的增加以及网络流量的增加。因此为了维护更大量的信任关系会导致每个节点更多的存储和计算开销，影响到系统的扩展性能。要提高信任系统的可扩展性，需要考虑带宽成本、资源存储成本、负载均衡等问题。

(4) 最小开销性：首先由于大量用户的参与，必须控制用户间交互的流量开销，否则会严重地影响到系统的性能，以及其可扩展性；其次由于大部分移动终端设备具有处理能力弱、存储能力有限以及待机时间较短等特点，系统设计的时候应该考虑到移动终端设备的计算能力和存储空间的消耗。

(5) 容错性:系统的另一个重要特点是不断变化的拓扑结构,这是由节点随时都会加入、离开系统的瞬变本质决定的。容错性在这样的情景下指的是信任模型适应系统瞬变特性的能力。当节点加入或离开系统时,不仅需要建立新的信任关系,而且信任值和交易信息也需要在节点间复制来确保信任数据的可用性。需要保证信任信息的可用性是因为如果无法得到信任信息会导致节点信任恶意节点。然而,信任信息的复制可能导致节点个人信任信息的隐私受到破坏,导致系统不可能是真正分布式的。

(6) 信任值的动态调节:由于节点自主管理其身份,这可能导致恶意节点在信任下降后不断地改变身份标识,以新身份标识重新获得信任,这种不断改变身份的攻击称为 Sybil 攻击。为了解决这个问题已有的信任管理系统通常赋予新进入的节点最低的交互权限,但其带来的后果是使新节点花费很长的时间积累足够的信誉来进行交互,在这种节点频繁进入和离开的环境下,极大地降低了网络的性能。因此系统需要能够动态地调节节点的信任值以反映节点当前的可信性,使其有机会同其他节点交互。

(7) 激励机制:信任系统要能够提供适当的激励机制,一方面要激励节点对其他节点给出正确的评价,另一方面要对节点的良好行为产生激励,使其有动机累积信誉。R. Jurca 等人给出了一个激励方案(Side-Payment)来鼓励实体提供真实的信誉信息,Agent 间可以出售或购买其他 Agent 的信誉信息,对于提供不真实声望信息的 Agent,其货币将减少,影响其使用系统的信誉信息,从而达到激励的效果。另外,有一些方案中将声望视为可交换的虚拟货币,如 R. Gupta 等人的声望管理框架。

(8) 可靠性:可靠性描述了信任模型基于过去的经验和/或从其他节点获得的信息帮助节点正确确定能够信任其他节点的范围。信任模型应能够帮助节点识别并成功防备由恶意节点传播的伪造信息包括错误信任值,并能采取正确的反对行动。这些正确的行为可能包括教育其他节点防备恶意节点和使伪造信息无效。此外,信任模型的可靠性也由其容错性决定。有更好容错性能的信任模型被认为更可靠。

9.2　信任管理系统的设计实例

在分析信任管理系统的设计需求的基础上,以移动 P2P 网络为例,介绍如何为分布式系统设计信任管理的总体解决方案。

9.2.1　移动 P2P 网络模型

移动 P2P 网络与传统的 P2P 网络类似,可以表示为一个有向图 $G=(P,E)$,这里 P 是节点集合,E 是边的集合,(i,j) 表示了节点 i 到 j 的链接,$i,j\in P$,P2P 网络中的链接是非对称的,其代表了节点的资源(服务)查询消息的转发通道,$N(i)=\{j \mid (i,j)\in E\}$ 表示了节点 i 的直接邻居节点集合,即节点 i 可将查询消息转发到的邻居节点。这样形成的网络称为覆盖网络(Overlay Networks)[77] 或 P2P 网络,覆盖网络是建立在已存在的一个或多个网络之上的一个间接的或者是可视化的抽象。利用覆盖网络,可以不需修改已存在的软件协议和网络的底层结构而快速地添加新的网络功能。这是由于从协议分层的角度来看,覆盖网络一般构建在 TCP/IP 之上,或者说覆盖网络是由 Internet 上的若干端系统(End System)组建的一个虚拟的网络。由于覆盖层是信任管理机制运行的基础平台,因此本节对覆盖层的拓扑结构进行了简要的介绍。目前,覆盖网络有四类常见的拓扑结构:以Napster为代表的集中式拓扑,以Chord[79]等为代表的基于分布式哈希表的结构化拓扑,以Gnutella[78]为代表的无中心无结构的拓扑和最新的混合结构的拓扑。

(1) 集中式拓扑

Napster采用集中索引,分布下载的方式。使用专门的中央索引节点保留了在P2P网络中可得到的活动节点信息和其上的共享资源的目录信息。当一个节点加入网络时,该节点就发送一份其上存储的所有文件的名单给中央索引节点,中央索引节点将保存每个节点加入系统时提供的文件列表名单并进行动态更新。节点向中央索引节点提交查询,然后使用中央索引节点返回的数据对象3索引从拥有数据对象的节点下载该对象。这类系统定位开销为$O(1)$,同时系统的维护开销为$O(1)$,且实现和维护较为简单。存在的一个主要问题是索引节点的单点失效问题。Napster并不是一个纯粹的P2P系统,而是一个C/S模式和P2P模式融合起来的系统,它的资源查询采用的是集中式的方式,而在资源获取时采用的是P2P方式。图9-1为Napster体系结构。

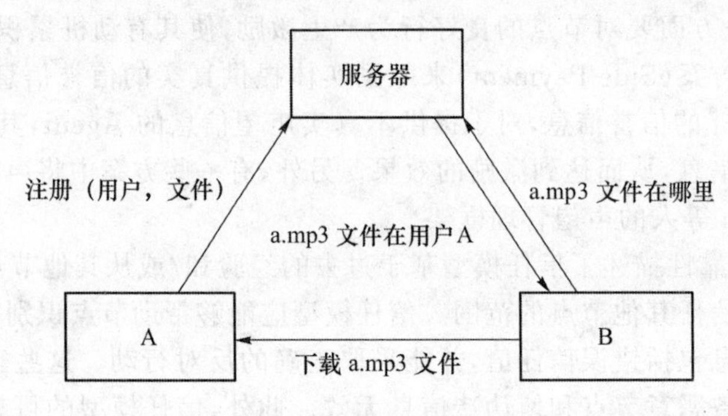

图9-1 Napster体系结构

(2) 结构化拓扑

结构化的P2P网络中,每个对等节点上都保存有部分索引信息,这些分布式索引表一般要求很小,这些索引信息给出了资源所在的位置,一般不是文件所在的真实位置,因而与传统的目的地索引不同。这类网络中节点之间的拓扑关系符合一定的规则。不失一般性,结构化P2P网络首先为每一个节点分配虚拟地址(ID),同时用一个键值(key)关联网络中的某个资源(value),形成一个二元组(key,value)。通过一个哈希函数hash,将键值(key)转换成一个哈希值hash(key)。网络中节点相近的定义是它们的虚拟地址相邻,节点发布信息的时候就把资源和键值构成的二元组(key,value)发布到具有和hash(key)相近地址的节点上去。资源定位的时候,就可以快速地根据hash (key)找到相近的节点(ID)然后获取相关的资源。上面给出的是分布式哈希表(Distributed Hash Table,DHT)的基本功能。DHT核心思想是P2P网络中每个节点(资源)通过Hash获得一个ID (key),标识自己。节点根据自己的ID负责一部分key空间,资源根据自己的key映射到相应的节点;节点维护一个路由表,定位资源时查询路由表进行选择性转发,最终找到负责该资源的节点。DHT可以作为分布式应用的基础。基于这种思想出现了几类典型的P2P覆盖网络,如Chord[79]、CAN[80]、Pastry[81]、Tapestry[82]等。它们都是基于分布式哈希表的,其本质都是一样的,只是在如何关联资源(value)和键值(key),如何寻径负责存放给定键值(key)的节点(ID)等方面有所不同。

Chord是一种结构化P2P网络,它的主要应用有分布式存储、文件共享等。本书主要介绍其拓扑构造和资源查找方法。基于DHT,节点和资源都被哈希函数映射到一个相同的地址空间。可以用一个 $0\sim2^m-1$ 的整数组成的环来表示这个空间。在该空间中，节点的哈希值被称为节点 ID，资源的哈希值被称为键值，每个节点负责一段地址空间中的键值，这段地址空间表现在环中就是介于该节点（包括该节点）和该节点的前继节点之间的圆弧。节点还维护了供查找使用的路由表（Finger Table），这个路由表的第 k 条记录为在地址空间中和该节点的距离大于或等于 2^{k-1}（$1\leqslant k\leqslant m$，地址空间为 $0\sim2^m-1$）的最近节点。图 9-2 是一个地址空间为 $0\sim2^6-1$ 的 Chord 环，节点 N_8 负责的键值的范围为 $1\sim8$，它的路由表中第 4 项记录为 N_{21}，表示距离该节点大于或等于 8（$8=2^3$）的最近节点为节点 N_{21}。

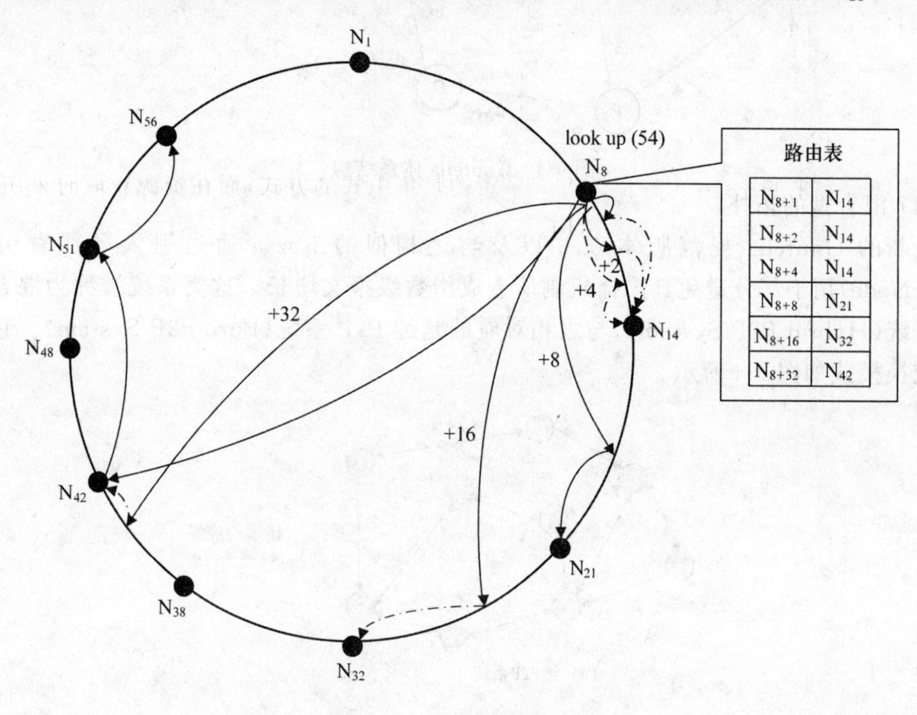

路由表	
N_{8+1}	N_{14}
N_{8+2}	N_{14}
N_{8+4}	N_{14}
N_{8+8}	N_{21}
N_{8+16}	N_{32}
N_{8+32}	N_{42}

图 9-2　节点 N_8 的路由表

Chord 的基本功能是提供分布式查找服务，即给定一个键值，找到负责该键值的节点。在查找的时候，节点首先判断自己是否负责该键值，如果没有负责该键值，则节点根据路由表中的一记录，将这个查询请求转发给路由表中和该键值最接近的节点，以此类推，直到最终找到负责该键值的节点。如图 9-2 所示，节点 N_8 查询负责键值为 54 的节点，通过 3 次转发，最终找到负责该键值的节点的为 N_{56}。

（3）无中心结构的拓扑

以 Gnutella 协议为基础的文件共享系统采用完全分散的分布式结构。在这类系统中不存在中央索引节点，所有节点对等地组成重叠网络，对共享文件的搜索是通过向网络（或其子集）广播查询消息来工作，以期找到与查询对应的结果。这类系统的拓扑维护开销为 $O(d)$，定位开销为 $O(N)$，其中 d 为系统设定的节点邻居个数（应用中一般为 3～20），N 为系统规模。广播搜索机制不具有良好的扩展性，因为每产生一个查询，就会由于消息在网络中泛滥而导致大量的网络带宽消耗。Ritter 分析了 Gnutella 搜索协议之后得出：在一个拓扑为树型、分支为 8 的 Gnutella 系统中，为了搜索一个 18 字节的字符串可能仅仅进行文件定位会产生 1.2 GB 的网络流量。图 9-3 为 Gnutella 体系结构。

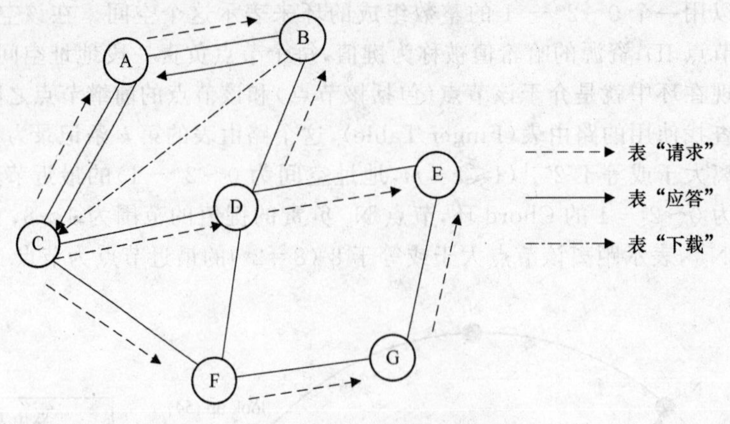

图 9-3　Gnutella 体系结构

(4) 混合型的拓扑

最新的 Gnutella 规范版本 0.6 以及与之相似的 Kazaa 通过引入局部索引节点(SuperNode)用于部分避免其广播机制所造成指数级报文增长。这类系统被称为混合结构 P2P 系统(Hybrid P2P System),与之相对应的是纯 P2P 系统(Pure P2P System)。它们的信息交换模式如图 9-4 所示。

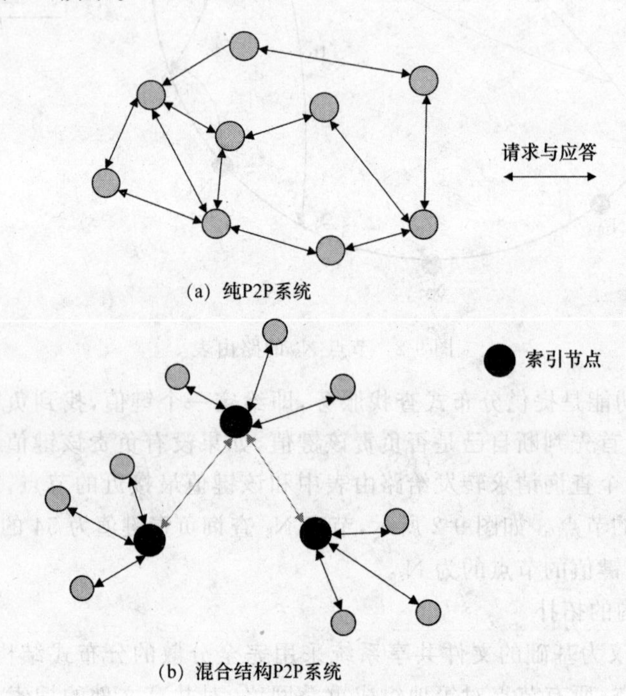

图 9-4　纯 P2P 系统和混合结构 P2P 系统

Gnutella(版本 0.4)就近似于纯 P2P 系统。纯 P2P 系统完全没有中心的概念,所有的节点都是对等者(Peer),存储、交换、搜索都是在对等者上完成的。混合结构 P2P 系统将分布式系统与集中式相结合,节点之间并不完全对等,而是根据节点的物理属性(如带宽、CPU 速度等),选出部分能力强的节点作为索引节点(SuperNode,也称为超节点)。索引节点和其他节点有不同的功能定位,索引节点搜集相关信息,负责记录共享信息以及回答对这些信息的查询,而共享资源则分布在各个对等者(Peer)上。对等者首先向索引节点发出请求,获得相关对等者的地址信息之后,信息交换仍发生在两个对等者之间。这类系统中,要求索引节点必须能够处理大量的用户连接,拥有足够的内存和磁盘空间来维护和搜索文件列表,并连续运行。

9.2.2　移动 P2P 网络的层次模型

目前许多 P2P 系统都遵循各自的体系结构,很少有研究者概括地把 P2P 系统一些通用的功能模块化,提出一个较普遍适用的 P2P 系统体系结构。本书按照模块化思想对 P2P 体系结构提出了一个通用的层次模型,如图 9-5 所示。

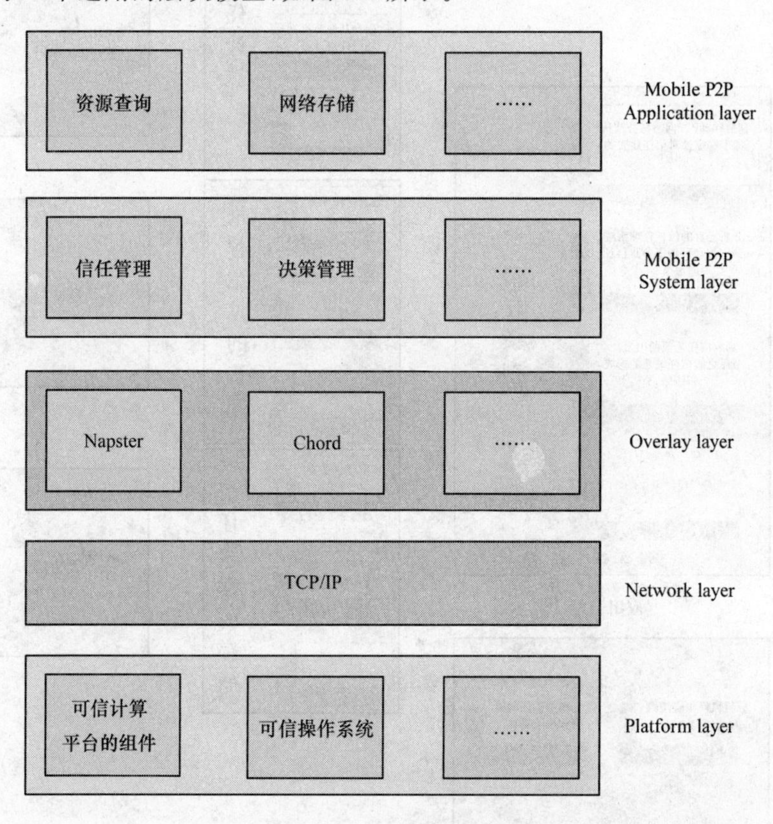

图 9-5　P2P 体系结构的层次模型

移动 P2P 系统的特性体现在底层网络中的节点(如 Internet 主机)具有自治性、动态性和异构性,如何应对这些问题是 P2P 系统面临的挑战。本书给出的层次模型的出发点是在底层网络之上构建 P2P 覆盖层和 P2P 系统层,用于屏蔽底层网络的动态性和异构性等不稳定因素。

P2P 平台层以 TCP (Trusted Computing Platform)[83]为基础,通过对可信组件的控制保证了每一个移动节点都运行着安全可靠的系统,这在很大程度上确保了之上的系统层和应用层的安全。P2P 覆盖层主要的功能是构建和维护 P2P 覆盖网络。P2P 系统层提供 P2P 应用层通用的一些功能,如信任管理、风险管理等。这些功能模块为 P2P 应用层提供了一套 API,P2P 应用程序通过调用这些 API 来实现节点的信任评估、交互决策等功能。系统层提供的这些功能模块应当可以根据具体的 P2P 应用来定制。P2P 应用层使用系统层提供的接口来访问系统层和覆盖层为 P2P 应用提供的功能,这些功能的具体实现对 P2P 应用程序是透明的。具体的 P2P 应用有 P2P 数据存储、资源查询等。

9.2.3 移动 P2P 网络信任管理系统总体解决方案

为了使所提出的信任管理系统解决方案具备一定的通用性，把信任管理独立出来作为服务层一个功能模块。所设计的信任管理系统解决方案包括两部分：信任模型和交互决策模型。移动 P2P 网络信任管理系统总体解决方案如图 9-6 所示。

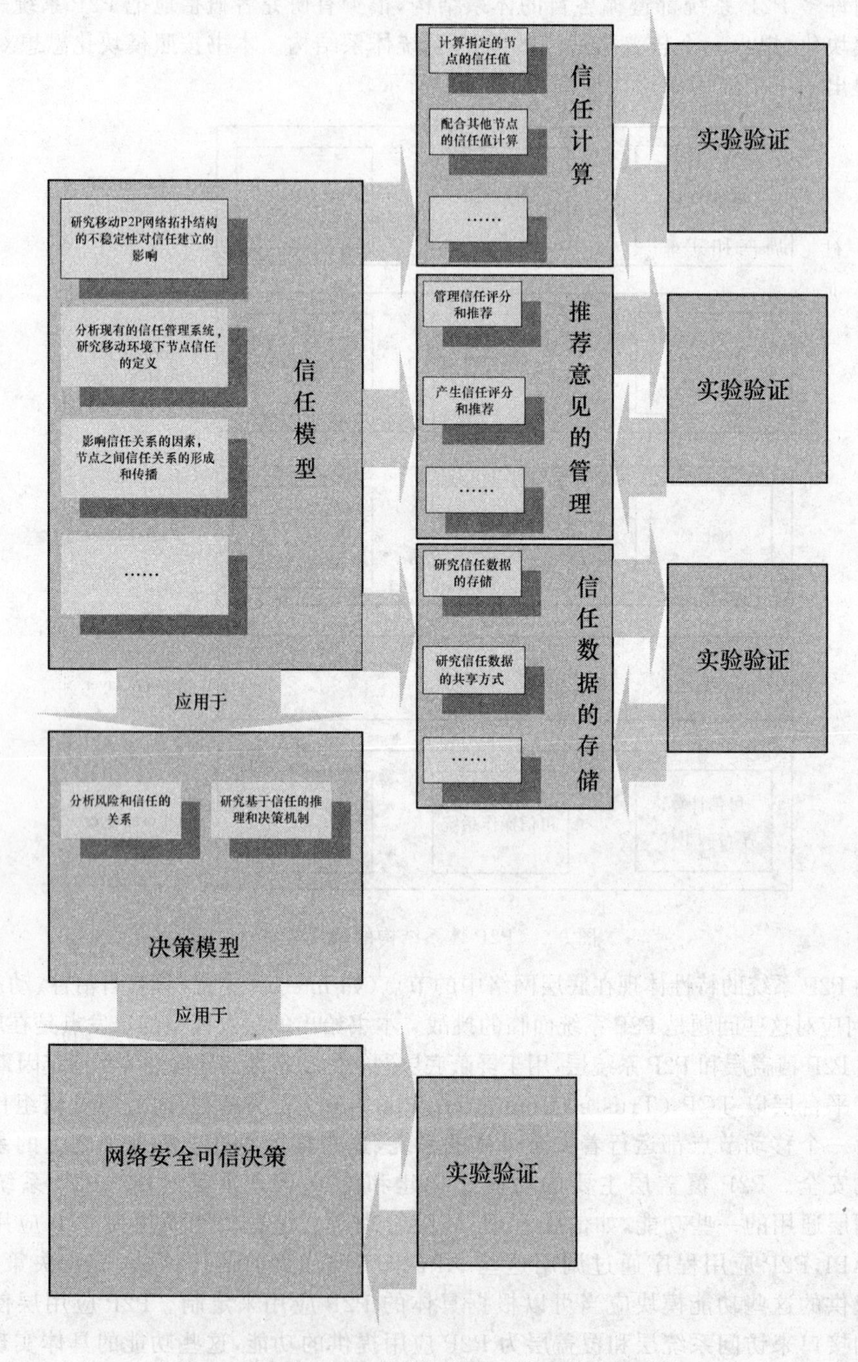

图 9-6　移动 P2P 网络信任管理系统总体解决方案

信任模型的主要工作是提供对指定的节点的信任评估，包括三个方面：第一，信任计算。计算指定的节点的信任值，或配合其他节点的信任值计算（例如，响应其他节点的对信任数据的请求）。第二，信任数据的存储。第三，推荐意见的管理。对与其交互过的节点产生信任评分和推荐，管理其他节点提交的信任评分和推荐。

交互决策模型的主要工作是提供对指定的节点的交互决定。

9.3　信任模型评估方法

现有的信任模型评估方法可以分为五类：社会调查及实验、经典问题模拟、举例说明、实验模拟和实际应用检验。其中，实验模拟是本书采用的重要评估手段。

(1) 社会调查和实验

社会调查和实验主要应用于社会学和心理学领域对信任的研究中[84,85]，实验的方法从社会问卷调查[86,87]到更加抽象的社会学、心理学和社会科学实验。这种信任评估方法的结果和人们日常对信任的认识一致，容易被人们接受。但是，实验规模的限制以及与可计算信任模型存在的巨大差异，导致了这种方法并不适合评估计算机领域的形式化信任模型，而仅仅为信任管理提供了部分基本理论支持。

(2) 经典问题模拟

很多学者通过使用模拟信任模型解决一些著名的问题来说明信任模型的效果，或者采用举例的方式说明信任模型的应用。广泛用于信任模型评估的问题包括囚犯难题[88]、Zadeh 的例子[89]、PlayGround[90]等。此类经典问题的特点是为信任模型提供了一个限制条件下的、简单而典型的例子，通过模拟这些经典问题可以说明信任模型的原理，并实现同类模型之间的评估效果比较。然而，这类问题和现实中的交互行为存在较大的差异，很难说明信任模型的实际应用效果。

(3) 举例说明

通过举例可以说明信任模型中很多具体问题[91]。举例的优势在于可以明确设定特定的场景及应用环境，针对信任模型设计中的具体问题以及各种不同情况来进行说明。同时，对模型论述中的一些特殊问题，也可以通过例子加以明确的表达。举例说明简单明了，特别适用于一些难以通过实验模拟的特殊情况（极端情况）。其缺点体现在例子往往不能用来描述复杂的状况，不能评估信任模型在具体应用中的效果。

(4) 实验模拟

实验模拟是目前采用最广泛的信任模型评估方法[76]，通过计算机来模拟具体的应用场景及实体之间的交互行为，可以从多个角度评估信任模型在解决实际问题时的效果。随着分布式信任模型研究的增多，为了评估信任模型在 P2P 环境、移动自组网和普适计算环境中的效果，实验模拟已经成为信任模型的主要评估手段。

(5) 实际应用检验

实际应用检验指两种检验方式：一种是在具体应用系统中实现了某一信任模型，并通过实际运行情况加以检验[92]；另一种是利用在实际应用中采集的真实数据，模拟采纳信任模型对实际应用程序的提高程度[74]。实际应用检验的方法具有很强的说服力，也是对模型的可扩展性、强壮性的考察。其缺点在于三点：第一，需要在具体应用中实现信任模型，工作量大，评估周期长；第二，需要进行长期的评估，同时，应用的规模、形式、强度也限定了信任模型评估的范围；第三，实际情况不可任意配置的性质使得评估的范围有限，可能无法评估到某些可能情况，因此，当应用环境发生很大的变动时，信任模型的评估效果变得不可估计。

9.4 本章小结

本章首先分析了信任管理系统的设计要求，然后以移动 P2P 网络信任管理系统为设计实例对覆盖层的拓扑结构进行了简要的描述，并在此基础上对我们所提出的移动 P2P 网络信任管理系统的总体解决方案进行了介绍。最后对信任模型评估方法进行了说明。

第 10 章 云计算环境下支持移动 P2P 应用的层次化信任模型

云环境下网络的异构性和节点之间的动态性给信任模型的建立带来了极大的挑战。这些特性使得传统的信任模型并不适合应用到云计算环境中。目前云环境下的移动设备由于受其处理能力、存储能力以及待机时间较短等限制,大多是通过一个移动代理服务器实现移动 P2P 应用。Kato 等详细描述了这种使用移动代理服务器的 Mobile P2P 应用体系结构。我们受到这种思想的启发,提出了以组为单位的层次化移动 P2P 网络信任模型(Group-based Mobile P2P Trust Model,GMPTM)。GMPTM 采用了一种以局部信任为主的组管理方式。把具有相同移动代理的移动节点归属到同一个组。移动代理在移动节点和网络其他部分之间传递、传播信令业务和数据业务并负责该组内节点的管理及维护工作。并且移动代理之间也与其他节点一样可进行正常交互。在一个移动 P2P 网络里有多个这样的组。信任关系粒度被划分为两个层次:组间信任关系和组内信任关系。GMPTM 与一般 P2P 信任模型相比有两点好处:第一,对节点之间的动态关系有更好的适应能力,避免了一般信任模型中复杂的信任计算过程,简化了信任计算的复杂性。第二,通过较小的群组实现了更好的信任评估效果,避免了全局信任计算中节点间大规模的信息交换,极大地降低了分布式信任计算中的通信负载。模拟试验表明,GMPTM 有效地解决了节点之间的动态信任关系建模问题。在保证信任评估效果的前提下能够有效识别恶意节点,具有降低通信负载,抗攻击能力强等优点。

10.1 层次化的信任模型 GMPTM 的提出

无数事实证明,节点之间信任问题是制约 P2P 网络应用进一步发展的主要障碍。节点的可信度也是其主观和客观特点的综合体现,通过度量不同节点之间的可信度,可以提高移动 P2P 网络的效率。已有的信任管理系统自身存在很多不足和限制,且在移动环境应用中常常无法适应移动 P2P 网络拓扑结构的不断变化。P2P 系统对于节点之间的动态信任关系缺乏表达能力,且有的模型缺乏对移动终端设备处理能力弱、存储能力有限以及待机时间较短等特性的考虑,为了完成全局信任值的计算和传播,在节点之间频繁地交换信任信息并进行相应的计算,造成巨大的通信量和计算负荷。另外,P2P 系统节点的天生自私性也极大地妨碍了信息资源的共享。例如,一些节点只使用资源,而不贡献自己的资源。这非常明显地表现在 free-riders 问题和公共地悲剧[125]这两个方面。因此需要设计相应的机制来刺激节点参与的积极性。如何结合异构融合环境的自身特性为移动 P2P 系统建立信任模型,给当前的研究提出了挑战。由于大多数移动P2P系统均为基于代理的系统,本书受到这种思想的启发提出了GMPTM。GMPTM需要完成的主要任务有:第一,组的直接信任关系的评价;第二,组内成员的信任度评估;第三,信誉度的计算;第四,信任关系数据的存储。本书重点针对移动P2P中的信任机制展开研究,而就有关移动代理的具体配置、组织等问题在此不加以深入讨论。在GMPTM中,具有相同移动代理的移动节点被归属到同一个组。在一个移动P2P网络里有多个这样的组。信任关系被划分为两个层次:组间信任关系和组内信任关系。

(1) 组间信任关系:在组间信任关系中,信任关系是组和组之间的,信任评价的对象是以组为单位。组的信任度是由其他组评价的,评价依据是根据该组内所有成员在网络中的表现。因此组的信任度是组内所有节点在网络中一切行为的综合体现。

(2) 组内信任关系:组内成员节点除了能够继承组的信任度以外,还具有组内信任度权值。组内信任度权值是由移动代理来计算的。移动节点的可信度决定了它的组内信任度权值的大小。通过组内信任度权值的设置可以有效地遏制移动节点的恶意行为,具体细节见10.5.3。

同时还针对网络中的诋毁及合谋欺骗,提出了从信誉度算法方面和信任数据方面来抑制这两种攻击行为。以此过滤恶意节点提供的虚假的或不公正的评价,激励节点做出公正的评价。

10.2 信任模型GMPTM的结构和原理

GMPTM定义了管理组和实现信任传播的相关算法,整个信任网络采用“小世界”的方式实现信任管理,每个移动代理维护一个信任群组。这种通过群组的信任评估方式,能够有效地适应移动P2P网络拓扑结构的不断变化,同时最大程度地降低了信任计算的复杂性,为移动终端节省了资源。

在GMPTM中,将所有移动节点以组为单位进行划分,每个组只有一个移动代理。简单起见,GMPTM假定每个移动节点只属于一个组。

从Trustor的角度,GMPTM信任模型的工作原理可以抽象为首先收集Trustee行为的证据集;然后根据既定算法进行信任评估;最后根据评估结果进行可信决策,同时更新Trustee的信任度。GMPTM信任模型是以组为单位的层次化信任模型,如果两个组曾经发生过交互,根据交互的记录,基于直接信任评估算法对对方进行评估。然而在移动P2P环境下,很有可能两个组之间没有发生过直接的交互行为,也就是说在信任关系网络中任意二者之间并不是一定存在直接信任关系。那么就通过推荐信任关系的传递性,推导出陌生组之间的间接信任关系,然后从间接信任关系推导出信誉度。举例来说,假设节点A和节点B之间从未发生过交互,A想要从B下载一个音乐文件,A不能确定B是否可靠,因此它需要知道B的信任度。A所在的组向B所在的组询问B的信任度,如果A和B位于同一组,则移动代理将B的组内信任度权值发送给A,A根据组内信任度权值来决定是否与B交互。如果A和B不位于同一组,则A的组首先计算B的组的信任度,同时向B的组请求B的组内信任度权值,然后将B的组的信任值以及B的组内信任度权值一起发送给A,最后由 A 决定是否交互。移动节点的组内信任度权值的计算算法和组之间的信任度计算算法将在 10.3 节详细介绍。图 10-1 是 GMPTM 信任模型的总体结构。

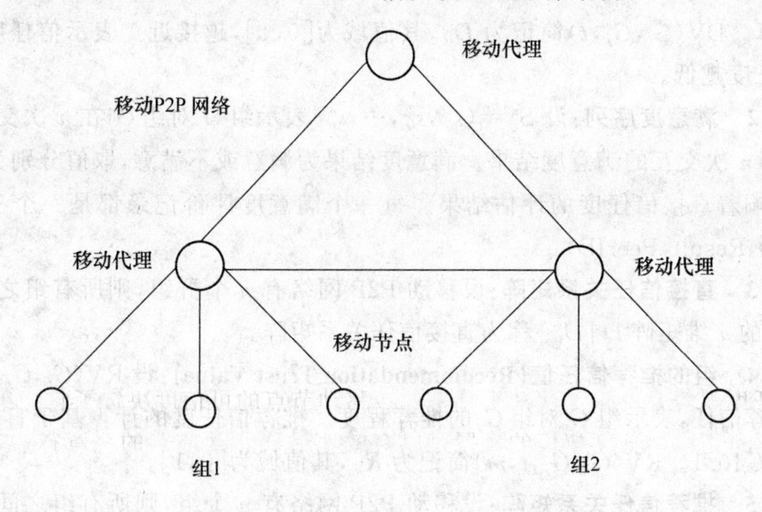

图 10-1　基于组的移动 P2P 网络结构

GMPTM 信任模型的优点如下：

(1) 在移动 P2P 系统中建立了以组为单位的信任关系。移动代理负责组内节点的管理和维护工作，同时计算成员的组内信任度权值。组内的所有用户都代表该组在 P2P 系统里进行交互，从整体来看，组要比单个移动节点相对稳定，因此能够适应移动 P2P 网络的动态变化。对于表现良好的节点，移动代理可以适当地提高其组内信任度权值来激励节点参与的积极性。对于潜在危险节点，可以降低其组内信任度权值或开除，以此遏制其恶意行为的发生。

(2) 有效降低了信任度的计算复杂度。假设系统中有 N 个组，每个组平均有 M 个用户。整个系统的信任度的计算复杂度是 $o(f(N))$，如果不采用分组的信任模型，而是为每个用户作评价，那么信任计算的复杂度是 $o(f(N * M))$。这就降低了整个系统信任度的计算复杂度。

由于目前大部分移动 P2P 系统是基于移动代理的网络体系结构，因此 GMPTM 易于和实际应用集成，方便工程实现。

10.3　信任模型 GMPTM 的信任关系

本节详细给出了信任模型 GMPTM 信任关系建立的相关定义和说明，并用一个五元组来表示信任关系。

10.3.1　信任关系的定义

这里给出与信任模型 GMPTM 相关的定义。

定义 10.1　组的直接信任值(Direct Trust Value)：设 $\mathrm{DV}(G_i, G_j, t)$表示组 G_i对组 G_j 的

直接信任度，即组 G_i 对组 G_j 的局部的看法。其中 t 是当前的时间。直接信任度的计算基于组 G_i 与组 G_j 的交互活动。在交互活动中，在组 G_i 看来，组 G_i 对组 G_j 的交互满意度影响直接信任度的计算。DV(G_i, G_j, t)简记为 D_{ij}^t，其值域为[0,1]，越接近 1 表示信任度越高，越接近 0 表示信任度越低。

定义 10.2　满意度序列：设 $S_{ij}^n=(s_{ij}^1, s_{ij}^2, \cdots, s_{ij}^n)$表示组 G_i 对组 G_j 在 n 次交互后的满意度，即 S_{ij}^n 为第 n 次交互的满意度结果。满意度结果为满意或不满意，取值分别为 1 或 0。数组 S_{ij}^n 直接影响着直接信任度的评估结果。每一个满意度评价记录都是一个三元组，包括 InteractionID，Result，PeerID。

定义 10.3　直接信任关系矩阵：设移动 P2P 网络有 n 个群组，则所有组之间的直接信任度 D_{ij}^t 形成的 n 维矩阵 $D|D_{ij}^t|$ 称为直接信任关系矩阵。

定义 10.4　组的推荐信任值(Recommendation Trust Value)：设 RV(G_i, G_j, t)表示组 G_i 对组 G_j 的推荐信任，表示组 G_i 对组 G_j 的推荐程度。推荐信任度的计算基于直接信任度。t 的意义同定义 10.1。RV(G_i, G_j, t, m)简记为 R_{ij}^t，其值域为[0,1]。

定义 10.5　推荐信任关系矩阵：设移动 P2P 网络有 n 个组，则所有组之间的推荐信任度 R_{ij}^t，形成的 n 维矩阵 $R|R_{ij}^t|$ 称为推荐信任关系矩阵。

定义 10.6　全局可信度：设移动 P2P 系统中有 n 个组，则根据其他所有组对某个组做的信任评估，可以计算出该组的全局信任值，本书称之为全局可信度(Global Trust Value) T_i^t。向量 $\boldsymbol{T}^t=(T_1^t, T_2^t, \cdots, T_n^t)$称为全局可信度向量。全局可信度的计算依赖于直接信任关系。

定义 10.7　信誉度：设移动 P2P 系统中有 n 个组，则根据组的相互推荐关系，可以计算出该组的局部信任值，本书称之为信誉度(Reputation Value) U_i^t。向量 $\boldsymbol{U}^t=(U_1^t, U_2^t, \cdots, U_n^t)$称为信誉度向量。信誉度的计算基于推荐信任关系。

说明 10.1　组内的移动节点(不包括新加入的节点)除了能够继承组的信任度之外，移动代理还需要评估组内成员的组内信任度权值。对于新加入的节点，由移动代理赋予其能完成任务的最小信任值，只有当它的信任值达到了移动代理规定的阈值以后，才能继承组的信任度。

说明 10.2　GMPTM 模型的组节点是特指网络中的某个组，移动节点是特指某个组内的成员节点。

10.3.2　信任关系的表示

本书把实体(这里指一个组) i 对实体 j 的直接信任关系用一条有向边来表示。例如，$l_{ij}=(G_i, G_j)$。有向边的方向是 G_i 指向 G_j。在时刻 t，组 G_i 对组 G_j 的直接信任值为 DV(G_i, G_j, tm)，即有向边的权值。假设所有主体组成的集合表示为 G，主体之间的信任关系组成的集合表示为 Q。相应每条边的权值集合表示为 DV。这样，在时刻 t，交互权限为 m 的直接信任关系网络可以组成一个加权有向图 Graph。用一个三元组来表示 Graph=(G, Q, DV)。

例如，图 10-2 刻画了在时刻 t 时，一个由 6 个节点的组成的信任关系网络。主体的集合 $G=\{G_1, G_2, G_3, G_4, G_5, G_6\}$，直接信任关系的集合 $Q=\{Q_{13}, Q_{21}, Q_{24}, Q_{26}, Q_{31}, Q_{32}, Q_{35}, Q_{45}, Q_{53}\}$，信任值可以用关系矩阵来表示：

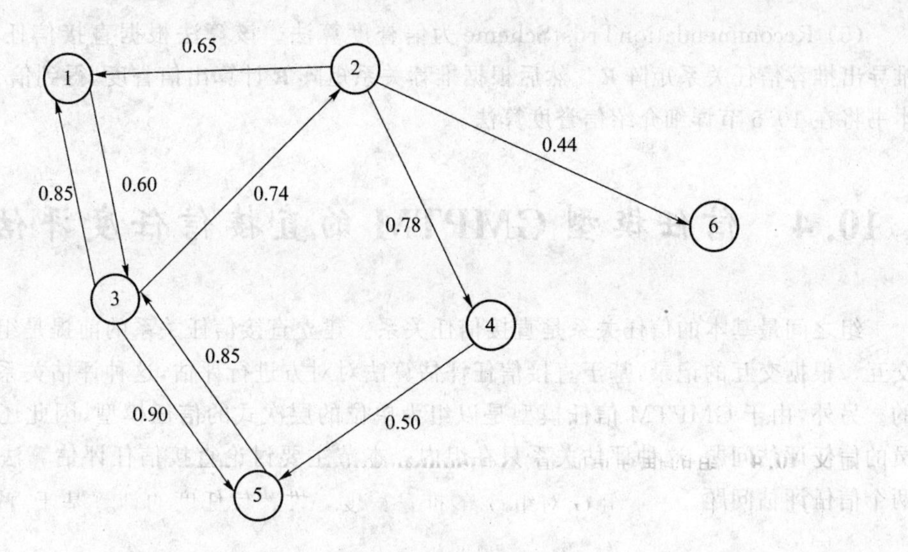

图 10-2　直接信任关系图

$$
\begin{array}{c|cccccc|}
1 & & & 0.60 & & & \\
2 & 0.65 & & & 0.78 & & 0.44 \\
3 & 0.85 & 0.74 & & & 0.90 & \\
4 & & & & & 0.50 & \\
5 & & & 0.85 & & &
\end{array}
$$

那么信任关系网络的加权有向图的表达为

$$
\begin{aligned}
\text{Graph}=(&G=\{G_1,G_2,G_3,G_4,G_5,G_6\},\\
&Q=\{Q_{13},Q_{21},Q_{24},Q_{26},Q_{31},Q_{32},Q_{35},Q_{45},Q_{53}\},\\
&\text{DV}=\{0.60,0.65,0.78,0.44,0.85,0.74,0.90,0.50,0.85\})
\end{aligned}
$$

加权有向图 Graph 体现了主体之间在时间 t 的直接信任关系。但是信任关系是动态变化的,可以从直接信任关系矩阵推导出推荐信任关系矩阵,即 $D \rightarrow R$。再根据推荐信任关系,计算出每个主体的信誉度。

GMPTM 的信任关系可以用一个五元组来表示。

$$\text{Graph}_{\text{PPTM}}=(G,Q,S,\text{DirectTrustScheme},\text{RecommendationTrustScheme})$$

其中,

(1) G 是主体的集合。它的每个元素为 Graph 中的一个节点,G 的势记为 $|G|$。

(2) Q 是主体之间的信任关系组成的集合。如果实体 H_i 对实体 H_j 有评价,那么存在有向边 Q_{ij}。由于信任关系是双向且不对称的,因此 Q 的势为区域 $[0,2C_{|H|}^2]$ 中的某个整数。

(3) S 记录了主体之间的满意度序列。S 中每个满意度序列决定了 Q 中一条边 Q_{ij},S_{ij} 和 Q_{ij} 是一一对应关系。这样,S 的势等于 Q 的势,亦为区域 $[0,2C_{|H|}^2]$ 中的某个整数,$|S|=|Q|$。

(4) DirectTrustScheme 为直接信任评估算法。它是实体之间评价直接信任关系的算法。该算法根据满意度序列 S 计算主体之间的直接信任度。计算结果为直接信任关系矩阵 D。同时根据 S,对组内成员计算出组内权值。本书将在 10.4 节详细介绍直接信任评估算法。

(5) RecommendationTrustScheme 为信誉度算法。该算法根据直接信任关系矩阵 $\boldsymbol{D}$ 推导出推荐信任关系矩阵 $\boldsymbol{R}$。然后根据推荐关系矩阵 $\boldsymbol{R}$ 计算出信誉度，得到信誉度向量 $\boldsymbol{U}$。本书将在 10.5 节详细介绍信誉度算法。

10.4 信任模型 GMPTM 的直接信任度评估算法

组之间最基本的信任关系是直接信任关系。建立直接信任关系的前提是组之间发生过交互。根据交互的记录，基于直接信任评估算法对对方进行评估，这种评估关系是在组之间的。另外，由于 GMPTM 信任模型是以组为单位的层次式的信任模型，因此还存在组内成员的信任评估问题，这种评估关系只在组内。本节主要讨论直接信任评估算法如何解决这两个信任评估问题。

10.4.1 直接信任度算法

移动 P2P 网络环境下每次实体完成交互后，请求服务的实体会根据相应的评价原则对服务的提供者进行满意度评价，即满意或不满意。本书将满意度的评价结果作为评估信任关系的依据。对于如何给出满意度结果，由于不是本书解决的重点问题，因此假设已经存在相应的评价原则，请求方能够根据评价原则设置不同的评价参数来给出满意度的评价结果。

移动环境下组 G_i 与组 G_j 的每次交互都是随机发生的，假设交互已经发生了 n 次，令组 G_i 对组 G_j 的满意度序列为 $S_{ij}.\text{Result}=\{s_{ij}^1.\text{Result}, s_{ij}^2.\text{Result}, \cdots, s_{ij}^n.\text{Result}\}$，其中组 G_i 对组 G_j 的满意结果的集合为 $S_{ij}^+=\{s_{ij}^l \mid s_{ij}^l \in S_{ij}^n$，且 $s_{ij}^l.\text{Result}=1\}$，满意的次数 $S_{ij}=|S_{ij}^+|$。组 G_i 对组 G_j 的不满意结果的集合为 $S_{ij}^-=\{s_{ij}^l \mid s_{ij}^l \in S_{ij}^n$，且 $s_{ij}^l.\text{Result}=0\}$，不满意次数为 $DS_{ij}=|S_{ij}^-|$。那么组 G_i 对组 G_j 的直接信任度计算如下：

$$\text{DV}(G_i,G_j,t)=D_{ij}^t=\begin{cases} E(h(u|\sigma,\omega))-E(h(v|\sigma,\omega))=\dfrac{\sigma-\omega}{\sigma+\omega}, & \sigma>\omega \\ 0, & \text{其他} \end{cases} \tag{10-1}$$

其中，σ 等于组 G_i 对组 G_j 的满意次数加上 1，$\sigma=S_{ij}+1$。ω 等于组 G_i 对组 G_j 的不满意次数加上 1，$\omega=DS_{ij}+1$。u 是组 G_i 和组 G_j 交互的成功概率，v 是失败概率。u 和 v 的贝叶斯条件的期望估计 $\tilde{u}$ 和 $\tilde{v}$ 如下：

$$\tilde{u}=\frac{S_{ij}+1}{l_{ij}+2},\quad \tilde{v}=\frac{DS_{ij}+1}{l_{ij}+2},\quad 且\ \tilde{u}+\tilde{v}=1 \tag{10-2}$$

式(10-2)的证明如下：

令 $R=S_{ij}.\text{Result}$，那么总体样本中每一个样本 R_l，即每次满意度评价的结果满足 R_l：$B(1,u)$。其中，$B(1,u)$ 为两点分布，它的概率为

$$h(R_l)=\begin{cases} u, & R_l=1 \\ 1-u, & R_l=0 \end{cases}$$

记 $R_l=s_{ij}^l.\text{Result}$ 表示第 l 次满意度的评价结果，$R_l=s_{ij}^l.\text{Result}=1$ 表示满意的评价结果，$R_l=s_{ij}^l.\text{Result}=0$ 表示不满意的评价结果，其中，$l=1,\cdots,l_{ij}$。当 $P(R_l=1)=u$，$P(R_l=0)=$

$1-u, 0\leqslant u\leqslant 1$ 时，$R_1,\cdots,R_{l_{ij}}$ 的分布规律为 $u^R(1-u)^{l_{ij}-R}$，其中 $R=\sum_{l=1}^{l_{ij}}(R_l=s_{ij}^l.\mathrm{Result})=S_{ij}$ 表示满意的评价次数。取 u 的先验概率为 $h(u)$，则 u 的后验概率为

$$h(u|R_1,\cdots,R_{l_{ij}})=\frac{h(u)u^{\sum_{l=1}^{l_{ij}}R_l}(1-u)^{l_{ij}-\sum_{l=1}^{l_{ij}}R_l}}{\int_0^1 h(u)u^{\sum_{l=1}^{l_{ij}}R_l}(1-u)^{l_{ij}-\sum_{l=1}^{l_{ij}}R_l}\mathrm{d}u},\quad 0\leqslant u\leqslant 1 \tag{10-3}$$

若组 G_i 与组 G_j 之间没有交互过，可假设 u 在[0,1]上的取值是相等的，此时 $h(u)=I_{[0,1]}$ 是[0,1]上的均匀分布，代入式(10-3)可得：

$$h(u|R_1,\cdots,R_{l_{ij}})=\frac{u^R(1-u)^{l_{ij}-R}}{\int_0^1 u^R(1-u)^{l_{ij}-R}\mathrm{d}u},\quad 0\leqslant u\leqslant 1 \tag{10-4}$$

又因为 $B(R+1,l_{ij}-R+1)=\int_0^1\chi^R(1-\chi)^{l_{ij}-R}\mathrm{d}\chi$ 是 beta 函数，代入式(10-4)，则 $h(u|R_1,\cdots,R_{l_{ij}})=\dfrac{u^R(1-u)^{l_{ij}-R}}{B(R+1,(l_{ij}+2)-(R+1))}$ 服从参数 $(R+1,(l_{ij}+2)-(R+1))$ 的 beta 分布。如用后验分布的期望值，即 u 对 $R_1,\cdots,R_{l_{ij}}$ 的条件期望 $E(u|R_1,\cdots,R_{l_{ij}})$，作为 u 的估计量，即得：

$$\tilde{u}=\tilde{u}(R_1,\cdots,R_{l_{ij}})=\int_0^1 u\times h(u\mid R_1,\cdots,R_{l_{ij}})\mathrm{d}u=\frac{R+1}{l_{ij}+2}=\frac{S_{ij}+1}{l_{ij}+2} \tag{10-5}$$

$\tilde{u}$ 即为 u 的贝叶斯估计，同理 $\tilde{v}$ 即为 v 的贝叶斯估计。证明完毕。

既然通过上面已经证明了 u 和 v 的贝叶斯条件的期望估计 $\tilde{u}$ 和 $\tilde{v}$，那么直接信任度的具体算法 10.1 如图 10-3 所示。

```
DirectTrustComputing(G_i, G_j, t, l_ij, s_ij^{l_ij}, Result)
    IF l_ij = 0 THEN σ=1; ω=1;
    ELSE
        σ=retrieve σ_ij^{l_ij -1} according to l_ij; ω=retrieve ω_ij^{l_ij -1} according to l_ij;
    IF s_ij^{l_ij}.Result THEN σ=σ+1;
    ELSE
        ω=ω+1;
    Save σ_ij^{l_ij}=σ; ω_ij^{l_ij}=ω
    IF σ>ω THEN
        D_ij^t = (σ-ω)/(σ+ω);
    ELSE
        D_ij^t = 0;
    DV(G_i, G_j, t) = D_ij^t;
```

图 10-3　直接信任度算法

在式(10-1)中，若不限制 $\sigma>\omega$，则 $\dfrac{\sigma-\omega}{\sigma+\omega}$ 的值域范围为[−1,1]，那么计算的值为 0 时，表示对被评价域节点不了解或处于中立立场。当计算的值大于 0 时，越接近 1 表示对被评价

组节点越信任。当表达式的值小于 0 时，越接近 -1 表示对被评价组节点越不信任。这里之所以限定 $\sigma>\omega$，主要是考虑在移动环境下组节点之间通过建立直接信任关系，相互推荐其他组节点的可靠程度。若建立不信任关系，那么很容易造成对组节点偏激的评价。这些偏激的评价在组节点之间相互传播会破坏网络的稳定性。因此，若对某组节点了解，就提供信任信息；否则，不提供任何信息。以下对信任度的变化情况进行分析。为了简化分析，用 σ、ω 来表示式(10-1)中组 G_i 对组 G_j 的直接信任度如下：

$$D_{ij}^{t_i;m}=F_{ij}(\sigma,\omega)=\frac{\sigma-\omega}{\sigma+\omega},\quad \sigma>\omega \tag{10-6}$$

假设式(10-6)中 σ、ω 都为大于或等于 0 的实数，那么函数 $F_{ij}(\sigma,\omega)$ 在组 G 内每一点 (σ_0,ω_0) 处对 σ 和 ω 的偏导数都存在，偏导数分别为

$$\frac{\partial(F_{ij}(\sigma,\omega))}{\partial\sigma}=\frac{2\omega}{(\sigma+\omega)^2},\quad \frac{\partial(F_{ij}(\sigma,\omega))}{\partial\omega}=\frac{-2\sigma}{(\sigma+\omega)^2} \tag{10-7}$$

因此 $F_{ij}(\sigma,\omega)$ 在点 (σ_0,ω_0) 的全微分为

$$\mathrm{d}(F_{ij}(\sigma,\omega))=\frac{\partial(F_{ij}(\sigma,\omega))}{\partial\sigma}\Delta\sigma+\frac{\partial(F_{ij}(\sigma,\omega))}{\partial\omega}\Delta\omega=\frac{2\omega_0}{(\sigma_0+\omega_0)^2}\Delta\sigma-\frac{2\sigma_0}{(\sigma_0+\omega_0)^2}\Delta\omega \tag{10-8}$$

又因为 σ、ω 都是递增的，而且每次交互之后，组 G_i 对组 G_j 的满意度结果是 $\sigma+1$ 或 $\omega+1$。所以当 σ 增加时，$F_{ij}(\sigma,\omega)$ 的值肯定增加；当 ω 增加时，$F_{ij}(\sigma,\omega)$ 的值肯定减小。因此信任度的变化存在下列两种情况：

(1) 当 ω 不变，σ 增加的时候，直接信任度按照式(10-7)左半部分进行增加。这个增加幅度是非线性变化的。随着 σ 增加，信任度增加的幅度逐渐变慢。

(2) 当 σ 不变，ω 增加的时候，直接信任度按照式(10-7)右半部分进行减少。这个减少幅度也是非线性变化的。随着 ω 增加，信任度减小的幅度逐渐变快。但是，前提是 $\sigma>\omega$，因此 $\left|\frac{-2\sigma}{(\sigma+\omega)^2}\right|>\left|\frac{2\omega}{(\sigma+\omega)^2}\right|$。

以上两种情况的信任度变化符合社会网络中信任关系建立的规律，良好的信任关系需要双方共同努力才能慢慢建立起来，相反恶意行为将导致双方信任度的大幅度下降。

10.4.2 改进后的直接信任度算法

虽然式(10-1)能够很好地反映信任度变化情况，但基于式(10-1)计算出来的直接信任度存在如下问题。例如，组 G_i 与组 G_j 和 G_c 进行多次交互后，组 G_i 对组 G_j 和 G_c 的满意度评价序列分别为

$$S_{ij}.\mathrm{Result}=\{0,1,1,1,0,1,1,0,0,0,1,1,1\},\quad S_{ic}.\mathrm{Result}=\{0,1,1,0,1,1,1,1,1,0,0,0\}$$

从满意度评价序列中得

$$|S_{ij}^{+}|=7,\quad \sigma_{ij}=|S_{ij}^{+}|+1=8,\quad |S_{ij}^{-}|=5,\quad \omega_{ij}=|S_{ij}^{-}|+1=6,\quad \sigma_{ij}+\omega_{ij}=14$$

$$|S_{ij}^{+}|=7,\quad \sigma_{ic}=|S_{ic}^{+}|+1=8,\quad |S_{ic}^{-}|=5,\quad \omega_{ic}=|S_{ic}^{-}|+1=6,\quad \sigma_{ic}+\omega_{ic}=14$$

进而，组 G_i 与组 G_j 和 G_c 的直接信任度相等：

$$F_{ij}(\sigma_{ij},\omega_{ij})=F_{ic}(\sigma_{ic},\omega_{ic})=\frac{8-6}{8+6}=0.14$$

从 G_i 的角度看，对组 G_j 和组 G_c 的直接信任度是相同的。但是从满意度的评价序列来

看，实际上 G_i 更加倾向选择 G_j 进行交互。因为最近几次 G_j 提供的 P2P 服务优于 G_c 提供的 P2P 服务。因此通过上面的例子，用式(10-1)计算的直接信任度不能反映出实体进行的行为。通常认为实体当前的表现对信任的评估产生的影响更大，更能准确地反映出实体的信任度。为了解决这个问题，本书引入了交互行为权重因子 τ。假设组 G_i 同组 G_j 进行了某次交互活动，如果交互成功，$s_{ij}^{l_{ij}+1}$. Result=1，否则 $s_{ij}^{l_{ij}+1}$. Result=0。对公式进行更新得到：

$$\sigma^{l_{ij}+1}=\tau\times\sigma^{l_{ij}}+s_{ij}^{l_{ij}+1}.\text{Result} \tag{10-9}$$

$$\omega^{l_{ij}+1}=\tau\times\omega^{l_{ij}}+(1-s_{ij}^{l_{ij}+1}.\text{Result}) \tag{10-10}$$

接下来的问题是需要找到适当的交互行为权重因子 τ。满意度的评价序列 S_{ij}. Result=$\{s_{ij}^1$. Result, s_{ij}^1. Result, …, $s_{ij}^{l_{ij}}$. Result$\}$，从式(10-9)中可以容易地推导出 $l_{ij}+1$ 次交互之后的满意度结果，如果评价为满意，那么 σ 的值是

$$\sigma^{l_{ij}+1}=s_{ij}^{l_{ij}+1}.\text{Result}+\tau s_{ij}^{l_{ij}}.\text{Result}+\cdots+\tau^{l_{ij}}s_{ij}^1.\text{Result}+\tau^{n+1} \tag{10-11}$$

假设成功率 u 是常数，当 $l_{ij}+1$ 很大时，可以得到

$$E(\sigma^{l_{ij}+1})\approx\frac{u}{1-\tau} \tag{10-12}$$

$$E(\omega^{l_{ij}+1})\approx\frac{1-u}{1-\tau} \tag{10-13}$$

为了方便计算，令 $n=\frac{1}{1-\tau}$，这样就成为 n 次交互之后的贝叶斯估计。同时 τ 的选取还要满足条件：

$$\sigma^{l_{ij}}\leqslant(\sigma^{l_{ij}+1}=\tau\sigma^{l_{ij}+1}+1)\leqslant\sigma^{l_{ij}}+1 \tag{10-14}$$

给出限制条件的主要目的是如果 τ 取值过小，则当 l_{ij} 很大时，会导致 $\sigma^{l_{ij}}$ 收敛于 $\frac{1}{1-\tau}$，所以

$$\sigma^{l_{ij}+1}=\tau\sigma^{l_{ij}+1}+1=\tau\frac{1}{1-\tau}+1=\frac{1}{1-\tau}=\sigma^{l_{ij}}$$

基于上面的条件限制式(10-14)，得到

$$1\geqslant\tau\geqslant1-\frac{1}{\sigma^{l_{ij}}} \tag{10-15}$$

把 $n=\frac{1}{1-\tau}$ 代入式(10-15)中，得到 $n\geqslant\sigma^{l_{ij}}$，本书取 n 与 $\sigma^{l_{ij}}$ 相同的数量级，即取 $n=10^{\log_{10}\sigma^{l_{ij}}}>\sigma^{l_{ij}}$，那么 $\tau=1-\frac{1}{10^{\log_{10}\sigma^{l_{ij}}+1}}$。同理，当 $l_{ij}+1$ 次交互之后，如果评价为不满意，那么 ω 的值是

$$\omega^{l_{ij}+1}=(1-s_{ij}^{l_{ij}+1}.\text{Result})+\tau(1-s_{ij}^{l_{ij}}.\text{Result})+\cdots+\tau^{n}(1-s_{ij}^{l1}.\text{Result})+\tau^{n+1} \tag{10-16}$$

此时求得 $\tau=1-\frac{1}{10^{\log_{10}\omega^{l_{ij}}+1}}$。

总结：在 $l_{ij}+1$ 次交互之后，

(1) 如果组 G_i 同组 G_j 的评价为满意，当 $\sigma^{l_{ij}}>\omega^{l_{ij}}$，$\sigma^{l_{ij}}\geqslant1$ 时，取 $\tau=1-\frac{1}{10^{\log_{10}\sigma^{l_{ij}}+1}}$，否则取 $\tau=1-\frac{1}{10^{\log_{10}\omega^{l_{ij}}+1}}$。$\sigma^{l_{ij}+1}=\tau\times\sigma^{l_{ij}+1}+1$，$\omega^{l_{ij}+1}=\tau\times\omega^{l_{ij}+1}+1$。

(2) 如果组 G_i 同组 G_j 的评价为不满意，当 $\sigma^{l_{ij}} > \omega^{l_{ij}}, \omega^{l_{ij}} \geqslant 1$ 时，取 $\tau = 1 - \frac{1}{10^{\log_{10}\omega^{l_{ij}}+1}}$，否则取 $\tau = 1 - \frac{1}{10^{\log_{10}\sigma^{l_{ij}}+1}}$。$\sigma^{l_{ij}+1} = \tau \times \sigma^{l_{ij}+1} + 1, \omega^{l_{ij}+1} = \tau \times \omega^{l_{ij}+1} + 1$。

(3) 如果 $\sigma^{l_{ij}} \leqslant \omega^{l_{ij}}$，则组 G_i 同组 G_j 的直接信任度为 0，否则直接信任度为 $D_{ij}^{t} = \frac{\sigma^{l_{ij}+1} - \omega^{l_{ij}+1}}{\sigma^{l_{ij}+1} + \omega^{l_{ij}+1}}$。

在上述情况中，为了合理体现实体过去的表现对当前信任度评估的影响，l_{ij} 取 $\sigma^{l_{ij}}$ 或 $\omega^{l_{ij}}$ 的数量级。又因为 $\sigma^{l_{ij}} > \omega^{l_{ij}}$ 当第 $l_{ij}+1$ 次交互之后评价为满意，本书取 $\tau = 1 - \frac{1}{10^{\log_{10}\sigma^{l_{ij}}+1}} \geqslant 1 - \frac{1}{10^{\log_{10}\omega^{l_{ij}}+1}}$，使得实体过去的表现对目前信任度的评估的影响相对较小，这说明提高信任度的速度是缓慢的；当第 $l_{ij}+1$ 次交互之后评价为不满意，则取 $\tau = 1 - \frac{1}{10^{\log_{10}\omega^{l_{ij}}+1}} \leqslant 1 - \frac{1}{10^{\log_{10}\sigma^{l_{ij}}+1}}$，使得实体过去的表现对目前信任度的评估影响相对较大，这说明降低信任度的速度是快速的。基于以上分析，为了节省存储空间，G_i 不必记录所有满意度序列，只要记录上次 $\sigma^{l_{ij}}$ 或 $\omega^{l_{ij}}$ 和 $\omega_{ij}^{l_{ij}}$ 即可。改进后的直接信任度算法 10.2 如图 10-4 所示。

```
Im provedDirectTrustComputing(G_i, G_j, t, l_ij, s_ij^{l_ij}, Result)
    IF l_ij = 0 THEN {
        σ=1; ω=1; }
    ELSE{
        σ= retrieve σ_ij^{l_ij -1} according to l_ij; ω= retrieve ω_ij^{l_ij -1} according to l_ij; }
    IF s_ij^{l_ij}.Result=1 THEN {
        IF σ≥1 THEN τ=1-1/10^{[log_10 σ]+1}; ELSE τ=1-1/10^{[log_10 ω]+1}
        σ=τ×σ+1; ω=τ×ω; }
    ELSE {
        IF ω≥1 THEN τ=1-1/10^{[log_10 ω]+1}; ELSE τ=1-1/10^{[log_10 σ]+1};
        σ=τ×σ; ω=τ×ω+1; }
    Save σ_ij^{l_ij} = σ; ω_ij^{l_ij} = ω
    IF σ>ω THEN D_ij^t = (σ-ω)/(σ+ω); ELSE D_ij^t = 0;
  DV(G_i, G_j, t) = D_ij^t
```

图 10-4 改进后的直接信任度算法

10.4.3 组内移动节点的信任评估

组内的移动节点可以继承组的信任度，但是对组来说，为了有效地鼓励节点积极参与资源共享，同时遏制节点的恶意行为，需要有某种方法去管理其内部的移动节点。为此本节提出了采用组内信任度权值的方法。首先计算移动节点的信任度。每次组之间的交互完成之后，请求服务者会对服务提供者做出满意度评价，不仅更新对服务者的直接信任度，而且把交互记录反馈给服务者的移动代理。

设被评价的组为 G_j，那么把其他组对 G_j 的满意度评价集中在一起，形成一个新的满意度评价序列 $S_{*j}=\bigcup_i S_{ij}$。在 S_{*j} 满意度评价序列中，用 S^+_{*j} 和 S^-_{*j} 分别表示对 G_j 的所有满意和不满意的评价。又因为满意度评价记录是一个三元组，包括 InteractionID，Result，PeerID，那么根据 PeerID 提取的满意度评价序列为组内移动节点受到的评价序列，记为 S_{*j}(PeerID)。基于本节，组 G_j 根据 σ_{*j} 和 ω_{*j} 可以算出自己的全局可信度 T^t_j。同样，对于每个 PeerID，移动代理也可以根据相应的 σ_{*j}(PeerID) 和 ω_{*j}(PeerID) 计算出每个移动节点的信任度 T^t_j(PeerID)。这样，把 $\frac{T^t_j(\text{PeerID})}{T^t_j}$ 作为移动节点的组内信任度权值。如果移动节点的组内信任度权值大于或等于 1，说明移动节点提供 P2P 服务的可信度高于或等于组的可信程度。最后，对移动节点的信任度 T^t_j(PeerID)进行修改得到

$$T^t_j(\text{PeerID}_*)=T^t_j(\text{PeerID})+\text{pen}(i)\frac{1}{1+\mathrm{e}^{-l}} \tag{10-17}$$

其中，pen(i) 是惩罚因子，$\frac{1}{1+\mathrm{e}^{-n}}$ 是加速因子。如果 $\frac{T^t_j(\text{PeerID})}{T^t_j}\geqslant 1$，则 pen$(i)=0$；否则 pen$(i)=1$。$l$ 表示移动节点的组内信任度权值小于 1 时的次数。对于潜在危险节点，通过式(10-17)可以降低其组内信任度权值，或开除该节点，以此遏制其恶意行为的发生。这种方式激励了节点参与资源共享的积极性，同时还达到了遏制节点恶意行为的目的。

最后需要说明的是，T^t_j 这个全局可信度不适合其他组来参考使用，只适合本组使用。因为全局可信度是由自己来计算、存储的，所以对其他组来说可能会存在虚假成分。如果由其他组来计算全局可信度，再采用密码技术对全局可信度签名，存储在该组内，虽然保证了数据较少地被篡改，但是该组可能与某几个组合谋制造虚假数据提高自己的全局可信度。对于如何获取组的全局信任信息，将在 10.5 节中介绍。

10.5　信誉度算法

10.4 节提出的直接信任度算法详细描述了直接信任关系的初始化形成和直接信任关系的更新。然而在云环境下，很有可能两个组之间没有发生过直接的交互行为，也就是说在信任关系网络中任意二者之间并不是一定存在直接信任关系。其实组之间的直接信任关系隐含了推荐信任关系。本节主要研究如何在陌生组之间，通过推荐信任关系的传递性，推导出陌生组之间的间接信任关系，以及如何从间接信任关系推导出信誉度。

10.5.1　算法描述

本书用三元组来表示信誉度算法，RecommendationTrustScheme$=(\boldsymbol{G},\boldsymbol{R},\boldsymbol{U})$，其中，$\boldsymbol{G}$ 为网络中组节点的集合；$\boldsymbol{R}$ 为推荐关系矩阵；$\boldsymbol{U}$ 为所有组节点的信誉度向量，表示每个组节点的信誉排名。对于 $\forall g\in\boldsymbol{G}$，组节点 g 的信誉度计算函数为 $U_g=u(g)$。

经过推荐关系，把直接信任关系网络转换成推荐信任关系网络，即 D 转换成 R。推荐信任关系网络要求每个组都要推荐其他组，以此保证推荐路径的存在。以下为信誉度计算

的相关定义和定理。

定义 10.8 设推荐信任关系网络形成一个有限的加权有向图，令 Graph=($\boldsymbol{G}$,$\boldsymbol{R}$)，其中，$\boldsymbol{G}$ 表示组节点的集合；$\boldsymbol{R}$ 表示组节点的邻接矩阵，即推荐关系矩阵，那么 Graph 为**推荐信任关系图**。

随机推荐过程是随机变量的一个序列，这个序列表达了在推荐信任关系图中从一个节点推荐到另一个节点的前进过程。

定义 10.9 **推荐信任关系图 Graph=($\boldsymbol{G}$,$\boldsymbol{R}$)的随机推荐过程**是以 $\boldsymbol{R}$ 为转移概率矩阵的 $|\boldsymbol{G}|$ 个状态的马尔可夫过程，记为$\{X_k\}$，当存在 G_i 推荐 G_j 时，状态转换函数 α 有 $\alpha(G_i,G_j)>0$，否则 $\alpha(G_i,G_j)=0$。

定义 10.10 令$\{X_k\}$为推荐信任关系图 Graph=($\boldsymbol{G}$,$\boldsymbol{R}$)的随机推荐过程，状态转换函数为 α，那么 $\forall g\in\boldsymbol{G}$，**$g$ 的信誉度** $u(g)$ 为

$$u(g)=\lim_{x\to\infty}D(X_k=g)$$

定理 10.1 令$\{X_k\}$为推荐信任关系图 Graph=($\boldsymbol{G}$,$\boldsymbol{R}$)的随机推荐过程，那么对于所有的 $c\in\boldsymbol{G}$ 有：

$$u(c)=\sum_{d\in\boldsymbol{G}}u(d)\alpha(d,c)$$

证明：

因为 $\boldsymbol{R}$ 是不可约和非周期的，又因为不可约的有限马尔可夫是正常返的，那么，根据定理：不可约非周期的马尔可夫链是正常返的充要条件是存在平稳过程，及定义 10.10，有

$$\begin{aligned}u(c)&=\lim_{x\to\infty}U(X_k=c)\\&=\lim_{x\to\infty}\sum_{d\in\boldsymbol{G}}U(X_k=c\mid X_{k-1}=d)U(X_{k-1}=d)\\&=\sum_{d\in\boldsymbol{G}}\lim_{x\to\infty}\alpha(d,c)U(X_{k-1}=d)\\&=\sum_{d\in\boldsymbol{G}}\alpha(d,c)u(d)\end{aligned}$$

证明完毕。

如果每个组节点找到一个信誉好的组节点，它将使用以上定义在推荐信任关系网络中前进。当在组节点 G_i 时候，它将以 R_{ij} 的概率到达 G_j。以这种方式在推荐信任关系网络中前进一段时间，最终很有可能停留在信誉较高的组节点上。

10.5.2 信誉度的基本算法

直接信任关系是信任关系网络的基础，推荐信任关系是基于直接信任关系推导出来的。这样，首先解决从信任关系矩阵 $\boldsymbol{D}$ 得到推荐关系矩阵 $\boldsymbol{R}$ 这个问题。当组 G_i 通过交互过的组 G_k 了解关于组 G_j 的信任信息时，只有局部的信任向量 $\boldsymbol{D}_i$ 的信息，因为组 G_i 为了获得全面的信息，会请求所有交互过的组。根据与直接信任度一致的概率公平原则，采纳（或推荐）每个组的权值为

$$r_{ik}=\frac{D_{ik}}{\sum_l D_{il}} \tag{10-18}$$

那么 $\boldsymbol{r}_i$ 为组 G_i 的推荐信任向量，且 $1=\sum_l r_{il}$。

这是一个正规化的推荐信任值，该值在 0 和 1 之间。正规化之后的推荐信任的意义包括两个方面：一方面，组 G_i 对那些与其交互过的组所推荐的关于某特定组的信任信息进行加权采纳；另一方面，组 G_i 对与其交互过的组推荐程度和直接信任度在概率上是一致的。那么所有推荐关系 r_{ij} 形成的矩阵 $\boldsymbol{R}=|\boldsymbol{r}_{ij}|$ 为组间的推荐信任关系矩阵。

因此当组 G_i 通过交互过的组 G_k 了解关于组 G_j 的信任信息时，根据推荐信任关系矩阵，可以按式(10-19)计算。

$$u_{ij}=\sum_k r_{ik}r_{kj} \tag{10-19}$$

令 $\boldsymbol{u}_i$ 为列向量，表示组 G_i 对其他组的间接信任度(即局部信誉值)，包含 u_{ij}。那么

$$\boldsymbol{u}_i=\boldsymbol{R}^{\mathrm{T}}\boldsymbol{r}_i \tag{10-20}$$

其中，$\boldsymbol{r}_i$ 为 $\boldsymbol{R}^{\mathrm{T}}$ 的第 i 个列向量，$\sum_j u_{ij}=1$，因为 $u_{ij}=\sum_k r_{ik}r_{kj}$，代入式(10-20)得

$$\begin{aligned}u_{i1}+u_{i2}+\cdots+u_{in}&=\sum_k r_{ik}r_{k1}+\sum_k r_{ik}r_{k2}+\cdots+\sum_k r_{ik}r_{kn}\\&=r_{i1}\sum_k r_{1k}+r_{i2}\sum_k r_{2k}+\cdots+r_{in}\sum_k r_{nk}\\&=r_{i1}+r_{i2}+\cdots+r_{in}\\&=\sum_k r_{ik}\\&=1\end{aligned}$$

通过这种方法，每个组节点可以获得更多的信任信息。然而，得到的 $\boldsymbol{u}_i$ 只是反映了组 G_i 以及其交互过组的经验。如果组 G_i 想要获得更多的信任信息，组 G_i 需要询问交互过组的熟悉组，那么 $\boldsymbol{u}_i=(\boldsymbol{R}^{\mathrm{T}})^2\boldsymbol{r}_i$。如果不断地重复这种方法，$\boldsymbol{u}_i=(\boldsymbol{R}^{\mathrm{T}})^m\boldsymbol{r}_i$。当 m 取足够大时，组 G_i，可能会获得完全全局的观点看待整个信任关系网络(满足计算收敛的前提是矩阵 $\boldsymbol{R}$ 是不可约(irreducible)和非周期(aperiodic)，关于矩阵的这些特性将在后面的小节中介绍)。根据矩阵计算理论，当 m 足够大是，对每个组 $\boldsymbol{G}_i$ 来说，间接信任向量 $\boldsymbol{u}_i$，会收敛到同一个向量 $\boldsymbol{U}$。这个信任向量就是矩阵 $\boldsymbol{R}$ 的最大特征值的特征向量。也就是说，在这个算法中，通过多次循环计算，局部信誉向量 $\boldsymbol{u}_i$，转化为全局信誉向量 $\boldsymbol{U}$。

根据以上分析，基本算法 10.3 如图 10-5 所示。在算法 10.3 里取 $\boldsymbol{v}$ 作为计算时的初值。并且假设有一个中心服务器能够得到推荐信任关系矩阵 $\boldsymbol{R}$。根据式(10-24)计算 $\boldsymbol{U}=(\boldsymbol{R}^{\mathrm{T}})^m\boldsymbol{v}$，其中 $\boldsymbol{v}$ 为初始的 $|\boldsymbol{D}|$ 维向量，对于每个组节点 $v_i=\frac{1}{|\boldsymbol{D}|}$，因此 $\boldsymbol{v}$ 表示所有 $|U|$ 个组节点在概率上的一致分布。如上所述，信誉度的计算为 $\boldsymbol{U}=(\boldsymbol{R}^{\mathrm{T}})^m\boldsymbol{r}_i$。$\boldsymbol{r}_i$ 是组 G_i 的推荐信任向量，是一个正规化之后的向量。对于任何向量来说，经过 m 次循环迭代运算，当 m 取足够大时，根据幂法计算原理，信誉度都收敛于 $\boldsymbol{R}$ 的最大特征值的特征向量。

```
U^(0) = v;
Repeat
        U^(m+1) = R^T U^(m);
        ζ = ‖U^(m+1) − U^(m)‖_1;
until ζ < ε;
```

图 10-5　信誉度基本算法

10.5.3 改进的信誉度算法

虽然大多数情况下组节点会顺着推荐关系前进，但时常会通过随机查找，跳转到其他的组节点。那么需要对 10.5.1 描述的相关定义进行修改。另外，在 10.5.2 的计算中假设有一个中心服务器能够得到推荐信任关系矩阵 $\boldsymbol{R}$，然而实际的移动 P2P 网络是分布式的体系结构。因此需要把这种集中式的算法改成分布式的算法。

首先对 10.5.1 描述的信誉度相关定义进行修改。对于随机查找，一般每个组节点的查询概率为 $v_i=\frac{1}{|\boldsymbol{D}|}$，那么 $\boldsymbol{v}^{\mathrm{T}}=(v_1,v_2,\cdots,v_{|\boldsymbol{D}|})$。但是在 P2P 系统内会存在这样一些组节点是众所周知的好节点。在以往的交互中表现出良好的稳定性，因此相对来说值得信赖。这些组节点具有信任优先的特点。令这些组节点的集合为 P，如果 $i\in P$，则 $p_i=\frac{1}{|P|}$，否则 $p_i=0$。这样得到信任优先的组节点的概率向量为 $\boldsymbol{p}^{\mathrm{T}}=(p_1,p_2,\cdots,p_{|\boldsymbol{D}|})$。那么最后得到每个组节点查询概率分布的向量为 $\boldsymbol{h}^{\mathrm{T}}=\vartheta\times\boldsymbol{v}^{\mathrm{T}}+(1-\vartheta)\times\boldsymbol{p}^{\mathrm{T}}$，其中 ϑ 在[0,1]区间。所有组节点组成查询概率矩阵 $\boldsymbol{H}$。修改后的相关定义如下：

定义 10.11 推荐信任关系图 Graph$=(\boldsymbol{G},\boldsymbol{R})$的随机查找函数为 $h:\boldsymbol{G}\rightarrow[0,1]$，且 $\sum_{g\in\boldsymbol{G}}h(g)=1$。

根据上面考虑，随机推荐模型改为随机推荐-查找模型。那么决定随机推荐-查找模型的参数有状态转移函数 α，随机查找函数 h 和通过推荐查找所占比率 β。

定义 10.12 令 Graph$=(\boldsymbol{G},\boldsymbol{R})$为推荐信任关系图；$h$ 为图 Graph 的随机查找函数；α 为随机推荐模型中的状态转移函数；β 为区间(0,1)之间的固定值。那么$\{X_k\}$为随机推荐-查找模型(Graph,α,β,h)的马尔可夫过程。$\{X_k\}$的状态转换函数为 $\phi:\boldsymbol{G}\times\boldsymbol{G}\rightarrow[0,1]$：

$$D(X_0=c)=h(c)$$

$$\phi(c,d)=(1-\beta)h(d)+\beta\times\alpha(c,d)$$

根据定义 10.11 和 10.12 对定理 10.1 进行重新描述：

定理 10.2 令$\{X_k\}$为随机推荐-查找模型(Graph,α,β,h)的马尔可夫过程，那么对于所有的 $c\in\boldsymbol{G}$ 有：

$$u(a)=(1-\beta)h(a)+\beta\sum_{d\in\boldsymbol{G}}u(d)\alpha(d,c)$$

那么根据定义 10.11，随机推荐-查找模型(Graph,α,β,h)的马尔可夫过程$\{X_k\}$的每步转移概率矩阵为

$$\boldsymbol{R}^*=\beta\boldsymbol{R}+(1-\beta)\boldsymbol{H} \tag{10-21}$$

修正后的转移概率矩阵 $\boldsymbol{R}^*$ 保证了在计算隶属于最大特征值的特征向量时是收敛的。那么在每次计算信誉度的循环中，计算公式可以写成：

$$\boldsymbol{R}^*\times\boldsymbol{U}=\beta\boldsymbol{R}\times\boldsymbol{U}+(1-\beta)\times\boldsymbol{h} \tag{10-22}$$

用 $\boldsymbol{R}^*$ 代替算法 10.3 中的 $\boldsymbol{R}$，可以得到改进的算法 10.4 如图 10-6 所示。

```
U^(0) = v;
Repeat
        U^(m+1) = β(R*)^T U^(m) + (1+β) × h;
        ζ = ‖ U^(m+1) − U^(m) ‖_1;
until ζ < ε;
```

图 10-6 信誉度的集中式算法

然而算法 10.4 并没有解决集中式的算法问题，为了解决这个问题，本书令每个组节点能够计算自己的全局推荐度：

$$U_i^{(m+1)}=\beta(r_{1i}U_1^{(m)}+r_{2i}U_2^{(m)}+\cdots+r_{ni}U_n^{(m)})+(1-\beta)h_i \tag{10-23}$$

按照式(10-23)计算，那么需要接收每个组节点对自己的推荐信任度 $r_{ji}U_j^{(m)}$。但是实际上组节点并不是与所有组节点发生过交互，也就是推荐信任关系矩阵 $\boldsymbol{R}$ 不是密集矩阵。这样，根据式(10-20)，如果 $r_{ji}=0$ 表示没有推荐关系，就不必传输 $r_{ji}U_j^{(m)}$。对于每个组节点来说，如果是信任优先的组节点，被其他节点查找的概率是：

$$h_i=\vartheta\times v_i+(1-\vartheta)\times p_i=\vartheta\times\frac{1}{|\boldsymbol{D}|}+\frac{1-\vartheta}{|\boldsymbol{P}|}$$

否则

$$h_i=\vartheta\times v_i=\vartheta\times\frac{1}{|\boldsymbol{D}|}$$

因此，修改后的分布式信誉度算法 10.5 如图 10-7 所示。在算法 10.5 中 Z_i 表示对 G_i 评价的组集合，E_i 表示被 G_i 评价的组集合。

```
Each peer i do {
Query all peers j∈Z_i for U_j^(0) = h_i;
Repeat
    U_i^(m+1) = β(r_1i U_1^(m) + r_2i U_2^(m) + … + r_ni U_n^(m)) + (1-β)h_i;
    Send r_ik U_i^(m+1) to all peers k∈E_i;
    ζ = ‖U^(m+1) - U^(m)‖_1;
    Wait for all peers j∈Z_i to return r_ji U_j^(m+1)
Until ζ<ε;
}
```

图 10-7　信誉度的分布式算法

10.5.4　提高信誉度的方式

本书认为，在信任关系网络中，信誉高的组所推荐的组具有较高信誉，同时被多个组推荐的组也具有较高的信誉。根据信誉度算法，组的信誉的提高受以下因素的影响：

(1) 推荐者的数量；

(2) 推荐者的信誉；

(3) 组的直接信任度。

首先被多个组推荐的组具有较高的信誉，也就是说经常被选中交互的组节点一定是信誉高的组节点。所以推荐者的数量反映了组被其他组接受的程度。但是仅仅是提高推荐者的数量不是唯一的方式。

信誉度的提高不仅与推荐者的数量有关，还与推荐者的信誉相关。如果提供推荐的组的信誉较高，那么被他推荐的组的信誉也相应地获得较高的评价。反之亦然。如果一些信誉低的组任意相互以较高的程度推荐对方，那么由于组的信誉低，也不会明显提高被推荐组的信誉。

同时，组的信誉的提高还与组的直接信任度有关。组在推荐其他组时，是根据直接信任度进行推荐的。如果被推荐组的直接信任度高，那么被推荐组就会获得推荐组的较高推荐，相应地，被推荐组的信誉就会提高。反之，如果被推荐组的直接信任度不高，那么被推荐的信誉也低。

根据这三个方面的分析，被信誉高的组所推荐的组如果表现好（直接信任度高），那么被推荐的程度高；相反表现不好（直接信任度低），即使被信誉高的组推荐，被推荐程度也很低。如果一些信誉低的组任意相互以较高的程度推荐对方，那么由于组的信誉低，也不会明显提高被推荐组的信誉。这三方面影响因素的共同作用使得组即使是获得信誉高的组的推荐，也要表现好，才能获得较高的信誉。信誉低的组相互任意推荐也是不能显著提高彼此的信誉。

10.6 信任信息存储

移动 P2P 网络是分布式的系统，组节点之间是对等关系，那么信任的计算、信任信息的存储有以下三种方式：

(1) 基于中心服务器的方式，由中心服务器来计算、存储信任数据；

(2) 基于组节点的方式，由组节点自己计算和存储数据；

(3) 基于第三方的方式，由第三方计算、存储信任数据。

第一种方式的优点是存储和查找数据时，直接访问中心服务器即可。计算相对简单，不需要在组之间传输数据，减少网络开销。缺点是在移动 P2P 网络系统的各个组都是对等关系，很难说由谁来承担中心服务器。另外，这种集中计算、存储信任数据的方式使中心服务器成为瓶颈，同时也容易受到攻击，出现单点失效问题。

对于第二种方式，在算法 10.5 中，每个组节点计算和提供自己的信誉度。这种方式的优点是当某个组用户访问其他组提供的资源时，信任数据可以直接从该组上获取，不需要询问其他组，获得信任数据的方式较为简单。这种方式的缺点是存在组提供虚假的数据的情况，破坏系统的安全性。

基于第三方的方式，由第三方计算、存储信任数据。这种方式的优点是能够客观公平地计算组的信誉度，保证信任系统的可靠性。这种方式的缺点是增加了网络开销。

鉴于信任系统的安全性更加重要，本书采用基于第三方的方式来计算、存储信任数据。基本思想是：对于组 G_i，设置 M 个组节点来管理 G_i 的数据。当某个组需要 G_i 的信任数据时，随机查询这 M 个组节点中的 K 个节点（$K<M$）。在得到响应之后，查询者从中选取大多数一致的数据，从而排除恶意节点提供的虚假数据。为了加强系统的安全性，防止由于第三方组节点是恶意节点而篡改数据的可能性，采用由多个组节点管理同一个组节点信誉度的方式。并且管理节点是随机选取的，避免出现合谋欺骗的问题。为了确定计算 G_i 的信誉度的节点，本书采用 P2P 中分布式哈希表(Distributed Hash Table，DHT)来确定这些管理节点。

现有的 DHT 的基本设计思想是：在 P2P 中使用一个足够大的 ID 空间，系统中的所有节点和数据（这里的数据对于不同的 DHT 来说，可能是文件、索引或地址信息等）均具有唯一的 ID(key)标志。每个节点和数据的 ID 是通过散列函数得到的，即 NodeID＝Hash

(Node);DataID＝Hash(Data)。这样,系统中所有节点就通过 NodeID,映射到了 ID 空间,将 ID 空间分割成若干个子空间,每个节点负责一个子空间;数据保存在负责 DataID 所在的子空间的节点上。系统中的每个节点需要按照一定的策略维护其他部分节点的信息表以便进行查找、定位和路由。这样每个节点管理大约 N 个节点的数据。

根据 DHT 的原理,首先把组节点 G_i 通过 DHT 映射到逻辑空间的一个点,即分配一个逻辑标识。本书采取把 G_i 的组名作为关键词进行哈希运算,即 Hash(G_i),那么 G_i 负责管理它所覆盖的逻辑空间点。每个组节点在逻辑空间点的位置确定之后,再分别用 $\text{Hash}_1(G_i)$,$\text{Hash}_2(G_i)$,…,$\text{Hash}_n(G_i)$来确定 G_i 的管理节点,令 $\text{Hash}_n(G_i)=\text{Hash}(G_i \parallel n)$,其中 $\parallel$ 为连接符号。实际节点到逻辑空间的映射关系如图 10-8 所示。

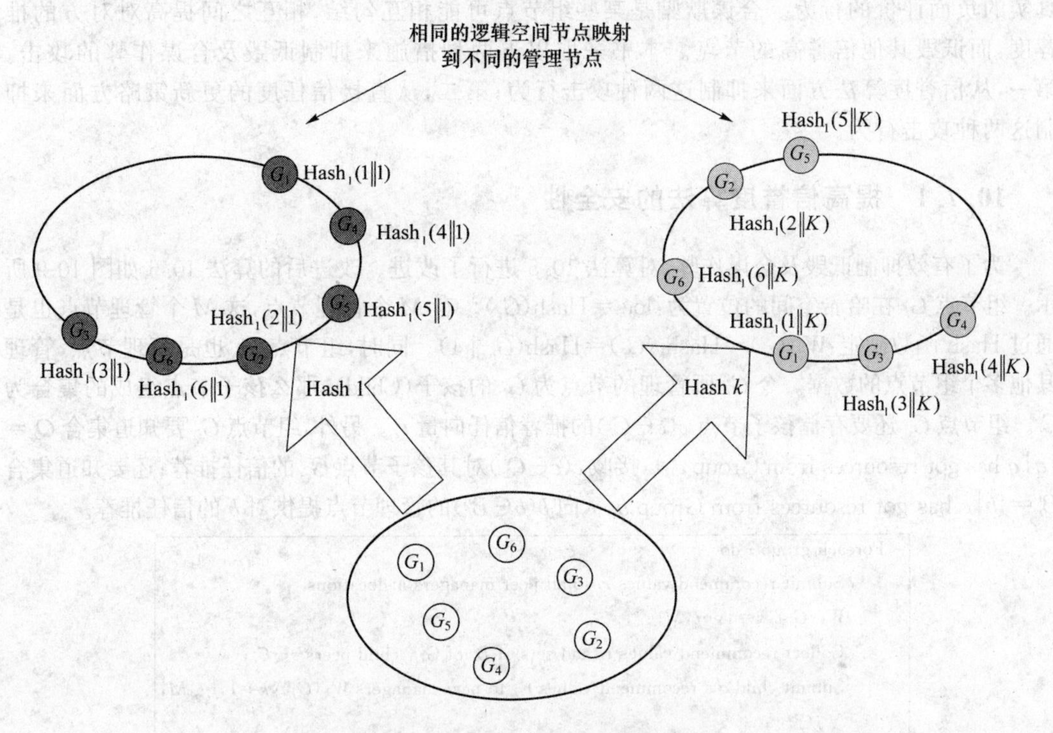

图 10-8　映射到逻辑空间示意图

本书采用 Chord 网络结构来组织组节点之间的连接。在 9.2.1 已经对 Chord 的具体技术细节进行过介绍。

Chord 使用相容散列为每个节点和数据分配 m 位的 ID。节点按照 NodeID mod 2^m 的顺序连成一个环型拓扑结构。而数据 k 存放在第一个满足 NodeID≥DataID 的节点上,此节点被称为该数据的后继节点,记作 successor(k)。在一个节点数为 N 的系统中,每个节点维护其他 $O(\log(N))$个节点的信息,这些信息存储在一个称为 Finger Table 的路由表中。在节点 n 的 Finger Table 中,第 i 项包含节点 s 的信息,其中 $s=\text{successor}(n+2^{i-1})$,$1<i\leqslant m$。Chord 利用这些 Finger Table,采用类似于二分法查找的方法定位到存储待查数据的节点,在由 N 个节点组成的网络中,每个节点只需维护其他 $O(\log(N))$个节点的信息,同样,每次查找只需要 $O(\log(N))$条消息。当节点加入或者离开网络时,需要发送 $O(\log^2 N)$条消息来更新路由表。节点失效不影响系统中正在进行的查询过程。相容哈希有几个很好的特

点，首先是哈希函数可以做到负载平衡，也就是说所有的节点可以接收到基本相同数量的关键字。另外，当第 N 个节点加入或者离开网络时，只有 $1/N$ 的关键字需要移动到另外的位置。Chord 进一步改善了相容哈希的可扩展性。在 Chord 中，节点并不需要知道所有其他节点的信息。每个 Chord 节点只需要知道关于其他节点的少量的"路由"信息。

10.7 诋毁及合谋欺骗的抑制

诋毁是当组节点被询问到对其他组节点的信任评价时，为与之有过交易的节点提供不真实的负面评价的行为。合谋欺骗是某些组节点可能相互勾结，相互之间提高对对方的推荐度，而诋毁其他信誉高的节点。本书采取以下两种措施来抑制诋毁及合谋作弊的攻击。第一，从信誉度算法方面来抑制这两种攻击行为；第二，从直接信任度的更新策略方面来抑制这两种攻击行为。

10.7.1 提高信誉度算法的安全性

为了有效抑制诋毁及合谋作弊，对算法 10.5 进行了改进。改进后的算法 10.6 如图 10-9 所示。组节点 G_i 在哈希空间的位置为：$loc_i=Hash(G_i)$。有 M 个管理节点，这 M 个管理节点也是通过 Hash 函数确定：$W_i(G_i)=Hash_1(G_i)=Hash(G_i \parallel 1)$。同时，组节点 G_i 也是管理节点，管理其他多个组节点的数据。令 G_i 所管理的节点为 G_i 的孩子(Child)，那么孩子节点组成的集合为 C_i。组节点 G_i 还要存储孩子节点 $c(c\in C_i)$ 的推荐信任向量 $\boldsymbol{r}_c^i$。另外，组节点 G_i 要知道集合 $Q_c^i=\{q|q$ has got resources from Group $c.\}$，接收 $c(c\in Q_c^i)$ 对其孩子节点 G_c 的信任推荐；还要知道集合 $B_c^i=\{b|c$ has got resources from Group $b.\}$，向 $b(b\in B_c^i)$ 的管理节点提供对 b 的信任推荐。

Foreach group i do

  Submit recommend values $\boldsymbol{r}_i$ to all peer managers at locations

  $W_k(G_i), k=1,\cdots,M$;

  Collect recommend values $\boldsymbol{r}_c$ and sets of B_c^i of G_i's child peers $c\in C_i$;

  Submit child c's recommend values r_{cj} to peer managers $W_k(G_j), k=1,\cdots,M$,

  $\forall j\in B_c^i$;

  Collect Q_c^i of all $G_i'^s$ child peers;

  Foreach child peer $c\in C_i$ do

    Query all peers $j\in Q_c^i$ for $r_{jc}U_j$;

    Repeat

      Compute $U_c^{(m+1)}=\beta(r_{1c}U_1^{(m)}+r_{2c}U_2^{(m)}+\cdots+r_{nc}U_n^{(m)})+(1-\beta)h_c$;

      Periodically, $U_i^{(m+1)}=\text{Fast}(U_i^{(m)},U_i^{(m)},U_i^{(m-1)})$;

      Send $r_{cm}U_c^{(m+1)}$ to all peer m's managers, $m\in B_c^i$;

      Wait for all peer j's managers to return $r_{jc}U_j^{(m+1)}, j\in Q_c^i$;

    Until $|U_c^{(m+1)}-U_c^{(m)}|<\varepsilon$;

  end

end

图 10-9 安全的信誉度的分布式算法

算法 10.6 对于诋毁及合谋作弊的抑制主要体现在以下几点：

(1) 对于任何一个组节点 G_i，虽然通过 DHT 确定逻辑空间的计算节点的值，但是管理这个值的组节点是任意选取的。因此，恶意节点不能通过协同作弊来提高自己的信誉度。

(2) 根据 DHT 的特性，加入系统的组节点不能任意选择逻辑空间的位置，只能够通过分布式哈希函数来确定逻辑空间的位置。这样，就避免了组节点计算自己的信誉度。

(3) 一个组节点 G_i 的信誉度是由多个管理节点来计算，对每个不同的管理节点，把组节点标识做了处理，使用同一个哈希函数分别映射成不同的管理节点，形成不同的逻辑空间。当某个组需要 G_i 的信任数据(信誉度)时，随机查询这 M 个组节点中的 K 个节点($K<M$)。在得到响应之后，查询者从中选取大多数一致的数据。从而避免与 G_i 有过交易的节点提供不真实的负面评价的行为。

10.7.2　设置合理的直接信任度的更新策略

本书采取设置合理的直接信任度的更新策略来抑制诋毁和合谋欺骗。假设组节点 G_i 与组节点 G_j，进行交互，交互完成后，G_i 对 G_j 的满意度做出评价 s_{ij}。为了提高安全性，在这需要 G_j 用自己私钥对评价信息 s_{ij} 进行签名，来保证评价数据的真实性。如果 s_{ij} 为满意，G_j 愿意签名；否则 G_j 不愿意签名。因此 G_i 需要把 s_{ij} 经过加密传输给 G_j。G_i 把 G_j 签名后的评价数据发送给自己的管理节点 G_k。管理节点 G_k 在收到评价数据后，按以下更新策略来更新 G_i 对 G_j 的直接信任度：

(1) s_{ij} 为满意，表明这次满意度评价有两种可能：一种是正常的节点之间的交互；另一种是同谋节点之间相互勾结，相互夸大对方。具体属于哪种情况，G_k 难以区分，因此以 U_j 的概率接收 s_{ij}。如果 G_j 的信誉高，则它的信誉度增加较快；相反，如果 G_j 的信誉低，则信誉度增加较慢。所以恶意节点很难通过相互勾结来夸大对方。

(2) s_{ij} 为不满意，表明这次满意度评价也有两种可能：一种是正常的节点之间的交互；另一种可能是恶意节点诋毁信誉度高的节点。这时，G_k 以 $1-U_j$ 的概率接收 s_{ij}。如果 G_j 的信誉高，则信誉度降低较慢；相反，如果 G_j 的信誉低，则它的信誉度降低较快。所以恶意节点很难诋毁信誉度高的节点。

从管理节点接收评价数据的策略来看，节点的信誉度变化也是非线性过程，这样可以保证在系统中不会突然出现信誉度高的节点。一般地，对于新加入系统的组节点来说，只要保证服务质量，连续的成功交互才能成为高可信节点。

对于满意度评价结果的传输，涉及 G_i、G_j 和管理节点 G_k。为了加强满意度评价数据传输的安全性，本书基于密码机制设计了信任信息的传输协议(Trust Information Transportation Protocol，TITP)。协议如下：

(1) $G_i \rightarrow G_j$，G_i 和 G_j 交互完成后，对 G_j 做出满意度评价。用哈希算法(MD5 或 SHA1)加密，加密的消息如下：

$$\text{Enc}_{\text{Pkey}_j}(\text{Hash}(G_i \parallel G_j \parallel s_{ij} \parallel \text{InteractionID} \parallel \text{Random}) \parallel \text{InteractionID})$$

把该消息发送给 G_j，Random 为 G_i 生成的随机数，用于防止 G_j 看到评价结果。

(2) $G_i \rightarrow G_k$、G_j，G_j 接收到消息后，用自己的私钥 Skey_j 解密消息，并对哈希值签名。然后把签名后的消息发送给 G_i。发送的消息如下：

$$\text{Enc}_{\text{Pkey}_i}(\text{Sign}_{\text{Skey}_j}(\text{Hash}(G_i \parallel G_j \parallel s_{ij} \parallel \text{InteractionID} \parallel \text{Random} \parallel)))$$

(3) $G_i \rightarrow G_k$，G_i 接收到 G_j 的消息，用自己的 $Skey_i$ 私钥解密消息，得到 G_j 的签名消息。然后 G_i 向自己的管理节点 G_k 发送这次交互的满意度评价结果。发送的消息如下：

$$Enc_{Pkey_k}((G_i \| G_j \| s_{ij} \| InteractionID \| Random) \| Sign_{Skey_j}(Hash(G_i \| G_j \| s_{ij} \| InteractionID \| Random \|)))$$

同时，为了便于 G_j 管理自己组内成员，G_i 还要把真实评价结果告诉 G_j。发送的消息如下：

$$Enc_{Pkey_j}(G_i \| G_j \| s_{ij} \| InteractionID)$$

(4) G_k 接收到 G_i 发送的消息，首先用自己的私钥 $Skey_k$ 解密消息。然后再用哈希算法计算($G_i \| G_j \| s_{ij} \|$ InteractionID) $\|$ Random)的哈希值。再用 G_i 的公钥 $Skey_i$，解密 G_i 签名，恢复哈希值($G_i \| G_j \| s_{ij} \|$ InteractionID) $\|$ Random)。如果 G_k 计算的哈希值和恢复后的哈希值相同，G_k 认为此次交互的满意度评价有效。

根据更新策略更新 G_i 对 G_j 的直接信任度。表 10-1 为 TITP 协议用到的符号解释。

表 10-1　TITP 符号对照表

符号	解释
$Pkey_i$	节点 G_i 的公钥
$Skey_i$	节点 G_i 的私钥
Hash	哈希计算
Enc_{Pkey_i}	用节点 G_i 的公钥加密
$Sign_{skey_i}$	用节点 G_i 的私钥签名
$\|$	连接操作

10.8　模拟试验及结果分析

为了验证 GMPTM 的实际效果，本书设计了一系列的模拟实验从信任模型的动态适应力、抗攻击力、通信负载和新节点的合作成功率等方面进行了评估。所有模拟实验均运行在 Windows 2000 Server 的平台上。每个实验均采用多次运行求平均值的办法获得最终数据。

10.8.1　试验设置

本节使用 PlanetSim 3.0 作为移动 P2P 系统的模拟软件，从信任模型的动态适应力、抗攻击力、通信负载和新节点的合作成功率等方面进行了评估。作为参照同时还实现了基于 EigenTrust[44] 和 PowerTrust[129] 的模型仿真。

设想的场景为文件共享应用，即移动用户从其他用户节点上下载其所需的文件，下载成功与否由文件的真实性来决定。模拟环境设计中的参数包括：节点总数、移动节点的通信范围、移动节点的移动速度、移动代理的数量等。同时，节点被分为两大类：诚实节点和恶意节点。恶意节点又分为两类：单独的恶意节点和合谋的恶意节点。单独的恶意节点是指提供不真实的文件，冒充其他节点或诋毁与之交互过的节点。这类节点只是独自进行恶意活动并不与其他节点窜谋。合谋节点是指与其他节点互相勾结，相互之间提高对对方的推荐度并且互相提供真实文件，而诋毁其他信誉高的节点，同时向其提供不真实文件。单独的恶意节点和合谋的恶意节点所占的比例分别用 s 和 k 表示。诚实节点在文件共享的过程中总是提供真实的文件并且对交互过的节点进行正确的满意度评估。而恶意节点以一定的比例进行恶意行为。

为了使模拟更接近于真实的移动 P2P 系统，在模拟的过程中为每一个移动节点任意设置了一个休眠周期，范围为[100,500]秒。在休眠期间不再响应其他节点的任何请求。比如设置节点每隔一个小时休眠 100 秒。设置休眠周期的目的是为了模拟真实的移动 P2P 网络中节点任意加入和离开的特性。

在信任计算方面，针对 EigenTrust、PowerTrust 和 GMPTM 的基本信任计算形式进行比较。对 GMPTM 来说，实验中对于信任度的计算采用分布式的计算算法 10.6 计算信誉度，直接信任度也由管理节点负责计算和更新，更新策略和信任信息的传输协议详见 10.7.2。基本的参数设置为 $\beta=0.9$，$\vartheta=0.95$，$\alpha=0$，其中 $\alpha=0$ 表示所有节点都依赖于信誉度。对于所有节点来说可信度判断的阈值 $\psi=0.65$。

10.8.2　动态适应力评估

在这组实验里，通过模拟节点任意加入和离开的过程考察信任模型对网络动态性的适应能力。由于本组实验集中模拟网络的动态变化，因此，在节点构成中没有考虑恶意节点。网络中的所有节点都是诚实节点。试验评估了网络的动态变化对其性能的影响。共设计了四组实验，第一组模拟节点的离开过程，其中节点的总数为 6 000。第二组模拟节点的加入过程，其中节点的总数为 6 000。第三组模拟节点的离开过程，其中节点的总数为 10 000。第四组模拟节点的加入过程，其中节点的总数为 10 000。

四组试验中，节点每进入休眠状态一次被视为离开网络一次，反之，为加入网络一次。一个节点加入和离开网络的可能性等于 0.5，这意味着节点加入网络和离开网络的机会是相等的。在四组试验里节点加入和离开网络的次数总共模拟 3 000 次。在试验过程中每隔 250 个间隔收集一次试验结果。试验结果对应网络性能 NP，$\mathrm{NP}=\frac{n_p}{n_c}$。网络性能的值是网络中节点的总数 n_p 与信任链数量 n_c 的比率。信任链数量 n_c 是信任关系网络 Graph 的边数。网络性能 NP 体现了信任模型的信任度计算能力。NP 越小说明信任度的计算能力越强。试验的基本参数的说明如表 10-2 所示。试验结果如图 10-10 所示。

表 10-2　模拟参数表

节点数量	6 000	10 000
通信范围/m	70	70
模拟区域/m^2	1 000×1 000	5 000×5 000
休眠周期/s	100	100
加入或离开的次数	3 000	3 000
移动代理数	20	20
节点移动的最大速度/(m·s^{-1})	20	20

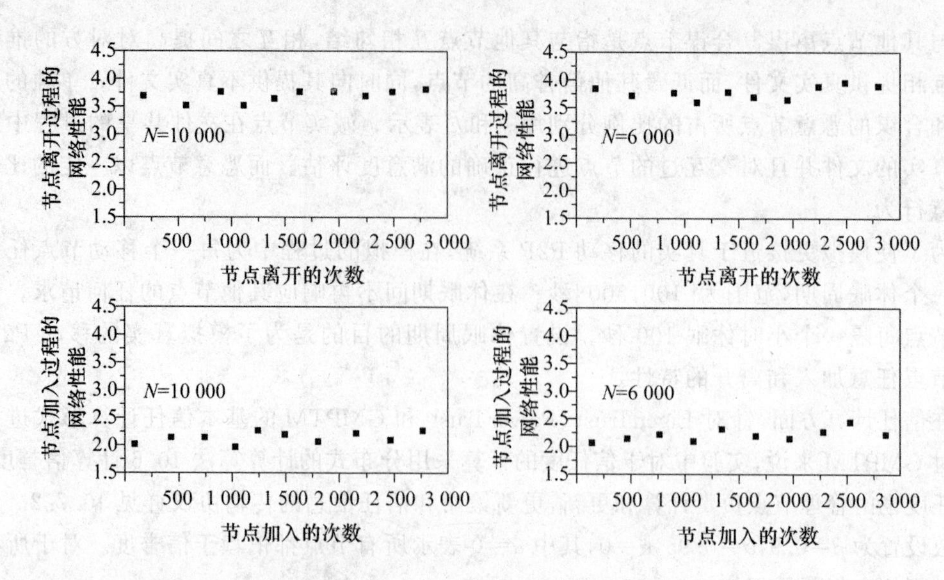

图 10-10　节点加入或离开过程的网络性能

根据试验结果可以得出以下结论：

(1) $N=6\ 000$，节点的任意离开对其网络性能影响很小，NP 在 3.5～4.0 范围内上下波动。

(2) $N=6\ 000$，节点的任意加入对其网络性能影响很小，NP 在 2.0～2.5 范围内上下波动。

(3) $N=10\ 000$，节点的任意离开对其网络性能影响很小，NP 在 3.5～4.0 范围内上下波动并且与 $N=6\ 000$ 相比基本没有变化。

(4) $N=10\ 000$，节点的任意加入对其网络性能影响很小，NP 在 2.0～2.5 范围内上下波动并且与 $N=6\ 000$ 相比基本没有变化。

通过以上四组试验，可以证明 GMPTM 具有很强的动态适应能力，能够很好地适应移动 P2P 网络的动态变化。

10.8.3　抗攻击力评估

为了评估信任模型在不同的恶意行为下的实际评估效果，本书进一步模拟了具有不同恶意行为的环境，这样的环境更加接近于实际的应用环境。在这组实验中，移动 P2P 网络由不同能力的诚实节点和不同欺骗行为的恶意节点组成，节点分类和模拟设置如表 10-3 所示。

表 10-3　模拟参数及节点类型表

节点名称	节点类别	信任类型	信任请求 TTL	响应率	满意度评价
诚实节点	强	1	4	0.7	真
诚实节点	中	1	4	0.7	真
诚实节点	弱	1	4	0.7	真
恶意节点	单纯	0	5	0.7	假
恶意节点	合谋	0	6	0.6	假/真

表 10-3 中，信任类型是指节点行为表现出来的结果，节点类别对于诚实节点来说分为：强、中、弱三类，体现了节点提供服务的能力。对于恶意节点分为：单纯、合谋两类。诚实节点的满意度评价总为真，单纯的恶意节点的满意度评价总为假。合谋的恶意节点有时为真

有时为假。对于与其串谋的恶意节点为真，对其他节点为假。实验中节点总数为 1 000，组的规模 30，执行 40 个时间单位，每个时间单位每个节点进行 40 次交互。分别对 EigenTrust、PowerTrust、GMPTM 和不采用信任机制的情况进行考察，没有信任机制的节点随机进行交互，在 EigenTrust、PowerTrust、GMPTM 中的节点选择可信度最高的节点进行交互，若该节点不响应，则选择可信度次之的节点进行交互。

实验考察信任模型的抗攻击能力，针对所有节点的交互成功率进行评估。分别进行了三组试验。初始设置 1 000 个节点随机分类成具有强、中、弱三类的诚实节点，并假设诚实节点以 0.95 的概率提供可信文件。试验一，单纯的恶意节点从 0 开始增加到节点总数的 50%。实验结果如图 10-11 所示。试验二，合谋的恶意节点从 0 增加到节点总数的 50%。实验结果如图 10-12 所示。试验三，不同欺骗行为的恶意节点（单纯、合谋）从 0 增加到节点总数的 50%。实验结果如图 10-13 所示。

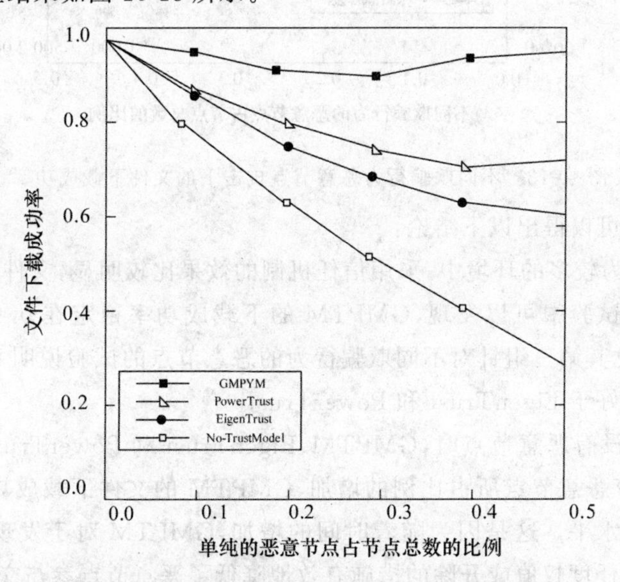

图 10-11　单纯恶意节点攻击下的文件下载成功率

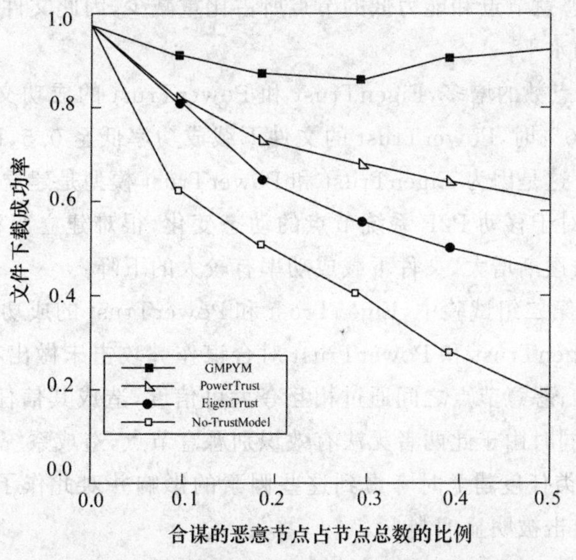

图 10-12　合谋恶意节点攻击下的文件下载成功率

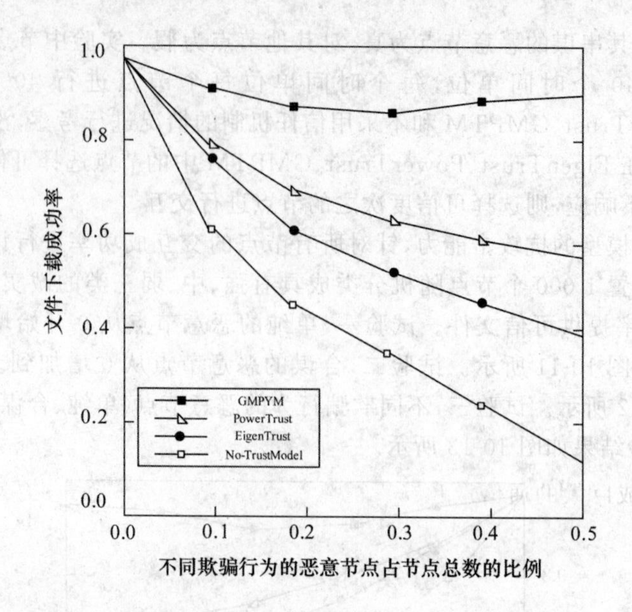

图 10-13　不同欺骗行为恶意节点攻击下的文件下载成功率

根据试验结果可以得出以下结论：

(1) 在恶意行为较多的环境中，采用信任机制的效果比较明显，文件下载的成功率可以提高很多。从四组试验中可以发现，GMPTM 的下载成功率稳定在 0.9，高于 EigenTrust 和 PowerTrust。尤其第三组针对不同欺骗行为的恶意节点的试验说明 GMPTM 对复杂恶意环境的适应能力好于 EigenTrust 和 PowerTrust。

(2) 当系统中没有恶意节点时，GMPTM、EigenTrust 和 PowerTrust 的文件下载成功率都为 0.95。随着恶意节点所占比例的增加，GMPTM 的文件下载成功率先降低，然后上升并稳定在一定的水平。这是因为随着时间的增加，GMPTM 对于发现的潜在危险节点，采取降低其组内信任度权值或开除的措施有效地降低了恶意节点参与交易的机会。随着诚实节点的比重增加，恶意节点和能力低的节点所占比重减少，因此文件成功率也就开始逐步上升并稳定在一定的水平。

(3) 随着恶意节点数的增多，EigenTrust 和 PowerTrust 的成功交易率明显下降，当系统中恶意节点达到 50%时，PowerTrust 的文件下载成功率低至 0.5，EigenTrust 的成功率甚至低至 0.4 以下。这是因为 EigenTrust 和 PowerTrust 模型是建立在系统的拓扑结构相对稳定的前提下，相对于移动 P2P 系统节点的动态变化，很难建立起稳定的信任链。因此随着恶意节点比例的逐渐增大，文件下载成功率有较大的下降。

(4) 在第三组和第二组试验中，EigenTrust 和 PowerTrust 的成功交易率明显低于第一组试验，这是由于 EigenTrust 和 PowerTrust 对合谋作弊攻击未做出有效处理，因此，随着此类节点比例的增加，恶意节点之间通过相互夸大可信度，造成其信任度有较大的提高，从而吸引大量的交易，同时由于此两者无法有效识别恶意节点，造成系统的有效交易下降。与之相反，GMPTM 在信任度建立时考虑到这些因素的影响并对此作了处理，能有效识别恶意节点，因此，合谋攻击被明显抑制。

10.8.4　通信负载评估

这组试验通过比较 GMPTM、EigenTrust 和 PowerTrust 的全局信任的计算时间来评估信任模型里信任计算的通信负载情况。实验中节点总数为 1 000，组的规模为 30，执行 40 个时间单位，每个时间单位每个节点进行 40 次交互。EigenTrust 和 PowerTrust 的节点反馈率分别设为{−1，0，1}和{0，0.5，1}。实验结果如表 10-4 所示。根据试验结果可以得出以下结论：GMPTM 中的信任计算的通信负载明显小于 EigenTrust 和 PowerTrust 模型。这是因为 GMPTM 通过较小的群组实现了更好的信任评估效果，避免了全局信任计算中节点间大规模的信息交换，极大地降低了分布式信任计算中的通信负载。相反，EigenTrust 和 PowerTrust 为了完成全局信任值的计算和传播，在节点之间频繁地交换信任信息并进行相应的计算，造成巨大的通信量和计算负荷。

表 10-4　计算时间的比较

节点数	EigenTrust		PowerTrust		GMPTM	
	计算次数	时间	计算次数	时间	计算次数	时间
250	2 650	2.86×10^{-6}	2 520	2.52×10^{-6}	2 417	1.26×10^{-8}
500	21 254	3.54×10^{-6}	20 174	2.96×10^{-6}	46 589	0.96×10^{-5}
750	43 347	44.59	43.189	44.53	52 128	23.15
1 000	4.41×10^{30}	5.31×10^{23}	4.43×10^{30}	5.34×10^{23}	5.67×10^{30}	2.25×10^{23}

10.8.5　新节点的合作成功率评估

这组试验评估了新进入节点的合作成功率。合作成功率 $Co_i=\frac{l_{success}}{l_{total}}$。$l_{success}$ 是指新进入节点 $Peer_i$ 成功交互的次数，本次试验设为成功下载文件的次数。l_{total} 是指 $Peer_i$ 交互的总次数，本次试验设为下载文件的次数。成功下载的标准同上，就是节点下载到真实的文件。实验中 1 000 个节点随机分类成具有强、中、弱三类的诚实节点。假设新节点必须达到诚实节点要求的信任度才能下载信任节点提供的文件。节点组的规模为 30，执行 13 个时间单位，每个时间收集一次数据。分别对 GMPTM 和 PowerTrust 进行考察。实验结果如图 10-14所示。通过这组试验可以看出 GMPTM 中的新进入节点的合作成功率明显高于 PowerTrust 的。另外观察到 GMPTM 中的新进入节点的合作成功率在开始的时候一直增加并在 7 个小时后稳定在 90%的水平。根据试验结果可以得出以下结论：GMPTM 对于新节点问题的处理明显优于 PowerTrust。主要原因是 PowerTrust 是基于反馈的方法来计算节点的信任的。这种基于反馈的信任评估机制在实际当中没有公平合理地对待那些诚实可信的新节点。由于新进入的节点没有与系统中的其他节点发生过交互行为，它的反馈经验为 0，所以新节点被 PowerTrust 赋予最低的信任度。它必须要花费很长的时间才能够积累到足够的信任度，这极大地限制了新节点的行为。并且对于这种节点频繁加入和离开的网络，基于反馈的信任评估机制严重降低了网络的性能。相反，GMPTM 因为能够弹性地鼓励节点参与的积极性，因此有效地解决了很多信任模型存在的新节点信任问题。

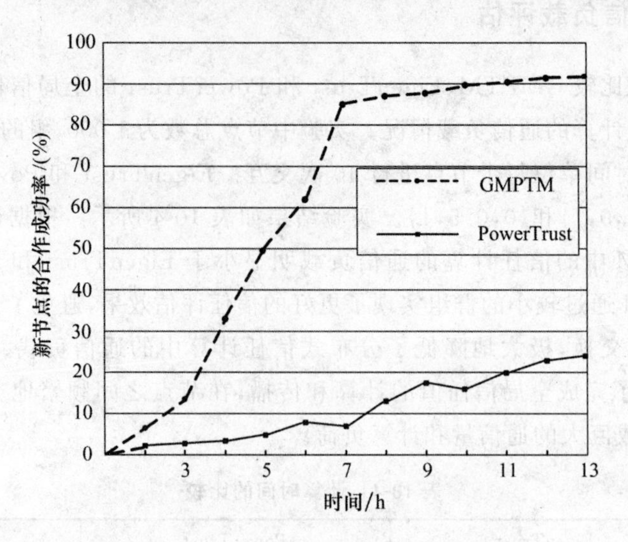

图 10-14　新节点合作成功率

10.9　本 章 小 结

本章介绍了我们提出的以组为单位的层次化的移动 P2P 网络信任模型（Group-based Mobile P2P Trust Model,GMPTM）。在 GMPTM 中，具有相同移动代理的移动节点被归属到同一个组。GMPTM 中定义了管理组和实现信任传播的相关算法，整个信任网络采用"小世界"的方式实现信任管理，每个移动代理维护一个信任群组。这种通过群组的信任评估方式，能够有效地适应移动 P2P 网络拓扑结构的不断变化，同时最大程度地降低了信任计算的复杂性，为移动终端节省了资源。本章对 GMPTM 的相关问题进行了研究，包括组的直接信任关系的评价；组内成员的信任度评估；信誉度的计算；信誉度提高的方式；信任关系数据的存储以及诋毁和合谋欺骗的抑制等。

第 11 章　基于稳定组的信任模型

在第 10 章中,我们提出了以组为单位的层次化的信任模型 GMPTM。虽然它有很多优点,但不得不依赖移动代理服务器进行工作。随着未来无线技术的发展,移动终端的功能将逐渐强大和完善,使得其不再依靠移动代理服务器而直接连入到云中。另外,随着诸如无线自组织 Ad Hoc 网络、无线 Mesh 网络等的日趋普及,在其上实现移动 P2P 应用(例如,进行快速传输、播放视频和音频)的需求也日渐增多。这些网络的最大特点是网络中不存在权威节点,每一个节点都是完全独立的。因此需要建立一个完全分布式的信任模型才能满足以上情况的需要。通过研究移动点对点网络节点的信任关系的变化与网络设备使用者位置、兴趣等变化的对应关系,本章提出了一个基于稳定组的信任模型(Stable Group-based Trust Model,SGTM)。通过稳定组运动模型,SGTM 能够从一定精度上对网络在未来一段时间内的拓扑结构变化趋势做出预测,并以此为基础对移动节点进行有效分组,分组原则为相同分组内的节点之间相对保持最大程度的拓扑结构的稳定,从而保证组内节点信任关系的稳定存在。SGTM 的最大优点是网络中的移动节点能够在网络动态变化的情况下,不依赖常规的基础设施用最短的信任链在最快的时间里收集到有效的信任信息。模拟试验验证了模型的效果。本章工作的最大的意义不仅仅是设计了一个能够应用于移动 P2P 网络的信任模型,而是目前信任领域里有史以来第一次在移动环境下对移动模式和信任管理之间的关系问题进行详细的研究。

11.1　相关介绍

随着无线网络带宽增大,移动设备计算能力增强,移动终端不再依靠移动代理服务器而直接连入到云中。例如,最近的 3G 网络手机,就可以通过 3G 网络直接接入 Internet,访问全球的 P2P 网络,共享全球网络资源。另外,在 Ad Hoc 网络、Mesh 网络上实现移动 P2P 应用(例如,进行快速传输、播放视频和音频)的需求也日渐增多。只是在这些网络环境里建立移动 P2P 系统的前提条件是网络中的移动节点必须通过无线技术进行网络通信并实现各种具体 P2P 应用。也就是说,只有具备以上条件的网络结构才能称为移动 P2P 网络。由于本章研究的信任问题涉及 Ad Hoc 网络和 Mesh 网络,因此本节将对它们进行一定的介绍。

随着无线技术的发展和普遍应用,移动自组网在军事、商业以及个人计算领域都显示出广泛的应用前景。移动自组网又称为 Ad Hoc 网络,其布设或展开无须依赖任何预设的网络基础设施和集中式组织管理机构,节点开机后就可以快速、自动地组成一个自治网络,每个节点既是终端又具有路由转发功能。在 Ad Hoc 网络中，远距离节点之间的网络互连是通过运用对等级多跳技术实现。图 11-1 是一个典型的 Ad Hoc 网络，图中，终端 A 和终端 I 无法直接通信，但可以通过路径 A→B→G→I 进行通信，即在终端 A 和终端 I 的通信过程中，节点 B 和节点 G 起到一个路由的作用，它们负责数据的路由转发功能。由于自身的特殊性，Ad Hoc 网络面临着许多传统安全机制无法解决的安全问题：外部攻击者或内部被攻破的移动节点通过注入错误路由信息、恶意转发过时路由信息以及将网络人为地分成多个假不连通的区域或者通过产生大量的重发和无效的路由信息大大加重网络中的通信负载，破坏路由。信任机制成为解决这些问题的重要手段。

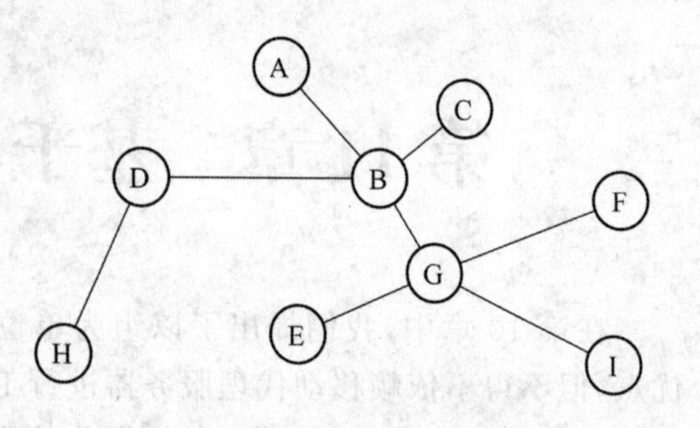

图 11-1　典型 Ad Hoc 网络

无线 Mesh 网络（无线网状网络）也称为"多跳"网络，它是一种与传统无线网络完全不同的新型无线网络技术。与无线局域网（Wireless Local Area Network，WLAN）相比，在传统的无线局域网中，每个客户端均通过一条与 AP 相连的无线链路来访问网络，用户如果要进行相互通信的话，必须首先访问一个固定的接入点（AP），这种网络结构被称为单跳网络。而在无线 Mesh 网络中，任何无线设备节点都可以同时作为 AP 和路由器，网络中的每个节点都可以发送和接收信号，每个节点都可以与一个或者多个对等节点进行直接通信，它是一种新型的宽带无线网络结构，一种高容量、高速率的分布式网络。无线 Mesh 网络在拓扑上，与移动 Ad Hoc 网络相似，但网络大多数节点基本静止不移动，不用电池作为动力，拓扑变化小；在单跳接入上，无线 Mesh 网络可以看成一种特殊的无线局域网。与传统的交换式网络相比，无线 Mesh 网络去掉了节点之间的布线需求，但仍具有分布式网络所提供的冗余机制和重新路由功能。在无线 Mesh 网络里，如果要添加新的设备，只需要简单地接上电源就可以了，它可以自动进行自我配置，并确定最佳的多跳传输路径。添加或移动设备时，网络能够自动发现拓扑变化，并自动调整通信路由，以获取最有效的传输路径。无线 Ad Hoc 网络和无线 Mesh 网两者均是点对点（Point to Point，P2P）的自组织的网络。

11.2　基于稳定组的信任模型

11.2.1　信任模型 SGTM 的提出

移动 P2P 网络由大量的移动节点组成，这些节点之间通过无线连接互相通信。由于网络缺少固定基础设施的支持并且移动节点以不同的移动模式在网络中运动，导致无线连接的频繁中断。以上问题给网络中信任管理系统的建立带来了巨大的挑战。现存的信任模型都存在一个共同的假设，即假设信任信息都来自于稳定的网络拓扑结构环境，且这些信任信息能够被保证长期有效。然而在移动 P2P 网络环境下，由于节点频繁地加入和退出造成网络拓扑结构不断变化，不可能保证建立的信任信息长期有效。因此迫切需要提出新的解决方案。

研究发现移动 P2P 网络中节点对等关系和网络拓扑结构的动态变化与现实社会存在着一定的映射关系。网络世界中，所有的网络设备的使用者都具有一定的兴趣和爱好，如果两个网络设备的使用者具有相同的或相似的兴趣爱好，他们有着很大的可能性进行连接和资源交换。移动网络的拓扑结构的变化往往是由于网络设备的使用者自身的兴趣、位置等发生变化引起的。因此能够使用社会模型来解决 P2P 网络中存在的问题，通过社会模型来分析和预测相对应的网络拓扑结构的变化，提高节点之间信任关系的稳定性。受到这种思想的启发，本章提出了一个基于稳定组的移动 P2P 网络信任模型（Stable Group-based Trust Model，SGTM）。SGTM 使用一种基于稳定组运动模型划分移动网络的机制，这种机制能够仅通过本地知识，主动地根据节点兴趣和位置变化，自发重新组合网络，形成新的具有共同兴趣、利益的组群。同时，通过捕获移动网络中的节点运动规律，获得代表网络中移动节点一致性运动模型，从一定精度上，对网络在未来一段时间内的拓扑结构变化趋势做出预测。分组原则为相同分组内的节点之间相对保持最大程度的拓扑结构的稳定，从而保证组内节点信任关系的稳定存在。SGTM 信任模型具有以下优点：

（1）在稳定组里，所有的组成员在整个通信会话中都以相同的运动模式进行移动，因此组员之间能够不依赖于中心服务器的支持而建立稳定可靠的信任关系。

（2）具有很强的动态适应力，网络中的移动节点能够在网络动态变化的情况下，用最短的信任链在最短的时间里收集到有效的信任信息。

（3）通过稳定组能够从一定精度上，对网络在未来一段时间内的拓扑结构变化趋势做出预测。

（4）通过稳定组实现了更好的信任评估效果，避免了全局信任计算中节点间大规模的信息交换，极大地降低了分布式信任计算中的通信负载。

11.2.2　随机漫步模型

目前研究者提出了很多节点运动模型用来预测网络拓扑结构变化。其中随机漫步模型（Random Walk Model，RWM）认为移动节点在下一时刻的运动方向和速度与它们当前时刻运动没有相关性。在 RWM 里，每个移动节点在给定的时间内向任意一个方向移动任意的距离。虽然这个模型很简单，用于表示真实环境中单独移动用户急停急转的随机运动效果很好，但是它很大程度上不同于在一个实际的系统中移动用户在原地附近的移动模式。一般情况下，移动用户以目的地为目标进行移动，因此，移动速度和方向的变化由于实际物理上的制约在短时间内是有限的，其现在的速度和移动方向可能和他过去的速度和移动方向有相互关系。RWM 这种模型不能够描述节点之间的相关运动特性，很难对网络拓扑结构未来发生的变化做出预测。

11.2.3　增强的稳定组模型

随机漫步模型仅仅反映了单个节点的运动模式，很多组运动模型被提出来用以描述节点的组运动模式。例如，Karen H. Wang 等人提出的 RVGM 模型。他们发现在实际的应用环境中，如在博物馆里，每个参观者按照自己的兴趣，沿不同的路线，以不同速度运动，但是可以观察到，由于共同的兴趣爱好，参观者的移动过程显示出组群特性，即显示出一定的一致性,如图 11-2 所示。

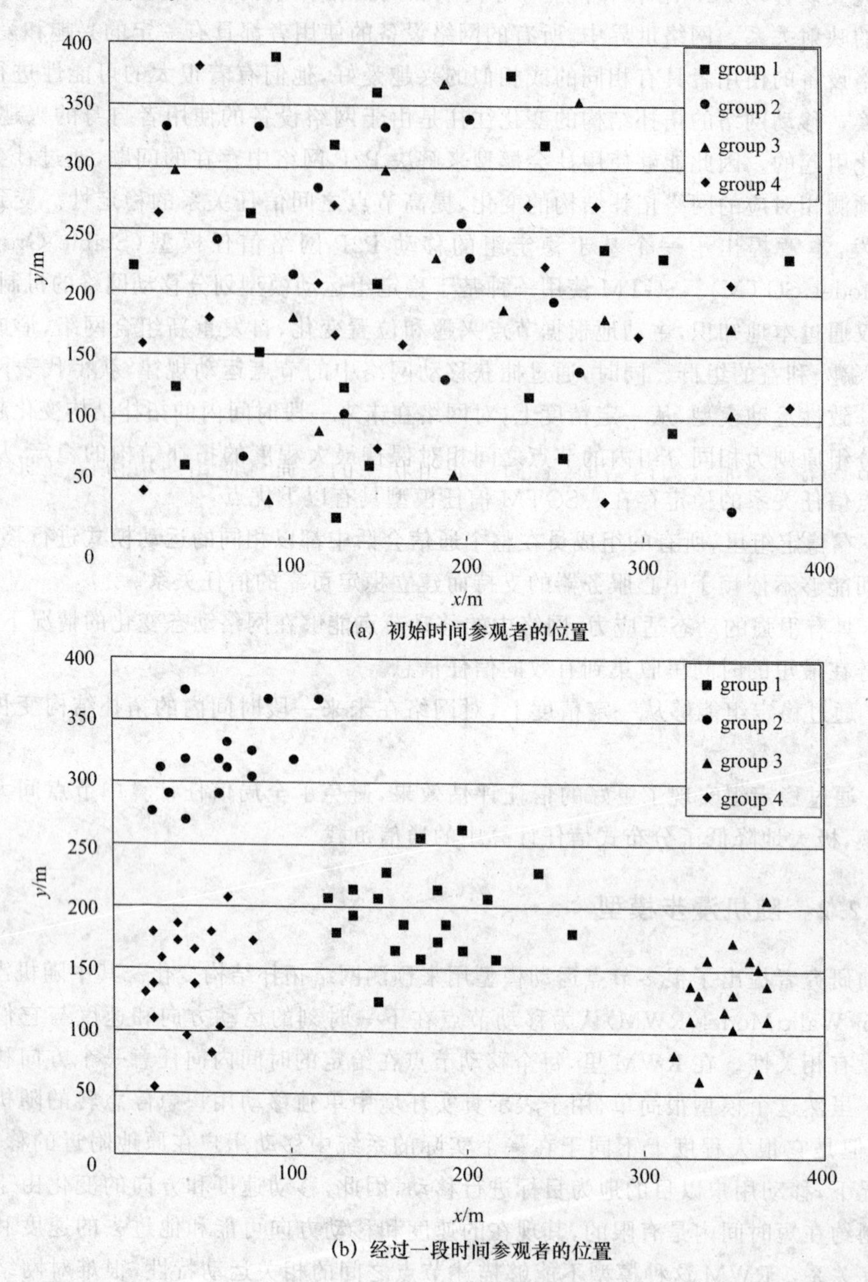

(a) 初始时间参观者的位置

(b) 经过一段时间参观者的位置

图 11-2 参观者的位置

在 RVGM 里,每一个组被称为稳定组。同一稳定组的成员有共同的兴趣和路线,因此成员之间保持相对稳定距离的可能性非常大。移动 P2P 本身就是由一些为了协同计算、通信目的构成的网络,因此移动设备的使用者的行为通常不是随机的,而是分组活动。如果能够通过捕捉网络的这些基本特征描述出移动节点的运动模式,就能得到网络拓扑变化的信息,从而对网络在未来,一段时间内的拓扑结构变化趋势做出预测。

在稳定组模型里,移动网络根据节点的运动模式被动态的分成若干个稳定组。相同组的成员在整个通信会话里都以相同的运动模式进行移动。稳定组模型的使用具有以下三个主要的优点：第一，稳定组把巨大的网络分成了若干个易于管理的小区域；第二，稳定组使网络的拓扑在同一个组内具有相对很小的变化；第三，由于同一组的移动节点之间发生交互的可能性远远大于不同组的移动节点，因此节点在相同的组里很容易建立起信任关系，并且它们之间的信任链也相对稳定可靠。

本书延伸了 RVGM 模型，提出了增强的稳定组模型（Enhanced Stable Group Model）。增强的稳定组模型中的稳定组的定义基于 RVGM 模型中的稳定组，但 RVGM 没有给出节点之间的距离和其标准方差的计算公式，本书解决了这个问题，并对稳定组定义进行了延伸。在给出定义之前，首先进行以下假设：在移动网络中，节点之间是对称传输的，即传输范围相同，每个节点能够通过检测信号强弱等方法，获取与周围每一个相邻节点的距离。

当节点第一次加入到网络时，它们是非组状态的。通过使用路由协议周期性地发送 Hello 信息，节点能够获取与周围每一个相邻节点的距离。基于 Friss 传输等式，节点接收到的功率如下：

$$\mathrm{RP}=P_{\mathrm{t}} * G_{\mathrm{t}} * G_{\mathrm{r}} * \frac{\lambda^2}{(4 * \pi * d)^2} \tag{11-1}$$

其中，RP 表示接收功率；P_{t}表示传输功率；G_{t}表示发送方的天线增益；G_{r}表示接收方的天线增益；λ 表示波长；d 表示距离。通过式(11-1)，能够计算出节点之间的距离：

$$E[D_{\mathrm{AB}}]=\frac{m}{\sqrt{RP}} \tag{11-2}$$

其中，$E[D_{\mathrm{AB}}]$表示节点 A 和 B 之间的距离；m 表示一个常量。式(11-2)并不是旨在得到节点之间的实际物理距离，而是反映了节点之间的运动模式的相似度。

如果 $E[D_{\mathrm{AB}}]\leqslant r$，($r$ 是节点间有效传输距离)，则将节点 A 和 B 称为相邻结点。同时由于节点 A 和 B 是移动节点，因此它们之间的距离也随结点自身的运动在不断地变化。如果节点 A 和 B 属于相同的组，那么 $E[D_{\mathrm{AB}}]$变化很小，相对稳定。假设 A 是测量节点，节点 A 在一段时间内测量与 B 之间的距离，测量的次数为 n。得到的测量结果表示为 $E[D_{\mathrm{AB}}]=\{E[D_{\mathrm{AB}}]t, t=0,1,2,\cdots,n\}$。令 $\mathrm{VD}_{\mathrm{AB}}$，表示与 $E[D_{\mathrm{AB}}]$的平均值的标准方差，计算公式如下：

$$\mathrm{VD}_{\mathrm{AB}}=\sigma(|E[D_{\mathrm{AB}}]_1-E[D_{\mathrm{AB}}]_0|,|E[D_{\mathrm{AB}}]_2-E[D_{\mathrm{AB}}]_0|,\cdots,|E[D_{\mathrm{AB}}]_n-E[D_{\mathrm{AB}}]_0|) \tag{11-3}$$

定义 11.1　对于在移动 P2P 网络的两个移动节点 A 和 B，若它们之间的距离 $E[D_{\mathrm{AB}}]$的平均值小于 r，并且标准方差 $\mathrm{VD}_{\mathrm{AB}}<(\mathrm{VD}_{\mathrm{AB}})_{\max}$，则称节点 A 和 B 构成了邻接组对（Adjacent Group Pair），表示为 $\mathrm{A}\underset{\sim}{0}\mathrm{B}$。

定义 11.2　如果存在 k 个中间移动节点 $C_1,C_2,\cdots,C_k(k\geqslant 1)$，它们构成了这样的关系，$\mathrm{A}\underset{\sim}{0}C_1,C_1\underset{\sim}{0}C_2,\cdots,C_i\underset{\sim}{0}C_{i+1},\cdots,C_k\underset{\sim}{0}\mathrm{B}$，则称节点 A 和 B 构成了 k 阶邻接组对（k-related Adjacent Group Pair），表示为 $\mathrm{A}\underset{\sim}{k}\mathrm{B}$。

定义 11.2 将这种稳定关系扩展到不直接相邻的结点。图 11-3 给出了 0 阶邻接组对与 k 阶邻接组对的例子：

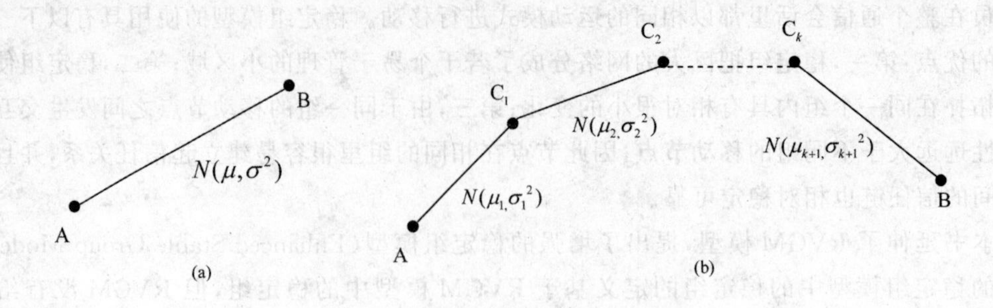

图 11-3　0 阶邻接组对与 k 阶邻接组对

定义 11.3　如果 n 个移动节点 $A_1, A_2, \cdots, A_n$，$\forall i, j, 1 \leqslant i, j \leqslant n$，都有 $A_i \sim A_j$，则称节点 $A_1, A_2, \cdots, A_n$，属于同一个稳定组 G_s 中，表示为 $A_i \in G_s$。

由定义 11.3，可以得到这样的结论：移动节点处于同一稳定组，表示它们之间的距离在一段时间上保持稳定性，从而揭示了它们一致性的运动特征。稳定组的定义将那些仅仅是在某一时刻距离近，但是由于彼此具有不同的运动特征而导致未来的某个时刻它们之间的连接发生分裂的节点排除在同一稳定组之外。因此位于相同稳定组中的移动节点在移动中保持稳定连接的可能性最大。

基于以上定义，可以推导出节点 A，B 及稳定组 G_s，G_{s1}，G_{s2} 之间的关系规则：

(1) if $A \in G_s$ and $A \sim B$, then $B \in G_s$;

(2) if $A \in G_s$ and $\neg (A \sim B)$, then $B \notin G_s$;

(3) if $A \in G_{s1}$, $B \in G_{s2}$ and $A \sim B$, then $G_{s1} = G_{s2}$;

(4) if $A \in G_{s1}$, $B \in G_{s2}$ and $(A \sim B)$, then $G_{s1} \neq G_{s2}$;

(5) if $A \in G_{s1}$ and $A \in G_{s2}$, then $G_{s1} = G_{s2}$。

稳定组的定义基于移动节点之间的稳定连接，稳定连接意味着节点之间的距离在一段时间内稳定。基于稳定组模型移动 P2P 网络被分成若干个稳定组，同一组的成员之间的距离保证了相对的稳定。因此不需要依赖第三方，同一个组的成员之间就能够建立起足够可靠的信任关系。

11.2.4　分布式的稳定组划分算法

本书使用了一个分布式稳定组算法，它允许移动节点发现它们的邻接节点并以完全分布的方式构造它们的稳定组 G_s。每个移动节点在运行时根据自己的本地信息，获得自己所属的稳定组信息。每个移动节点 P_i 本地都维护着如下信息：

(1) 距离表[$P(P_i)$]：距离表记录了 P_i 与邻居节点的距离，它是一个二维列表。行表达了节点 P_i 的邻居节点，列记录了移动节点 P_i 与周围所有相邻移动节点经过 l 次测试的距离值。

(2) 0 阶邻接组对关系的节点集合[$AGP(P_i)$]：通过相邻节点的距离表[$P(P_i)$]，计算得出的满足 0 阶邻接组对关系的节点集合。

(3) 成员节点的集合[$G_s(P_i)$]：通过周期性与自己相邻的 0 阶邻接组对节点交换彼此本地的稳定组中移动节点的集合[$G_s(P_i)$]，从而获取属于自己所属的稳定组中所有移动节点的

集合 G_s。算法初始时，节点 P_i 中的本地的稳定组节点集合[$G_s(P_i)$]为{P_i;$AGP(P_i)$}。

分布式稳定组算法是一种完全的分布式算法，它使移动节点能够根据自己本地信息发现 k 阶邻接组对节点，并通过与 0 阶邻接组对节点进行周期性信息交换，获得自己所属的稳定组中所有移动节点的集合。它包括三个关键的步骤，如图 11-4 所示。算法步骤如下：

图 11-4　分布式组算法的关键步骤

（1）测量：移动节点 P_i 对自己与周围所有相邻移动节点的距离进行 l 次测量，测量的结果记录到距离表[$P(P_i)$]。

（2）更新：通过 l 次测试，移动节点 P_i 可以计算出与邻接移动节点 P_j 的平均距离，以及与平均距离的标准方差。如果平均距离与标准方差满足定义 11.1 的要求，则将移动节点 P_j 加入本地的 0 阶邻接组对关系的节点集合[$AGP(P_i)$]和成员节点集合[$G_s(P_i)$]中；如果不满足条件，并且移动节点 P_j 已经在[$AGP(P_i)$]中存在，则将 P_j 从本地的[$AGP(P_i)$]和[$G_s(P_i)$]中删除。

（3）交换信息：周期性与自己相邻的 0 阶邻接组对节点交换彼此本地的稳定组中所有成员节点的集合[$G_s(P_i)$]，一旦移动节点 P_i 从其他节点 P_j 收到这些信息，就开始按算法 11.1（如图 11-5 所示）构造本地稳定组集合。

$G_s(P_i)$ initialized to{P_i, $AGP(P_i)$} $=\varnothing$;

Let $G_s^P(P_j)$ be the previously received $G_s(P_i)$ from P_j

On receiving $G_s(P_i)$ from P_j

foreach P_k in $G_s(P_i)$

if $P_k \notin G_s(P_i)$ then

　　$G_s(P_i)=G_s(P_i)+P_k$;

end

foreach P_k in $G_s^P(P_j)$

s. t. $P_k \in G_s^P(P_j)$, $P_k \in G_s(P_i)$ and $P_k \notin G_s(P_j)$

　　$G_s(P_i)=G_s(P_i)-P_k$;

end

图 11-5　移动节点 P_i 上构造本地稳定组集合 $G_s(P_i)$

11.3　信任模型 SGTM 的原理和结构

本章提出了一个基于稳定组的信任模型（Stable Group-based Trust Model，SGTM），并使用分布式的稳定组划分算法，在网络里动态地形成稳定组。SGTM 的实现基于信任覆盖层（Trust Overlay Network）。任意节点的全局可信度，由与之发生过交易行为的其他节点对它的局部信任度，以及这些节点的全局可信度来计算。为了防止恶意节点篡改信任数据，采用基于分布式散列表(Distributed Hash Table,DHT)的 P2P 存储方案。它能够自适应节点的动态加入/退出,有着良好的可扩展性、鲁棒性、节点 ID 分配的均匀性和自组织能力,比较适合于动态性较强的移动 P2P 网络。

SGTM 的基本思想是:每次节点在完成交易之后,都会彼此之间进行评估,得到的结果称为局部信任度。局部信任度作为原始数据,输入进 SGTM 信任模型。在 SGTM 里任意节点的全局可信度,由与之发生过交易行为的其他节点对它的局部信任度,以及这些节点的全局可信度来计算。由所有节点的全局信任度形成一个信任矢量 $\boldsymbol{V}=(V_1,V_2,V_3,\ldots,V_k)$,作为 SGTM 信任模型的输出。并且 $\sum_{\lambda=1}^{k} V_\lambda = 1$,其中,$k$ 是信任覆盖层的移动节点个数。

表 11-1　Peer $G_{s_1}(P_2)$ 的交互记录表

节点 ID	节点的全局信任度	交易量	交易时间	权重
$G_{s_1}(P_1)$	0.7	300k	02/02/2009	0.6
$G_{s_1}(P_5)$	0.9	350k	02/06/2009	0.8
$G_{s_2}(P_2)$	0.7	400k	02/06/2009	0.5
$G_{s_1}(P_8)$	0.8	764k	02/12/2009	0.9
……	……	……	……	……

表 11-2　Peer $G_{s_1}(P_{19})$ 的局部可信度表

节点 ID	局部信任度
$G_{s_1}(P_5)$	0.7
$G_s(P_3)$	0.7
……	……

图 11-6 显示了 SGTM 信任模型的总体结构。圆形的部分代表信任覆盖层(Trust Overlay Network)。信任覆盖层是建立在 P2P 系统上的虚拟网络,其上的用户代表移动 P2P 网络的移动节点。有向边代表节点之间进行的局部可信度评估。$G_{s_j}(P_i)$ 表示一个移动节点,其中,$j\geqslant 1,i\geqslant 1,j$ 代表组 ID,i 代表成员 ID。例如,$G_{s_1}(P_{19})$ 表示它所在的稳定组 ID 为 1,成员 ID 为 19。局部可信度表示为 $f_{(j,i),(j',i')}$。例如,$f_{(1,19),(1,3)}$ 表示移动节点 $G_{s_1}(P_{19})$ 对 $G_{s_1}(P_3)$ 的局部可信度。有向边的起始点是做出评价的节点,终点是被评价的节点。每个移动节点都有两个表:与其他节点的交互记录表 11-1 和局部可信度表 11-2。移动节点第一次进入网络的时候,会根据分布式组算法 11.1 加入适合的稳定组。由于同组的移动节点之间的连接相对稳定,因此在成员节点之间发生交易的概率远远大于非成员节点。这样的结果导致成员节点之间建立的信任链比非成员节点更稳定和可靠。所以在 SGTM 里,当节点 P_i 向其他节点询问某个节点的局部可信度时,P_i 会优先询问成员节点。每次节点完成交易之后,都会对它的局部可信度表进行更新。

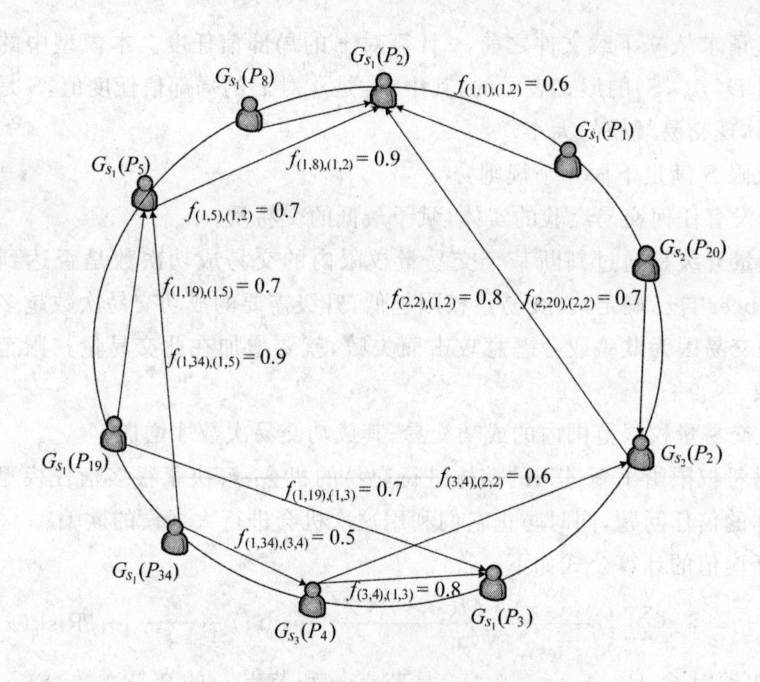

图 11-6 SGTM 信任模型的总体结构

11.4 信任模型 SGTM 的可信度计算

在 SGTM 里任意节点的全局可信度，由与之发生过交易行为的其他节点对它的局部信任度和这些节点的全局可信度来计算。本节以文件共享系统（File Sharing System）为例，称请求节点从响应节点处下载文件的过程为节点之间的交易或交互。本节首先介绍 SGTM 的局部可信度算法。

计算局部可信度的方法有很多，比如第 4 章节提出的基于贝叶斯理论的计算算法。SGTM 信任模型在计算局部信任值时引入了以下 5 个参数。

（1）交易量因子：交易量因子的大小直接反映了此次交易的重要程度，这个因素可以防止一些隐讳的信任攻击。例如，一些恶意节点可以通过多次小规模成功交易提高它们的信任值，然后在大规模的交易中作假。

（2）交易满意程度：这是一个主观的参数，反映了一方对另一方行为的满意程度。有了这个值，可以使交易双方在交易中有更加良好的表现。按照下载的文件质量状况，交易满意程度取值区间为（−1，1）。

（3）交易次数：这个参数反映的是交易双方相互的重视和熟悉程度。请求节点从响应节点处下载文件的次数越多，表示交易双方越熟悉，直接信任和间接信任也就越准确。

（4）时间影响因子：这个参数反映的是文件下载距离当前时间的远近程度。因为随着时间的变化，交易的个体也是在不停地变化的。所以越是近期的下载行为，它的时间影响因子越大，对于本次下载行为的影响也越大。

（5）风险因子：这个参数反映的是节点进行交易所面临的风险，如信息泄露、病毒传播等。

假设在 x 请求从 y 下载文件之前，y 计算对 x 的局部信任度。本模型中的局部信任度是采用二元组 $D(f_{yx},S)$ 的形式表示的，其中 f_{yx} 是 y 对 x 的局部信任度值，S 是 y 赋予 x 的交易量权限，体现交易规模的大小。

交易量权限 S 满足下面几个规则：

(1) 对于没有任何交易经验的实体，赋予最低的交易量。

(2) 交易量升级是通过判断某个交易量权限内的交易成功次数是否达到规定的次数(这个次数由 peer 自己确定)。交易量权限越低，升级需要的成功交易次数越多。

(3) 出现交易因为欺骗或者恶意攻击而失败，就要增加在此交易量权限范围内升级的交易成功次数。

(4) 在此交易量权限范围内的成功交易，其成功交易次数才增加。

引入交易量权限给了新进入的实体进行交易的机会，解决了很多信任模型没有解决的对新进入实体的信任问题，同时防止它们利用这次机会进行大规模的欺骗。

局部信任度值的计算公式如下：

$$f_{yx}=\alpha*\sum_{i=0}^{N(x)}\left(\frac{S(y,x)*M(y,x)*Z}{N(x)}+\text{pen}(i)\frac{1}{1+\mathrm{e}^{-n}}\right)+\beta\text{Risk}(x) \tag{11-4}$$

其中，α,β 是权重因子，且 $\alpha+\beta=1$，$N(x)$ 是节点 x 和节点 y 的交易次数，$S(y,x)$ 是 y 对 x 每次交易的主观满意程度。$M(y,x)$ 是每次文件下载的交易量因子(表示这次交易在 x 与 y 所有交易中的重要程度，越重要，权值越高)。计算公式为 $M(y,x)=\frac{\text{每一次下载量}}{\text{平均的下载量}}$。$Z$ 是时间影响因子，它表示此次交易是否为最近的交易记录，越靠近当前日期，所占权值越大，这是因为被评估者的交易行为在信任评估中的重要性随时间衰减。在 SGTM 模型中，时间影响因子值的大小由如下函数定义：

$$Z=u(t_i,t_{\text{now}})=\frac{1}{t_{\text{now}}-t_i},\quad Z\in(0,1) \tag{11-5}$$

其中，t_{now} 表示当前时间，t_i 表示此次交易时间。$\text{pen}(i)$ 表示的是交易欺骗后的惩罚因子，$\text{pen}(i)$ 定义如下：$\text{pen}(i)=-1$ 表示第 i 次交易因为欺骗或者恶意攻击而失败；$\text{pen}(i)=0$ 表示第 i 次交易成功。$\frac{1}{1+\mathrm{e}^{-n}}$ 是加速因子，n 是失败的次数。这个加速因子使信任值在出现失败时迅速下降，同时由于这个因子是随着 n 的增大逐渐增大的，所以可以防止因为一两次无意的欺骗而导致惩罚过重的现象出现。$\text{Risk}(x)$ 是节点 y 的风险因子。

节点的全局可信度计算公式如下：

$$V_x=\sum_{y\in S}\left(\frac{w_y}{\sum_{y\in s}w_y}f_{yx}\right)=\frac{\sum_{y\in s}w_yf_{yx}}{\sum_{y\in s}w_y} \tag{11-6}$$

其中，V_x 代表节点 x 的全局可信度，S 是与节点 x 发生过交易的节点的集合。f_{yx} 是节点 y 对节点 x 的局部可信度值。w_y 是局部可信度 f_{yx} 的权重。整个信任的计算过程采用多次迭代的方法，直到 V_x 收敛到一个稳定的值。为了减少计算中的通信负载，SGTM 会根据实际的情况为 w 设置一个阈值。只有大于这个阈值的局部可信度才有可能被选择用来计算全局可信度。图 11-7 显示了一个全局信任度计算的例子。

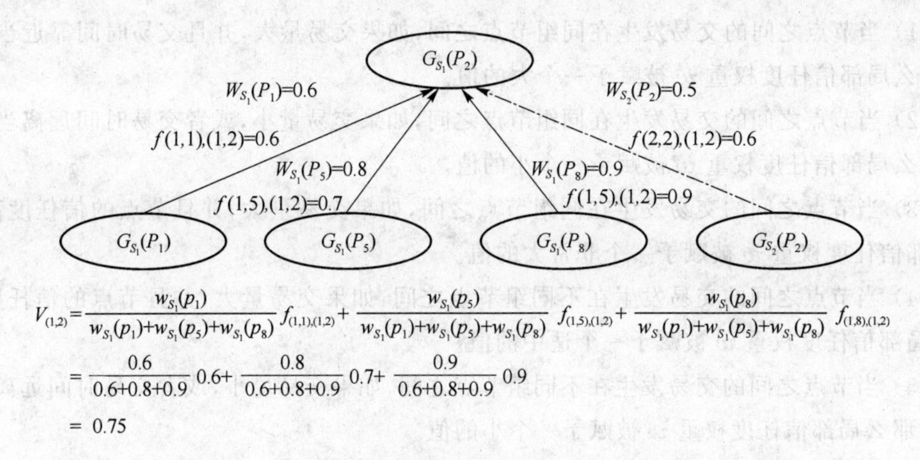

$$V_{(1,2)}=\frac{w_{S_1}(p_1)}{w_{S_1}(p_1)+w_{S_1}(p_5)+w_{S_1}(p_8)}f_{(1,1),(1,2)}+\frac{w_{S_1}(p_5)}{w_{S_1}(p_1)+w_{S_1}(p_5)+w_{S_1}(p_8)}f_{(1,5),(1,2)}+\frac{w_{S_1}(p_8)}{w_{S_1}(p_1)+w_{S_1}(p_5)+w_{S_1}(p_8)}f_{(1,8),(1,2)}$$

$$=\frac{0.6}{0.6+0.8+0.9}0.6+\frac{0.8}{0.6+0.8+0.9}0.7+\frac{0.9}{0.6+0.8+0.9}0.9$$

$$=0.75$$

图 11-7　全局信任度计算的实例

这个例子显示了如何计算节点 $G_{s_1}(P_2)$ 的全局可信度,其中,w_k 被设置为 0.5。基于图 11-7,有四个节点与 $G_{s_1}(P_2)$ 发生过交易。分别为 $G_{s_1}(P_1)$、$G_{s_1}(P_5)$、$G_{s_1}(P_8)$ 和 $G_{s_2}(P_2)$。但由于 w_k 等于 0.5,因此只有前三个节点被选择来计算全局可信度。

如何得到 w 是本节研究的重点问题。本节基于模糊逻辑理论来得到 w,SGTM 使用以下 6 个逻辑推理规则推导出局部信任度权重 w。图 11-8 显示了一个 w 的大的特征函数实例。图 11-9 显示了 w 的 5 个等级。

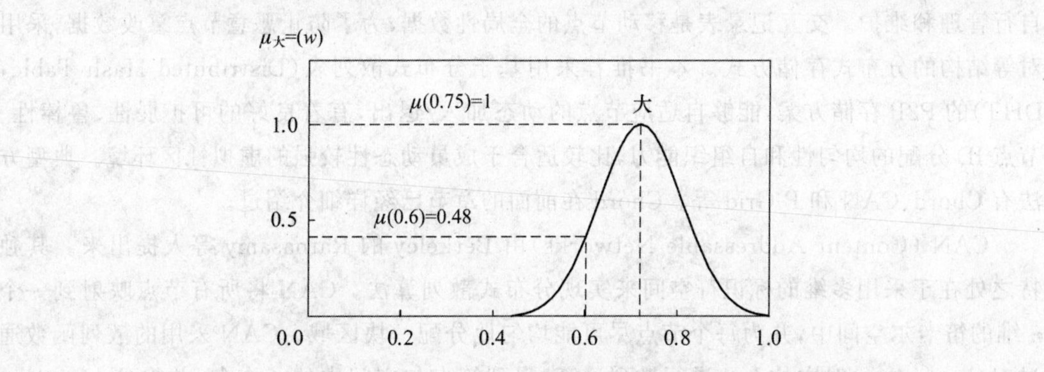

图 11-8　一个 w 的大的特征函数实例

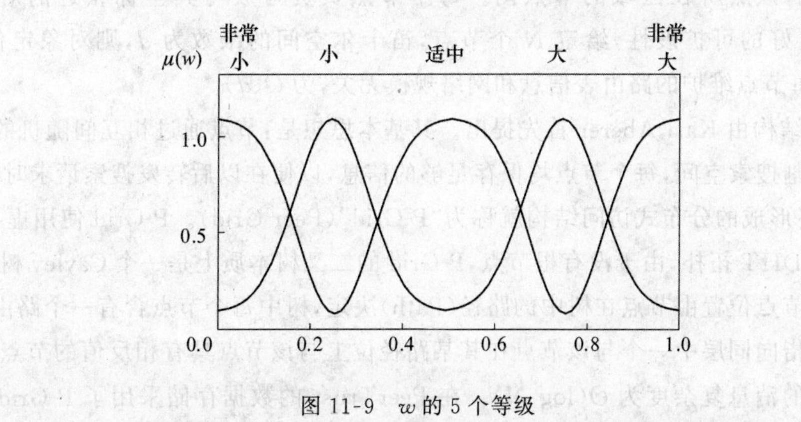

图 11-9　w 的 5 个等级

(1) 当节点之间的交易发生在同组节点之间,如果交易量大,并且交易时间靠近当前时间,那么局部信任度权重 w 被赋予一个大的值。

(2) 当节点之间的交易发生在同组节点之间,如果交易量小,或者交易时间远离当前时间,那么局部信任度权重 w 被赋予一个小的值。

(3) 当节点之间的交易发生在同组节点之间,如果交易量大,并且节点的信任度高,那么局部信任度权重 w 被赋予一个非常大的值。

(4) 当节点之间的交易发生在不同组节点之间,如果交易量大,并且节点的信任度高,那么局部信任度权重 w 被赋予一个适中的值。

(5) 当节点之间的交易发生在不同组节点之间,如果交易量小,或者交易时间远离当前时间,那么局部信任度权重 w 被赋予一个小的值。

(6) 如果节点的信任度低,那么局部信任度权重 w 被赋予一个非常小的值。

11.5 信任模型 SGTM 的信任数据存储

本模型中每个移动节点都有两个表:与其他节点的交互记录表和局部可信度表。局部可信度表包括与其他节点在完成交易之后的评估结果。它被存储在节点本地,由移动节点自行管理和维护。交互记录表是移动节点的全局性数据,为了防止恶意节点篡改数据,采用对等结构的分布式存储方式。本书推荐采用基于分布式散列表(Distributed Hash Table,DHT)的 P2P 存储方案,能够自适应节点的动态加入/退出,有着良好的可扩展性、鲁棒性、节点 ID 分配的均匀性和自组织能力,比较适合于成员动态性较强的虚拟社区环境。典型方法有 Chord、CAN 和 P-Grid 等。Chord 在前面的章节已经详细介绍过。

CAN (Content Addressable Networks)由 Berkeley 的 Ratnasamy 等人提出来。其独特之处在于采用多维的标识符空间来实现分布式散列算法。CAN 将所有节点映射到一个 n 维的笛卡尔空间中,并为每个节点尽可能均匀地分配一块区域。CAN 采用的散列函数通过对(key,value)对中的 key 进行散列运算,得到笛卡尔空间中的一个点,并将(key,value)对存储在拥有该点所在区域的节点内。每个节点负责存放与其坐标相近的对象索引。CAN 具有良好的可扩展性,给定 N 个节点,笛卡尔空间的维数为 d,则对象定位上界为 $O(dN^{\frac{1}{d}})$。每节点维护的路由表信息和网络规模无关,为 $O(d)$。

P-Grid 结构由 Karl Aberer 首先提出。其基本思想是:节点通过相互间随机的访问,连续不断地分割搜索空间,每个节点均保存足够的信息,以便在以后转发搜索请求时与其他节点通信,最终形成的分布式访问结构就称为“P-Grid”(Peer Grid)。P-Grid 使用虚拟二叉树的结构构造 DHT 拓扑,由于没有根节点,P-Grid 的二叉树本质上是一个 Cayley 树。P-Grid 二叉树中的节点位置由节点在树中的路径(Path)决定,树中每个节点含有一个路由表,其中每一路由项指向同层中一个与该节点在其某路径位上与该节点具有相反值的节点。P-Grid 的定位开销的消息复杂度为 $O(\log_2 N)$。在 PeerTrust 的数据存储采用了 P-Grid 结构,在窦文的方案中则对 P-Grid 进行了改进。

11.6　模拟试验及结果分析

为了对所提出的 SGTM 信任模型的性能进行评估。本书设计了一系列模拟试验从信任模型的组运动模式、动态适应力、全局信誉的收敛时间、恶意节点的发现率、单个节点所涉及的通信负载、全局信任计算所涉及的通信负载和全局信任计算的准确性方面进行了评估。所有模拟实验均运行在 Windows 2000 Server 的平台上。每个实验均采用多次运行求平均值的办法获得最终数据。

11.6.1　试验设置

本节使用 PlanetSim 3.0 作为移动 P2P 系统的模拟软件的模型仿真。为了与 EigenTrust 和 GroupRep 进行比较，试验网络采用分布式的结构。在 SGTM 中，节点本地可保存 25 个节点的信任信息。每一个节点都连接了一定数量的邻居节点，由节点发出的查询消息通过邻居节点向网络中扩散，消息的跳数由其 TTL 指定。节点或群组发送的信任请求消息的 TTL 为 4。

表 11-3　SGTM 模拟参数表

参数	值
查询消息的 TTL	4
每一个节点的领居数量	4
不同文件的版本数目	1 500
休眠周期/s	[100,500]
每个节点初始具有的文件数量	15
具有强、中、弱 3 种服务能力节点的比率	40%、35%、25%
在恶意节点中提供 3 种不真实文件的比率	55%、35%、10%
节点移动的最大速度/$(m \cdot s^{-1})$	20
节点的通信范围/m	70
α,β	0.7、0.3
w_k,ϕ,γ	0.5、0.65、0.75

在实验中，所有的节点都共享了一定数量的文件，并周期地选择本地不存在的文件向网络中发出查询消息。在收到文件查询消息时，如果本地发现了所查询的文件则返回一个响应消息，请求节点根据响应节点的全局信任度从中选择一个作为下载源。实验中，诚实节点分为：强、中、弱三类，体现了节点提供服务的能力。实际可以包含多个性能参数，如上传速度、响应时间和带宽等。另外，恶意节点通常上传 3 类不真实的文件：文件功能与描述不符、文件哈希值不正确、文件含有病毒或木马。显然，后两种情形比较严重，尤其是文件含有病毒或木马时，可能会严重影响终端系统的安全。

为了使模拟更接近于真实的移动 P2P 系统，在模拟的过程中为每一个移动节点任意设置了一个休眠周期，范围在[100,500]秒。在休眠期间不再响应其他节点的任何请求。例如,设置节点每隔一个小时进入休眠 100 秒。设置休眠周期的目的是为了模拟真实的移动 P2P 网络中节点任意加入和离开的特性。

在信任计算方面,针对 EigenTrust、GroupRep 和 SGTM 的基本信任计算形式进行比较。对 SGTM 来说,稳定组的构造基于算法 11.1,信任度的计算基于 11.2.4 小节。基本的参数设置为 $\alpha=0.7$,$\beta=0.3$,$w_k=0.5$。对于所有节点来说可信度判断的阈值 $\psi=0.65$。下载源选择的信任度阈值 $\gamma=0.75$,即信任度大于 0.75 的响应节点都可被选择作为下载源。更多的基本参数设置如表 11-3 所示。

11.6.2 RWM 对比 SGM

首先对稳定组运动模型 SGM 与随机漫步模型 RWM 分别进行了模拟实验。两组试验的节点总数均为 5 000,并随机分布在 2 500 m×2 500 m 区域。在随机漫步模型中移动节点随机运动,在下一时刻的运动方向和速度与它们当前时刻运动没有相关性,因此每个节点的速度变化是完全随机的。在稳定组运动模型中,将所有节点分为 2 个稳定组,分别按顺时针和逆时针方向运动。节点的运动显示出很强的一致性。为了选择下载源,节点 P_i 需要计算某个节点的信任度。在 SGM 里,当节点 P_i 向其他节点询问某个节点的局部可信度时,P_i 会优先询问成员节点。在 RWM 里,由于无法预知节点未来的运动趋势,因此节点 P_i 只能随机地选择一些节点进行查询。试验对 SGM 与 RWM 的信任度查询成功率 QST 进行了比较。QST 反映了查询某个节点的局部信任度的平均成功率,计算公式如下:

$$\mathrm{QST}=\frac{q_s}{q} \tag{11-7}$$

其中,q 是请求的总次数,q_s 是得到响应的次数。实验结果如图 11-10 所示。根据试验结果可以得到如下结论:

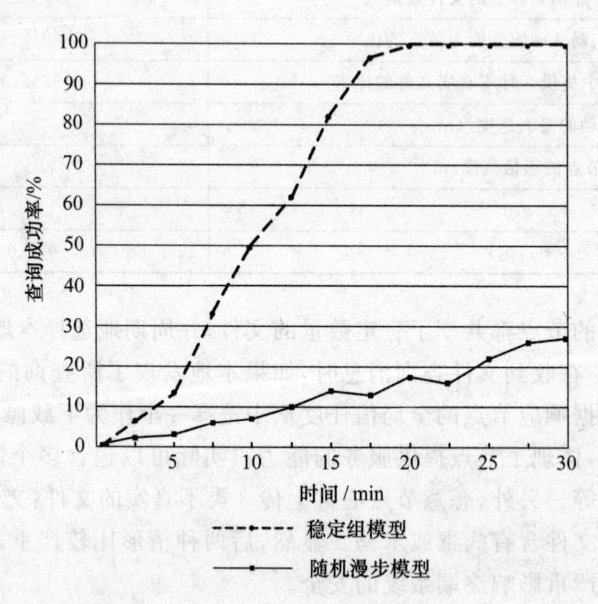

图 11-10 SGM 和 RWM 的查询成功率

稳定组运动模型中信任度查询成功率增长速度非常快,20 分钟之后信任度查询成功率就经达到 100%。而随机漫步模型中,信任度查询成功率增长很慢。这是由于移动节点的随机性运动,查询节点无法预知其他节点未来的运动趋势,只能随机地选择一些节点进行查询,往往造成这些节点在发送结果之前,已经运动到服务节点传输范围之外,使得原先建立的请求/服务连接不断地被中断。

11.6.3　动态适应力评估

在这组实验里,通过模拟节点任意加入和离开的过程考察信任模型对网络动态性的适应能力。由于本组实验集中模拟网络的动态变化,因此,在节点构成中没有考虑恶意节点。网络中的所有节点都是诚实节点。试验评估了网络的动态变化对其性能的影响。共设计了四组实验,第一组模拟节点的离开过程,其中节点的总数为 10 000,随机分布在 5 000 m×5 000 m 区域。离开节点的数量占节点总数的最大比率为 25%。第二组模拟节点的加入过程,其中节点的总数为 10 000,随机分布在 5 000 m×5 000 m 区域。加入节点的数量占节点总数的最大比率为 25%。第三组模拟节点的离开/加入过程,其中节点的总数为 10 000,并随机分布在 5 000 m×5 000 m 区域。第四组模拟节点的离开/加入过程,节点的总数分别为 6 000,并随机分布在 1 000 m×1 000 m 区域。

四组试验中,节点每进入休眠状态一次被视为离开网络一次,反之为加入网络一次。一个节点加入和离开网络的可能性等于 0.5,这意味着节点加入网络和离开网络的机会是相等的。在第一组实验里,节点离开的数量分别设置为:500、1 000、1 500、2 000、2 500。在第二组实验里,节点加入的数量分别设置为:500、1 000、1 500、2 000、2 500。在第三组和第四组试验里节点加入和离开网络的次数总共模拟 3 000 次。在试验过程中每隔 250 个间隔收集一次试验结果。

试验结果对应网络性能 NP,$NP=\frac{n_p}{n_t}$。网络性能的值是网络中节点的总数 n_p 与信任链数量 n_t 的比率。信任链数量 n_t 是信任覆盖层中有向边的数量。网络性能 NP 体现了信任模型的信任度计算能力。NP 越小说明信任度的计算能力越强。第一组、第二组试验的结果分别如表 11-4、11-5 所示。第三组和第四组试验结果如图 11-11 所示。

表 11-4　节点离开时的网络性能

节点任意离开/加入的数量	节点离开前的 NP 值	节点离开后的 NP 值
500	2.26	2.29
1 000	2.14	2.17
1 500	2.05	2.08
2 000	1.90	1.94
2 500	2.41	2.44

表 11-5 节点加入时的网络性能

节点任意离开/加入的数量	节点离开前的 NP 值	节点离开后的 NP 值
500	1.04	1.01
1 000	1.62	1.64
1 500	2.37	2.42
2 000	3.74	3.77
2 500	2.32	2.32

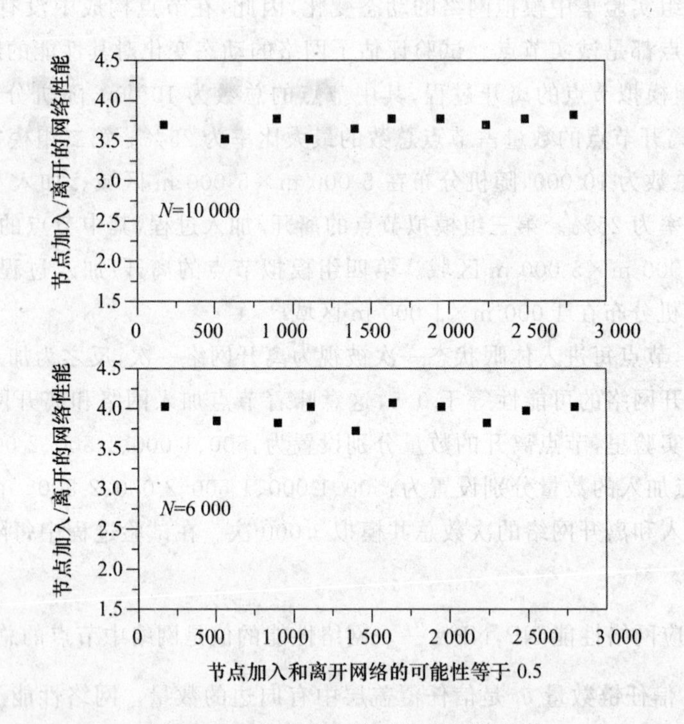

图 11-11 节点离开/加入时的网络性能

根据试验结果可以得出以下结论：

(1) N=10 000，节点任意离开的数量分别为：500、1 000、1 500、2 000、2 500。在离开节点占到总节点数量的 25%以后，网络仍然保持一个良好的性能，由此可以推断出节点的任意离开对网络性能的影响很小。

(2) N=10 000，节点任意加入的数量分别为：500、1 000、1 500、2 000、2 500。在加入节点占到总节点数量的 25%以后，网络仍然保持一个良好的性能，由此可以推断出节点的任意加入对网络性能的影响很小。

(3) 节点的任意离开/加入对其网络性能影响很小，并且 N=10 000 与 N=6 000 相比基本没有变化，NP 在 3.5～4.0 范围内上下波动。

因此通过以上四组试验，可以证明 GMPTM 具有很强的动态适应能力，能够很好地适应移动 P2P 网络的动态变化。

11.6.4　全局信誉的收敛时间评估

在这组实验里，对信任模型 EigenTrust、GroupRep 和 SGTM 建立全局信任所需的收敛时间进行了对比。实验结果如图 11-12 所示。节点总数从 100 增加到 10 000，在实验过程中共取 7 次结果作为比较。

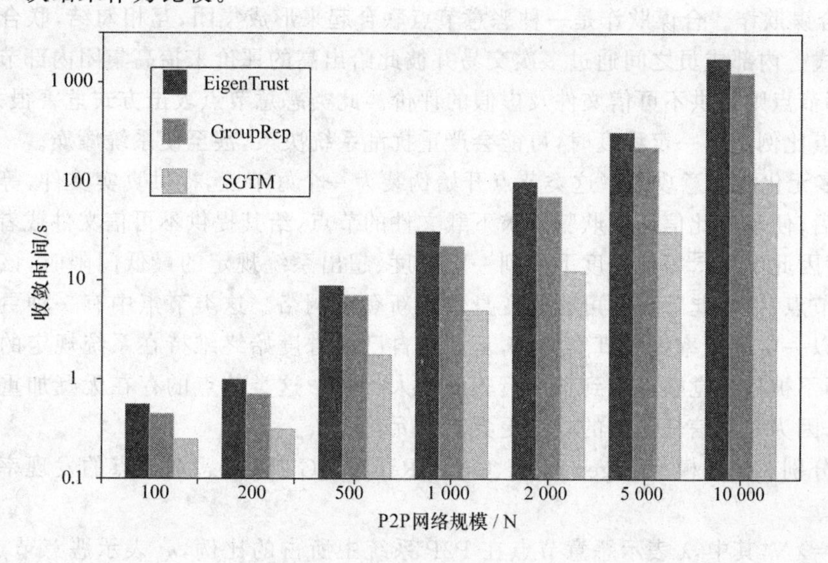

图 11-12　收敛时间比较

根据试验结果可以得出以下结论：

(1) EigenTrust 同 GroupRep 的收敛时间非常接近，GroupRep 比 EigenTrust 收敛更快一点。

(2) 与 SGTM 相比，EigenTrust 和 GroupRep 的收敛时间远远高于 SGTM。

(3) 三者的收敛时间均同网络的规模成正比，并呈现出线性增加的特点。

在用信任链计算全局信任时，收敛性是最大的挑战，通过以上试验，可以证明 SGTM 很好地解决了信任计算中的收敛性问题。

11.6.5　恶意节点的发现率评估

节点的自主性使 P2P 系统非常容易遭受恶意攻击。恶意节点对信任模型的攻击方式很多，其中最简单的一种攻击方式是：恶意服务提供者宣称它具有文件请求者的所需文件，当后者信以为真请求下载时，它便上传恶意的或不真实的文件，给请求者造成损失。恶意节点还可能通过恶意推荐来诋毁对攻击目标的评价，更有甚者，恶意节点联合起来形成集团，对内互相夸大信誉度而对外提供不可信文件及虚假推荐信息，以此来扰乱系统达到恶意目的。P2P 网络环境中也不乏一些更狡猾的节点，使用各种策略和手段，为了自己的利益欺骗其他节点。在这组实验里，恶意节点分为以下四类。

(1) 简单恶意节点攻击。当一个节点接收到请求节点关于某个文件的查询请求时，它便自称有匹配的文件，给此请求节点返回一个响应。当请求节点将它选为下载源进行下载时，它便提供虚假的文件，甚至直接散播病毒或木马，给请求节点造成严重损失。这种恶意节点攻击方式在 P2P 网络中大量存在，也是最简单最普通的攻击方式。

(2) 不诚实的反馈。当恶意节点接收到某节点欲获取另一节点的局部可信度信息时，如果它与此节点有交互记录，但是它不是提供公正的交互信息，而是贬低(或夸大)此记录来误导请求节点(单独的此类恶意节点一般表现为诋毁曾经交易过的节点，如果是节点联合作弊，则对内部成员提供夸大的评价)。虽然这种行为不会立即产生危害，但是可能导致低信任度的节点甚至恶意节点被选择作为下载源从而发生交易失败或者有害的交易。

(3) 合谋欺诈。合谋欺诈是一种恶意节点联合起来形成集团，互相勾结，联合作弊的一种攻击方式。内部成员之间通过多次交易并彼此给出高的评价来抬高集团内部节点的信誉度，对外部节点则提供不可信文件及虚假的评价。此类恶意节点攻击方式危害很大，当系统中此类节点比例达到一定程度时，可能会严重扰乱系统决策，甚至使系统瘫痪。

(4) 多元化的恶意攻击。这类节点开始伪装为一个好节点，提供真实文件，等骗取较高的信任度后，便利用此信任度欺骗请求下载文件的节点，给其提供不可信文件或者虚假的推荐，信誉度因此下降。等信任度下降到一定程度、超出系统规定的最低门限时，该节点就变为不可信节点，但是此节点有可能改变身份重新登录网络。这类节点中有一种更狡猾的节点可能会以一定的概率提供真实文件，从而使自己信誉度始终维持在系统规定的可信门限之内，试图不被系统觉察以达到长期行骗的个人目的。这类节点的存在无疑加重了系统防范的负担，因为它对信任模型的攻击更具有多元化。

实验分别对信任模型 EigenTrust、GroupRep 和 SGTM 的恶意节点的发现率进行了评估和比较。

令 $m=\lambda N$，其中，λ 表示恶意节点在 P2P 系统中所占的比例，m 表示恶意节点的数量，N 为 P2P 系统的节点总数。假设 $\theta(t)$ 表示恶意节点的发现率，计算公式如下：

$$\theta(t)=d(t)/m=d(t)/\lambda N \tag{11-8}$$

其中，$d(t)$ 表示随着时间的改变，信任模型探测出的恶意节点的数量。在实验过程中，N 分别设置为 100、1 000、5 000、10 000。λ 设置为 0.3，意味着有 30% 的节点随机以四类恶意行为进行活动。一共进行了三组实验，实验结果如图 11-13～11-15 所示。其中横坐标为全局信任计算过程中的迭代次数。根据试验结果可以得出以下结论：

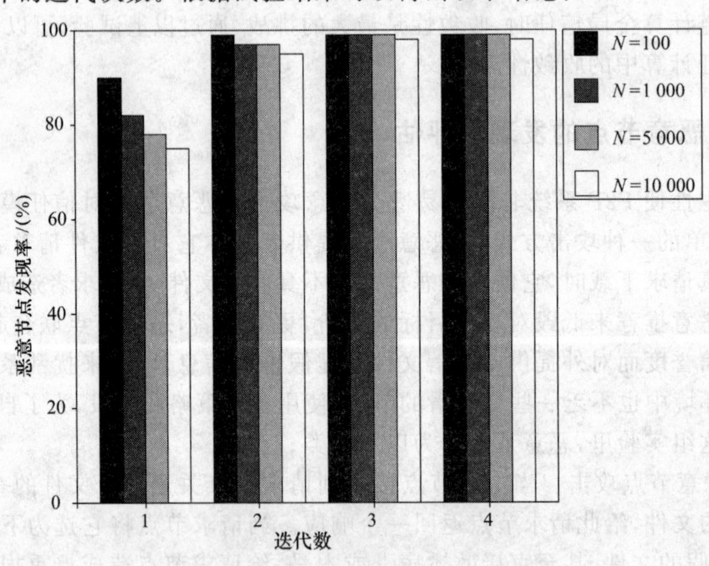

图 11-13　SGTM 的恶意节点发现率

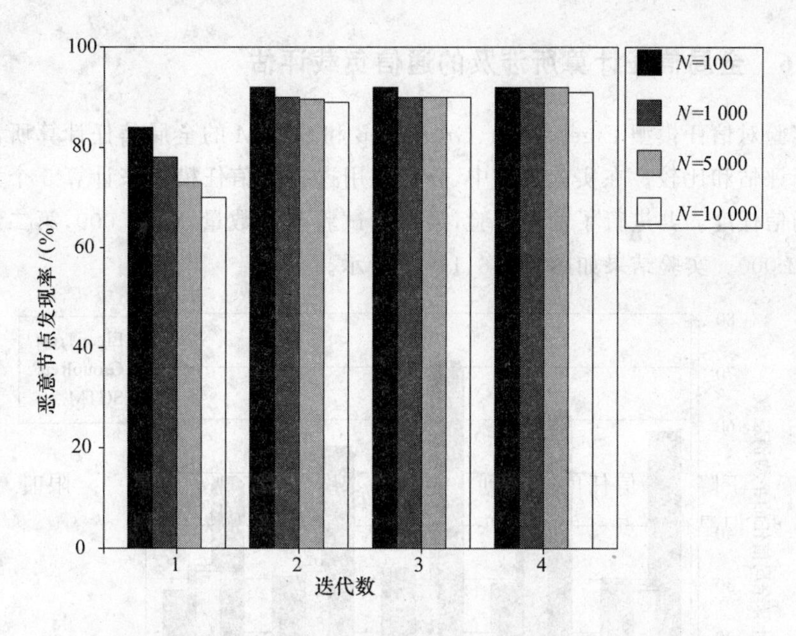

图 11-14　GroupRep 的恶意节点发现率

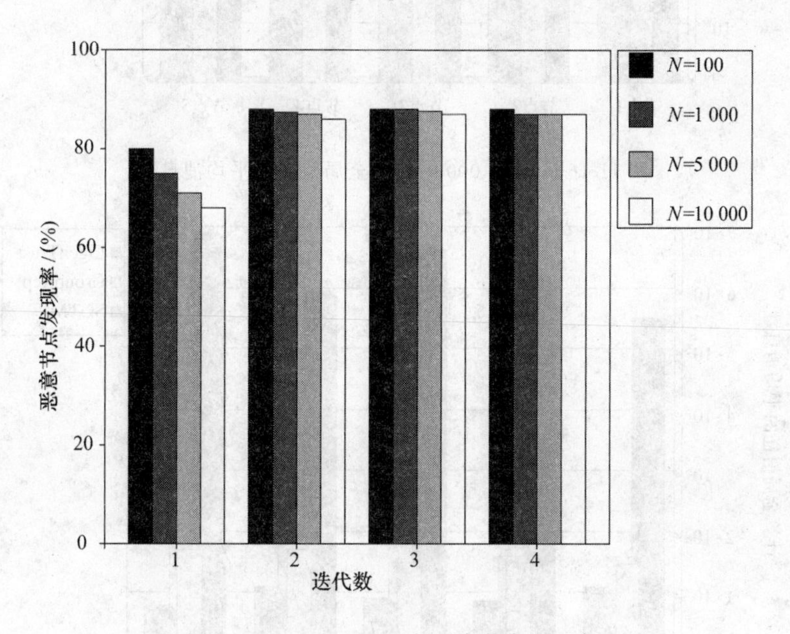

图 11-15　EigenTrust 的恶意节点发现率

(1) 四次迭代结束以后，SGTM 中的恶意节点发现率大于 99%。EigenTrust 的恶意节点发现率大于 88%，GroupRep 的恶意节点发现率大于 92%。

(2) 在 EigenTrust、GroupRep 和 SGTM 中，系统规模越小，恶意节点越容易被探测出来。其中 SGTM 中，当 $N=100$ 时，在第一次迭代结束以后恶意节点发现率就已经大于 90%。

通过以上试验，可以证明 SGTM 很好地解决了恶意节点的问题。

11.6.6 全局信任计算所涉及的通信负载评估

这组实验对信任模型 EigenTrust、GroupRep 和 SGTM 的全局信任计算所涉及的通信负载进行了评估和比较。在实验过程中,分别应用这三种信任模型来计算 5 个不同的移动节点的全局信任度。共进行了两组试验,第一组试验节点数量 $N=1\ 000$,第二组实验结点数量 $N=10\ 000$。实验结果如图 11-16、11-17 所示。

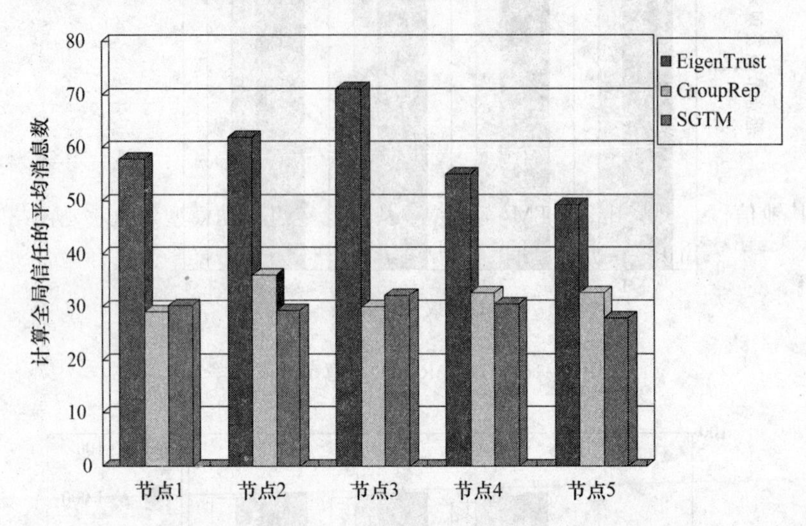

图 11-16 $N=1\ 000$ 时计算全局信任的平均消息数

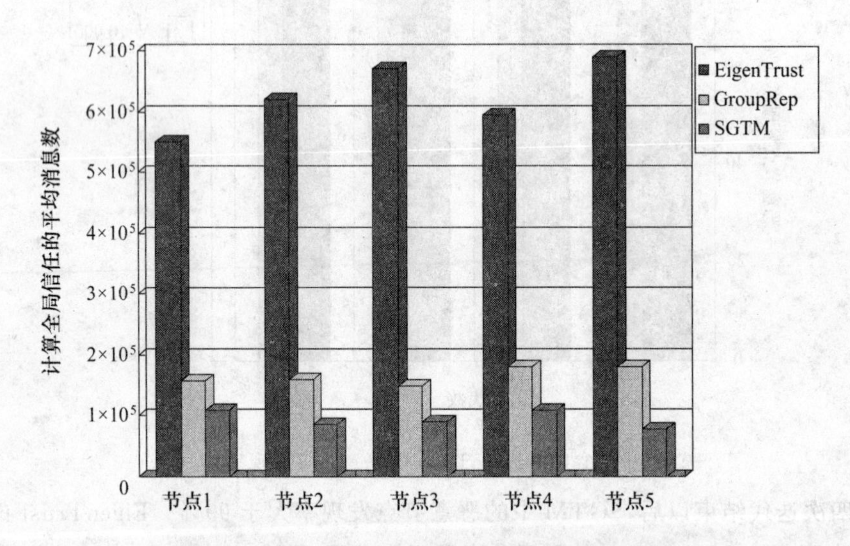

图 11-17 $N=10\ 000$ 时计算全局信任的平均消息数

第一组试验,EigenTrust 为了计算节点的全局信任度所产生的平均消息数为 59.06,GroupRep 为 32.04,SGTM 为 30.02。第二组实验,EigenTrust 的平均消息数为 628 000.06,GroupRep 为 165 500.03,SGTM 为 94 700.08。根据试验结果可以得出以下结论:

(1) 当 $N=1\ 000$ 时,GroupRep 和 SGTM 的全局信任计算所涉及的通信负载比较接近,均小于 EigenTrust。

(2) 当 $N=10\ 000$ 时,SGTM 的全局信任计算所涉及的通信负载远远小于 EigenTrust 和 GroupRep。

通过以上实验,可以证明 SGTM 信任模型很好地解决了全局信任计算所涉及的通信负载问题。SGTM 随着系统规模的增加,通信负载远远低于 EigenTrust 和 GroupRep,说明 SGTM 非常适合处理大规模的移动 P2P 服务。

11.7　本章小结

本章我们提出了一个基于稳定组的信任模型(SGTM),并使用分布式的稳定组划分算法,在网络里动态地形成稳定组。SGTM 的实现基于信任覆盖层(Trust Overlay Network)。与 P2P 系统的其他信任模型相比,SGTM 使用一种基于稳定组运动模型划分移动网络的机制,这种机制能够通过本地知识,主动地根据节点兴趣和位置变化,自发重新组合网络,形成新的具有共同兴趣、利益的组群。同时,从一定精度上,对网络在未来一段时间内的拓扑结构变化趋势做出预测。在 SGTM 里任意节点的全局可信度,由与之发生过交易行为的其他节点对它的局部信任度,以及这些节点的全局可信度来计算。为了防止恶意节点篡改信任数据,采用基于分布式散列表(Distributed Hash Table,DHT)的 P2P 存储方案。

第12章 可信决策的应用

信息网络中相互通信的两个实体物理上往往相隔很远,甚至从未谋面,那么一个实体如何确定是否真地在和另一个它所期望的实体通信,就显得十分重要。这正是认证及身份鉴别技术所要解决的问题。面对恶意的主动入侵者,鉴别远程实体的身份是困难的,密码学通常能为认证技术提供良好的安全保证。

12.1 目前的信任管理系统在决策过程中存在的不足

在云环境中,节点之间是对等的关系,网络中不存在中心服务器,因此移动节点需要自己去选择合适的节点进行交互。信任和风险无疑是影响决策的两个关键因素[93]。已有的研究主要依赖信任模型对节点间协作的可信程度进行评估,根据信任模型制定可信决策(Trust-Based Decision Making),而很少考虑到决策中的风险因素。目前的信任管理系统在决策过程中存在以下不足。

(1) 需要历史交互证据的支持。已有的信任管理机制需要预先积累节点之间的交互经验,并以此为依据做出交互的决定。这就造成了一个恶意节点只有攻击过其他节点,它才能被信任管理系统识别出来。对于一个初次加入到系统的新节点来说,由于它缺乏与其他节点的交互经验,无法对节点间协作的可信程度进行正确的评估,因此很难做出交互的决定,甚至会遭到恶意节点的合谋欺骗。

(2) 缺乏合理性。云网络是一个开放的、动态的网络。节点自主决定在网络中的行为,它们可以任意以不同的身份或随意变换不同的位置接入网络而不受任何管理和束缚。因此对于一个节点来说无法保证协作方的行为的可靠性,这给相互间的交易带来了很大的安全隐患。例如,节点开始伪装为一个好节点,在小规模的交互中提供可靠的服务,骗取较高的可信度。既然该节点具有较高的信任度,信任系统没理由不去相信这个节点。这样,它便利用此信任度在大规模的交互中欺骗其他的节点,给其提供不可信的服务。等信任度下降到一定程度,该节点有可能改变身份重新登录网络继续行骗。由于仅仅考虑被信任者的可信性相关的各个要素,而没有考虑事务成功执行的概率及执行的后果,使得目前的信任管理系统在决策过程中缺乏合理性。

对于可信决策的问题,单纯地依赖信任模型或者传统的风险评估手段都不能加以解决,应该将两者有机地结合在一起才能达到安全决策的目的。

12.2 信任和风险

信任可以看作是对协作实际收益展望(prospect)的一种正向估计,而风险则是从相反的方面对此进行评估。实现可信决策需要将风险和信任联系起来,单纯依赖某一种手段都将导致决策的不完整性。信任和风险都具有不确定性。信任的不确定性在于历史证据集的局限性以及未来变化的不可知,而风险的不确定性在于隐藏的安全威胁、威胁发生概率的不可预知以及交互本身的不可预知性。

12.2.1 信任和风险的关系

近年来,风险和信任的相互关系已经被广泛讨论。现有的信任模型没有解决这个问题,大多数模型仅仅考虑了信任,而把风险看作信任的一种补充,甚至忽略了风险的作用,如早期 Marsh 等人提出的信任模型、基于推荐关系的信任模型、基于主观逻辑的信任模型等。现有的风险管理研究也没有考虑信任因素,而是集中在风险分析、评估以及如何通过控制降低风险,虽然目前已经形成了若干风险评估的模型和方法,但并不完全满足可信决策的需求。

Manchala 最早描述了一个基于信任相关变量的模型,基于事务代价和历史定义了风险信任矩阵,并应用模糊推理规则,依据风险信任矩阵进行决策。该模型初步探索了信任和风险之间的关系,但缺乏对信任的直接度量。Deutsch 认为,风险和信任之间存在必然的联系,信任只有在风险的环境下才有意义。事实上,风险越大,事务执行的成功率越低。Ajzen 在他的计划行为理论中指出客户通常只有在感觉到交易风险很低的情况下才愿意与商家进行交易。

有的作者针对信息安全防护以及攻击防护,提出了用风险分析的方法来揭示事务相关安全要素的信任模型;有的作者将风险模型应用于基于信任的访问控制中,但着重于 SECURE 中访问控制机制的改进,没有具体论述两者结合的模型;有的作者从工程的角度出发将两个方面合并,他们认为信任是一种管理风险,是一种通过交互历史的学习来减少风险的机制。SECURE 项目将信任模型与风险评估模型结合在一个整体中,对特定动作的每一个可能的结果进行风险评估,并用概率密度函数加以表达,然后通过信任引擎分析、计算多维的信任信息,由风险引擎选择一个风险概率函数,并根据用户策略决定是否采取行动。SECURE 项目主要针对访问控制研究信任和风险的关系,具有一定的局限性。

Jøsang 和 Presti 重新定义了信任和风险之间的关系。他们使用效益函数来模拟风险,将信任和风险以量化的形式结合起来,使风险和信任相互关系的研究更进了一步。然而他们的工作只局限在如何基于风险推导出信任,对于如何做出可信决策并未进行深入的研究。Dimitrakos 提出了一个略有不同的模式,引入了信任度量、代价和功效函数,为决策生成相应的信任策略。但是,这些工作缺乏对影响信任和风险的各因素的量化表达和在实际中的具体应用。

目前已有的研究工作都具有一定的针对性,表达了具体应用领域内对信任和风险关系的不同程度的认识,但尚未达成广泛接受的共识。

12.2.2 信任和风险的定义

在云环境里,提供商的资源和用户的管理方式是开放的,完全分布式的。用户在其中可以完成各种协作交互活动。然而由于网络中参与节点的复杂性，给了恶意节点更多的安全攻击机会，比如可以利用节点漏洞随意扩散病毒和恶意内容。因此节点间的交互在给节点带来收益的同时也可能给其带来一定的损失。一般来说，信任是一种发生在交互伙伴之间的二元关系。而且，在不同的上下文中，信任具有不同的含义。为了明确风险和信任之间的关系，本书重新定义信任为对节点间协作的最大收益的主观期望。

当协作的结果对节点产生影响时，就需要考虑风险。对于风险的含义，在信息安全评估领域和经济学领域有不同的定义。在安全评估中，将风险定义为安全威胁发生的可能性和造成的危害的程度；而在经济学领域，将其定义为一种事务执行的不确定性，并用投入和期望效用函数来描述风险程度。本书更加侧重安全领域中的风险分析。本书针对云环境的具体化，考虑节点间的协作应用的需求，给出了一个定义：风险是指对节点间协作过程中出现和预期相反的结果的可能性，以及在此情况下造成损失的程度的一种反映。不同的主体对风险有不同的态度。风险态度表达了主体在交互过程中对风险采取的态度。在信息安全领域，导致风险的因素有很多，如节点自身存在的漏洞、执行环境存在的威胁等。其中，节点的漏洞和安全威胁都可以根据客观证据进行近似分析。由于风险而在交互过程中造成的损失可以用定性的评估（即由协作失败引发的安全损害）或者定量的损失描述。

通常，可信决策表达为：在特定的上下文中，只有能够带来最大收益的节点，才被选择进行交互。这一决策过程称为可信决策。当然节点风险态度的不同也会影响可信决策的观点。

12.3 分布式可信决策模型的实例

根据对信任、风险以及两者在决策中的关系的分析，将风险和信任量化并融合，建立了一个分布式的决策模型（Distributed Decision-making Model，DDM）。DDM 基于效益理论描述了节点在协作过程中的收益（benefit）和损失（cost）之间的关系。

12.3.1 决策模型的结构

图 12-1 显示了一个分布式可信决策模型实例的基本结构。

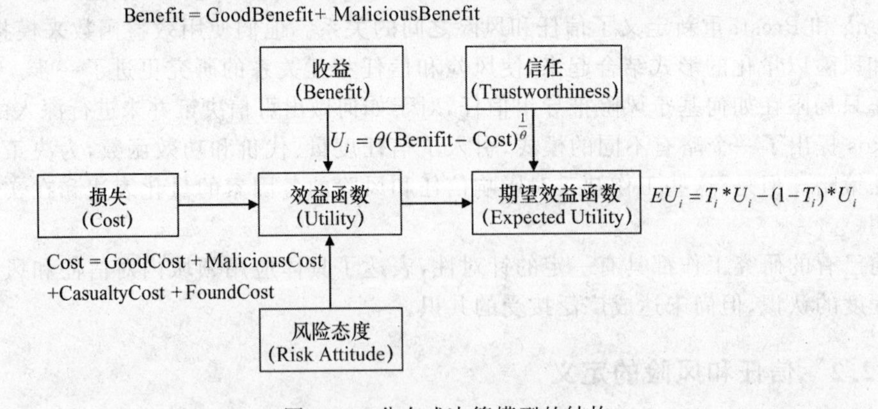

图 12-1　分布式决策模型的结构

图中各部分说明如下。

(1) 效益函数(Utility)和期望效益函数(Expected Utility)。在决策模型里,效益函数表达了节点在做出交互决定前对此次交互可能带来的收益结果的预期估计。由于节点通常有多个交互伙伴可以选择,因此决策模型在引入效益函数的同时还引入了期望效益函数。期望效益函数对不同的交互伙伴的行为进行了预测。

(2) 信任(Trustworthiness)。决策模型兼容多种方法来计算移动节点的信任度。在期望效益函数中,获得交互机会的概率 p 与节点的信任度相联系。

(3) 风险态度(Risk Attitude)。不同的节点有不同的风险态度,通常可以分为风险厌恶(Risk Averse)、风险中立(Risk Neutral)和风险追求(Risk Seeking)。在传统的效益理论里,效益函数的形状决定了节点的风险态度。如图 12-2 所示,横坐标表示节点的预期收益,纵坐标表示效益函数。

(4) 收益(Benefit)。收益是节点在交互过程中所得到的利益。区分为好的收益(Good Benefit)和恶意收益(Malicious Benefit)。好的收益是节点通过合法参与系统交互协作所获得的利益。它涉及节点在资源共享中获得的利益以及从协作机制中得到的利益。恶意收益是节点进行恶意攻击所获得的利益,比如对其他节点进行拒绝服务攻击,提供病毒文件等。

(5) 损失(Cost)。损失是节点在交互过程中所遭受的损失。在决策模型里,有四类损失:常规损失(Good Cost)、恶意损失(Malicious Cost)、伤亡损失(Casualty Cost)和被发现的损失(Found Cost)。常规损失是指节点在参与交互时的正常损失,如节点自身的处理器、内存的消耗以及带宽负载等,还包括节点为了提供共享资源或其他交互机制所付出的损失。恶意损失同节点的恶意行为相联系,它涉及节点为了达到恶意攻击的目的所付出的损失,比如进行恶意攻击时所占用的带宽和处理能力等。对于恶意节点来说这部分损失相对很小。伤亡损失是指节点被攻击之后所遭受的损失。它表达了节点对攻击的厌恶,并且影响着节点为了避免攻击而努力的程度以及节点是否考虑参与系统协作。被发现的损失是指节点进行恶意行为被发现时所遭受的损失。例如,节点退出或重新进入系统,甚至减少攻击目标的数量等。

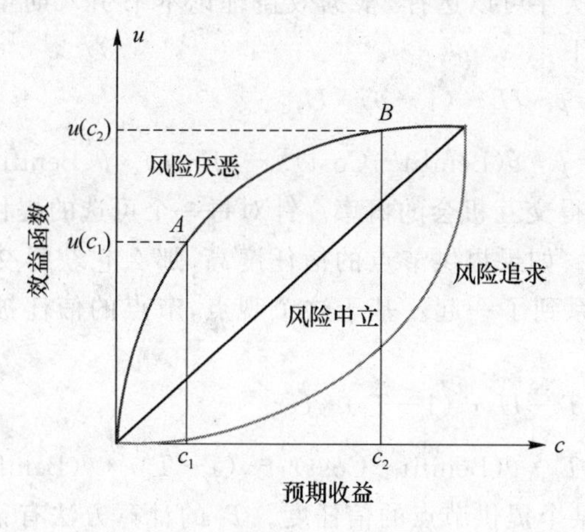

图 12-2　收益函数与风险态度之间的关系

12.3.2　决策模型的原理

DDM 的基本思想是将风险和信任量化并融合进一个模型里,同时使用效益函数来描述移动节点的收益和损失之间的关系。节点基于信任关系、所期望的最大效益和风险态度进行可信决策。在详细描述 DDM 的基本原理前，本书首先进行以下假设：

某个移动节点试图从网络上传或下载自己所需要的文件。首先它把这个请求以广播的形式在网络上进行发布。一些具有这些文件的节点在收到请求消息之后将响应这个节点。一旦收到这些响应消息，它需要在这些提供节点当中选择一个节点作为下载源。令 $M_1,\cdots,M_n$ 表示提供节点的集合，C_i 表示请求节点。

在效益理论里，节点的风险态度影响着效益函数的形状。因此 C_i 的效益函数表示为

$$U_i=\frac{1}{\theta}(\text{Benifit}-\text{Cost})^{\theta} \tag{12-1}$$

其中，U_i 表示 C_i 的效益函数，θ 的值与节点的风险态度有以下关系：

$$\theta=\begin{cases}1<\theta\leqslant 2, & \text{节点 } C_i \text{ 是风险追求}\\ 1, & \text{节点 } C_i \text{ 是风险中立}\\ 0<\theta<1, & \text{节点 } C_i \text{ 是风险厌恶}\end{cases}$$

式(12-1)显示了节点 C_i 的风险态度对 U_i 的值的影响。与其他类型的风险态度相比，具有风险追求的节点趋向于过大估计效益函数的值。另一方面，风险厌恶的节点宁愿降低对效益函数值的估计来避免交互过程中的风险。

Benefit 表示节点对交互过程中的收益估计，它包括好的收益(Good Benefit)和恶意收益(Malicious Benefit)。计算公式如下：

$$\text{Benefit}=\text{GoodBenefit}+\text{MaliciousBenefit} \tag{12-2}$$

Cost 表示节点对交互过程中的损失估计，它包括常规损失(Good Cost)、恶意损失(Malicious Cost)、伤亡损失(Casualty Cost)和被发现的损失(Found Cost)。计算公式如下：

$$\text{Cost}=\text{GoodCost}+\text{MaliciousCost}+\text{CasualtyCost}+\text{FoundCost} \tag{12-3}$$

由于 C_i 有多个交互伙伴可以选择，根据效益理论本书引入期望效益函数，C_i 的期望效益函数 EU_i 计算公式如下：

$$\begin{aligned}\text{EU}_i&=p*U_i-(1-p)*U_i\\&=p*\theta(\text{Benifit}-\text{Cost})^{\frac{1}{\theta}}-(1-p)*\theta(\text{Benifit}-\text{Cost})^{\frac{1}{\theta}}\end{aligned} \tag{12-4}$$

其中，p 表示提供节点获得交互机会的概率。针对每一个可选的提供节点，C_i 的期望效益函数 EU_i 有多个计算结果。如果提供节点的信任度高，那么它获得交互的机会就会增加，因此 p 与节点的信任度联系到了一起。基于这个观点，节点的信任被融合到式(12-4)，经过重新改写得到：

$$\begin{aligned}\text{EU}_i&=T_i*U_i-(1-T_i)*U_i\\&=T_i*\theta(\text{Benifit}-\text{Cost})^{\frac{1}{\theta}}-(1-T_i)*\theta(\text{Benifit}-\text{Cost})^{\frac{1}{\theta}}\end{aligned} \tag{12-5}$$

其中，T_i 表示节点 C_i 对某个提供节点的信任度。T_i 的计算方法有很多种，比如根据本书提出的两种信任模型进行信任度的计算。

DDM 定义了一系列节点的收益和损失之间的关系。一般来说，并不是要求节点一开始就必须是完全诚实或完全恶意的，DDM 所要做的是基于效益函数对节点的行为进行预测。其中计算 Benefit 和 Cost 的方法不作为本章研究的重点内容。实际上，很多情况下它们都与金融联系在一起。

12.3.3 可信决策的过程

在 DDM 里,移动节点基于它的效益函数和风险态度做出可信决策。可信决策的过程分为以下两个步骤。

(1) 计算效益函数。如果能够通过信任机制获得交互伙伴的信任度,移动节点将根据式(12-5)计算效益函数,否则根据式(12-1)。

(2) 选择交互伙伴。如果移动节点是风险厌恶的,那么它趋向于最大程度地避免交互中所承担的风险。因此它只从信任度达到它规定的阈值的节点中选择具有最大 EU_i 的节点进行交互。如果移动节点是风险中立的,那么它趋向于追求风险和收益的平衡关系。因此它会选择具有最大 EU_i 的节点进行交互。如果移动节点是风险追求的,那么它趋向于追求最大的利益。因此它不会去考虑交互伙伴的信任度,只选择具有最大 U_i 的节点进行交互。

当移动节点是风险追求时有如下关系成立:

$$EU_i = U_i \tag{12-6}$$

基于式(12-6),对于风险追求的节点来说,高可信度的节点和恶意节点具有同等被选择作为交互伙伴的机会。式(12-6)也进一步说明对于风险追求的节点计算信任度毫无意义。

在实际应用中,DDM 已经用于网络安全体系中的风险分析和安全决策过程中,它具有如下优点。

(1) 模型实现了风险分析、信任评估和可信决策的量化过程,为在实际应用中实现安全信息的动态收集、分析和安全决策的自动制定打下了基础。

(2) 采用信任、风险和可信决策一体化的结构,形成的可信决策综合体现了主观、客观的相关因素,和传统安全决策中单纯依赖风险或信任进行决策的方法相比更加合理。

(3) DDM 不仅能帮助移动节点做出可信决策,而且能从一定程度遏制节点的恶意行为。首先,恶意节点通过计算发现:如果它进行恶意攻击,那么它的 Found Cost 远远大于 Malicious Benefit,根据这个计算结果它最终将放弃攻击。其次,如果恶意节点知道网络中应用了可信决策模型,那么为了不被发现,它也会更多地去进行诚实的交互。

12.4 模拟试验及结果分析

为了验证 DDM 的有效性,本书从交互成功率、风险对信任的变化的影响和抗攻击力等方面对模型进行了评估。

12.4.1 实验设置

本节使用 PlanetSim 3.0 作为移动 P2P 系统的模拟软件,进行模型仿真。实验模拟了一个具有 300 个移动节点的 P2P 文件共享系统。每个节点本地最初拥有一定数量的文件,且连接了一定数量的邻居节点。实验假设每个节点提供一个真实文件,能够从对方获得[1,2]虚拟钱币(Good Benefit=[1,2]),同时自身损失[0.1,0.3]虚拟钱币(Good Cost=[0.1,0.3])。相反每个节点下载到一个真实文件也能够从对方获得[1,2]虚拟钱币(Good Benefit=[1,2]),同时自身损失[0.1,0.3]虚拟钱币(Good Cost=[0.1,0.3])。如果提供一个不真实文件,节点从对方获得[1.5,2]虚拟钱币(相当于 Malicious Benefit=[1.5,2]),同时自身损失[0.1,0.5]虚拟钱币(Malicious Cost=[0.5,1])。如果被系统发现为恶意节点则损失[1,2]虚拟钱币(Found Cost=[1,2])。节点由于下载了不真实文件导致自身损失[0.6,1]虚拟钱币(Casualty Cost=[0.6,1])。每个节点周期地选择本地不存在的文件向网络中发出查询消息。在收到文件查询消息时,如果本地发现了所查询的文件则返回一个响应消息,请求节点根据 DDM 选择一个节点作为下载源。节点提供服务的能力分为:强、中、弱 3 类。恶意节点通常上传 3 类不真实的文件:文件功能与描述不符,文件哈希值不正确,文件含有病毒或木马。显然,后两种情形比较严重,尤其是文件含有病毒或木马时,可能会严重影响终端系统的安全。由于本节实验主要为了验证 DDM,因此在实验过程中简化了信任计算的步骤。所有节点信任度的计算均采用平均值的方法,计算公式如下:

$$T_i = \frac{1}{n}\sum_{r=1}^{n} R_i \tag{12-7}$$

其中,R_i 表示节点的信誉,每个节点都具有一个随机的初始信誉值。n 表示节点交互的次数。每次节点之间交互完成之后,双方都会对对方提供的服务进行评价,并给出信誉度。

实验设置了一个中心服务器负责对节点的信誉值进行收集和更新,并根据式(12-7)计算节点的信任度。节点如果进行了恶意行为,系统将作为惩罚减少它至少 0.1 个信任度。减少的程度由系统决定。本实验假设上传第一类、第二类和第三类不真实文件,节点的信任度分别被依次减少 0.1、0.3 和 0.4。为了使模拟更接近与真实的移动 P2P 系统,在模拟的过程中为每一个移动节点任意设置了一个休眠周期,范围在[100,500]秒。在休眠期间不再响应其他节点的任何请求。例如,设置节点每隔一个小时休眠 100 秒。设置休眠周期的目的是为了模拟真实的移动 P2P 网络中节点任意加入和离开的特性。更多的基本参数设置如表 12-1 所示。

表 12-1　DDM 模拟参数表

查询消息的 TTL	4
每一个节点的邻居数量	4
不同文件的版本数目	1 500
休眠周期/s	[100,500]
每个节点初始具有的文件数量	15
具有风险厌恶、中立、追求的节点的比率	40%、35%、25%
节点的初始信誉度	0.5
节点移动的最大速度/(m·s^{-1})	20
节点的通信范围/m	70
好的收益,恶意收益	[1,2],[1.5,2]
常规损失,恶意损失	[0.1,0.3],[0.5,1]
伤亡损失,被发现的损失	[0.6,1],[1,2]
信任度阈值	0.7

12.4.2　交互成功率评估

实验首先对不同风险态度节点的交互成功率进行评估。交互成功率的计算公式如下:

$$\mathrm{rate}(M_i)=\frac{\mathrm{Success}(M_i)}{\mathrm{Response}(M_i)}*100\% \tag{12-8}$$

$\mathrm{Response}(M_i)$表示节点 M_i 收到响应的总次数，$\mathrm{Success}(M_i)$表示节点 M_i 成功完成交互的总次数。这里成功交互的含义是节点 M_i 从交互伙伴上传、下载到正确文件。实验结果如图 12-3 所示。风险厌恶的节点具有最高的交互成功率 33%；风险追求的节点具有最低的交互成功率 19%；风险中立的节点的交互成功率位于两者之间为 26%。根据试验结果可以得出以下结论。

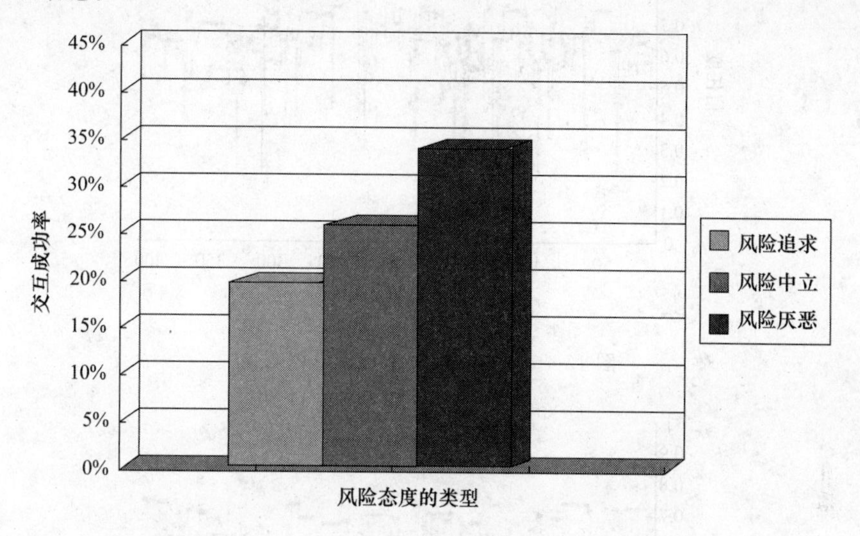

图 12-3 交互成功率

(1) 风险厌恶的节点为了得到交互机会，通常会牺牲自己的收益来吸引其他节点下载，并且会创造更多的机会来增加它的信任度。

(2) 风险追求的节点总是追求获得最大的利益，因此失去很多交互机会。

(3) 风险中立的节点则更多地考虑收益和损失之间的平衡关系。

通过以上实验可以证明 DDM 给节点的决策过程提供了更多的弹性，并且形成的可信决策综合体现了主观、客观的相关因素。

12.4.3 风险对信任度变化的影响评估

在这组实验里，通过模拟不同风险态度节点的交互过程考察风险对信任度变化的影响。一共进行了三组实验。实验过程中，每个节点可以在同一时间内与多个节点进行交互。具有风险态度厌恶、中立和追求的节点比率分别为 40%、35%和 25%。节点总数 300，初始的信任度均为 0.5。第一组，300 个节点同时进行交互，只跟踪和记录风险厌恶的节点的信任度结果，每一次实验的时间为 5 分钟，一共进行了 400 次。第二组，300 个节点同时进行交互，只跟踪和记录风险中立的节点的信任度结果，每一次实验的时间为 5 分钟，一共进行了 400 次。第三组，300 个节点同时进行交互，只跟踪和记录风险追求的节点的信任度结果，每一次实验的时间为 5 分钟，一共进行了 400 次。三组实验的结果如图 12-4～12-6 所示。根据试验结果可以得出以下结论：在 DDM 里具有很低信任度的节点也能够有机会参与交互。这与传统的信任机制相矛盾，在传统的信任机制里只有那些具有一定可信度的节点才能够被选择作为交互伙伴。这一结果导致一些信任度低的节点需要很长时间去积累信任度才能够交互。在节点频繁加入和离开的移动 P2P 网络里，传统的信任机制极大地降低了系统的性能。相反 DDM 由于同时考虑节点的风险和收益，使得一部分信任度低的节点能够通过牺牲个人的利益来获得交互的机会。同时恶意节点通过 DDM 也将发现进行恶意攻击对它们并没有更多的好处，因此放弃攻击，这在一定程度上抑制了恶意行为。

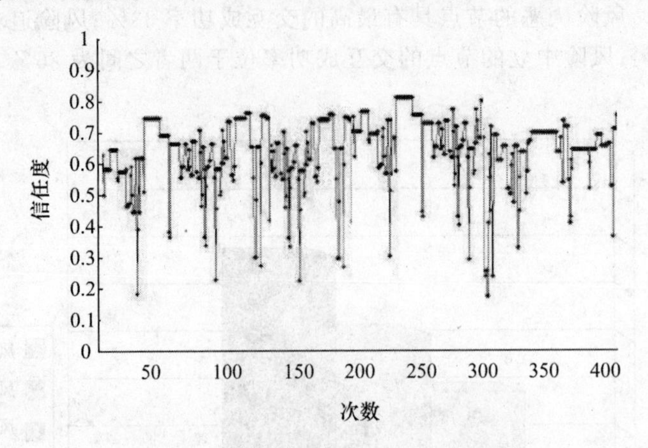

图 12-4　风险厌恶的节点的模拟结果

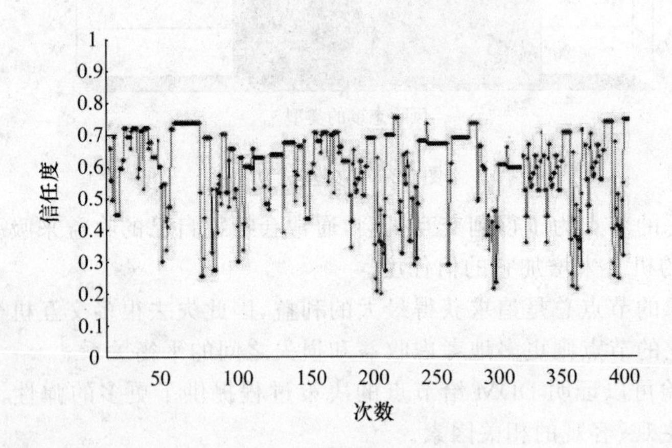

图 12-5　风险中立的节点的模拟结果

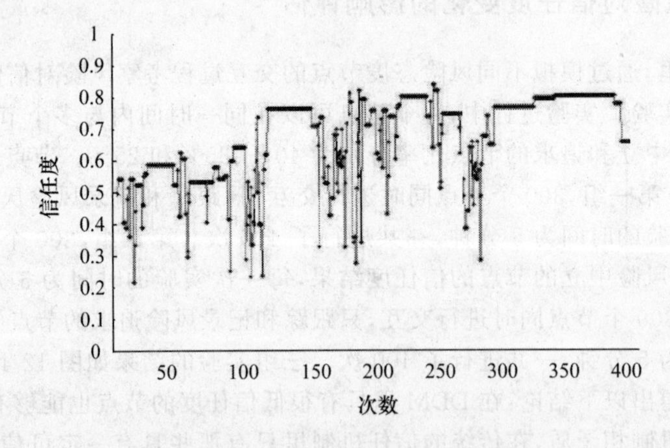

图 12-6　风险追求的节点的模拟结果

12.4.4　决策模型的抗攻击力评估

这组实验通过考察不同风险态度节点的不真实文件下载率对 DDM 的抗攻击力进行了评估。模拟实验中采用了两种攻击模拟环境:独立欺骗和群组欺骗,且分别和无决策机制存在的情况进行了实验对比。在独立欺骗环境下,节点在小规模交互里伪装为一个好节点,提供真实文件来骗取较高的可信度。等被大部分邻接节点相信后,便利用此信任度欺骗请求下载文件的节点,给其提供不真实的文件。不像独立欺骗方式,群组欺骗是一种恶意节点联合起来形成集团,互相勾结,联合作弊的一种攻击方式。内部成员之间通过多次交易并彼此给出高的评价来抬高集团内部节点的信誉度,对外部节点则提供不真实文件。此类恶意节点攻击方式危害很大,当系统中此类节点比例达到一定程度时,可能会严重扰乱系统决策,甚至使系统瘫痪。在实验过程中,两种攻击环境下恶意节点的百分比分别从 0%增加到 70%。其中每增加 10%,就收集一次数据。实验结果如图 12-7～12-12 所示。根据试验结果可以得出以下结论。

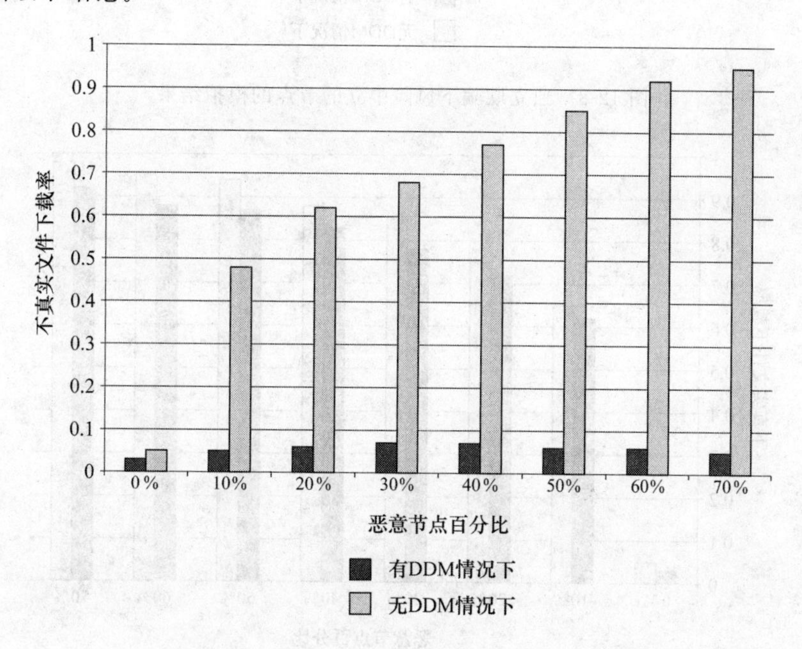

图 12-7　独立欺骗下风险厌恶的节点的模拟结果

(1) 在缺少决策机制的情况下,恶意节点无论是通过独立欺骗还是群组欺骗均能够造成网络上大量不真实文件的下载。

(2) 在使用 DDM 的情况下,风险厌恶和风险中立的节点的不真实文件下载率开始的时候会随着恶意节点的增加而增加,当恶意节点达到 30%～40%的时候,下载率开始下降。原因在于 DDM 通过降低节点的信任度来对它的恶意行为进行惩罚。如果恶意节点被系统发现,它将失去交互的机会,因此降低了不真实文件的下载率,并且群组欺骗下的不真实文件下载率的下降速度慢于独立欺骗,但最终仍然会下降到 3%～5%。

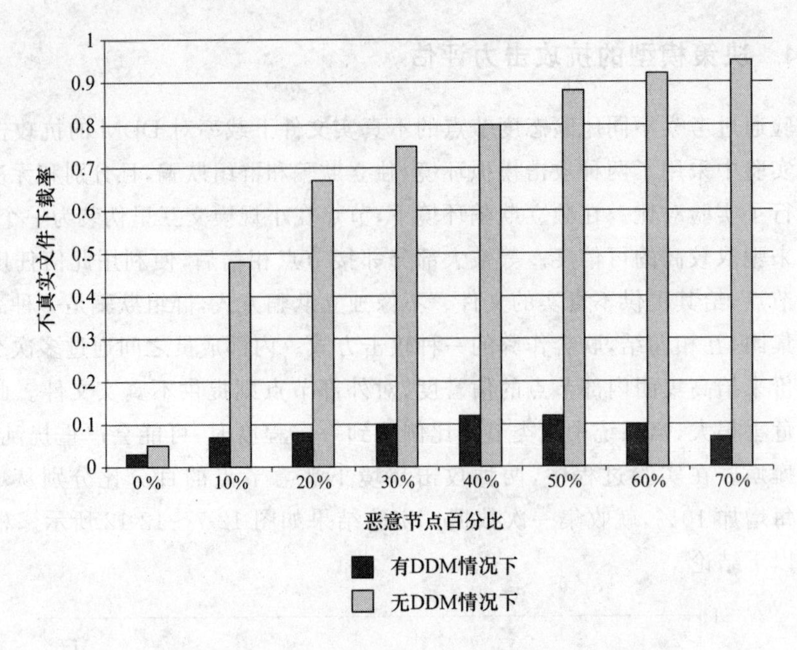

图 12-8 独立欺骗下风险中立的节点的模拟结果

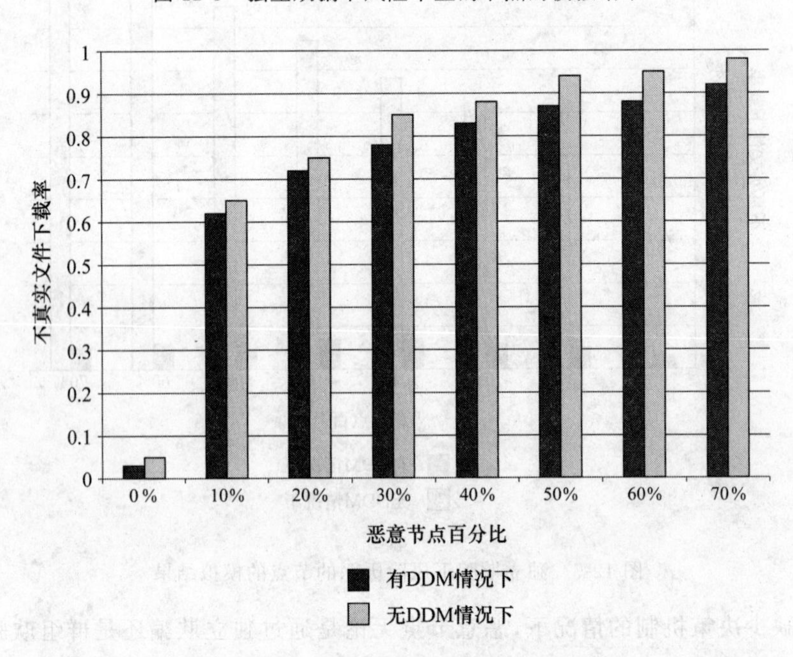

图 12-9 独立欺骗下风险追求的节点的模拟结果

(3) 对于具有风险厌恶和风险中立的节点，DDM 能够有效地阻止恶意节点的独立欺骗，极大地降低了网络里不真实文件的下载率。即使恶意节点联合起来形成集团进行群组欺骗，也不会增加恶意节点被选择作为下载源的概率。风险厌恶的节点有最低的不真实文件下载率。主要原因在于，基于 DDM 风险厌恶的节点只从信任度达到它规定的阈值的节点中选择具有最大 EU_i 的节点进行交互。风险中立的节点趋向于追求风险和收益的平衡关系，因此它会选择具有最大 EU_i 的节点进行交互。这使得恶意节点很少被风险厌恶和风险中立的节点选择作为下载源，大大减少了不真实文件的下载。从图 12-7、12-8、12-10、12-11可以观察到，不真实文件的下载率被控制到 13％以下。即使不存在恶意节点，不真实文件下载率也会在 3％～5％之间。原因是受到节点自身和网络的影响，比如由于节点错误的建立数据元或链路不通造成部分文件丢失，等等。

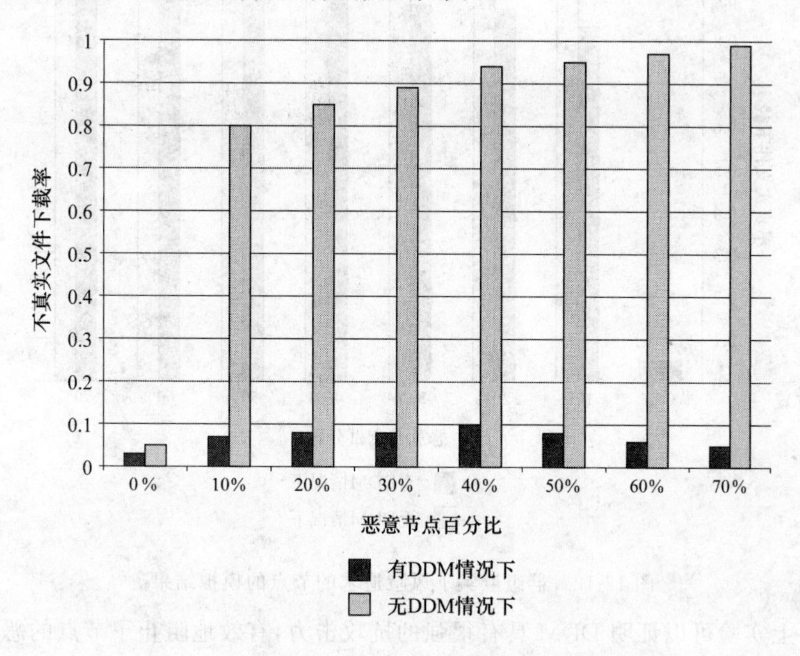

图 12-10　群组欺骗下风险厌恶的节点的模拟结果

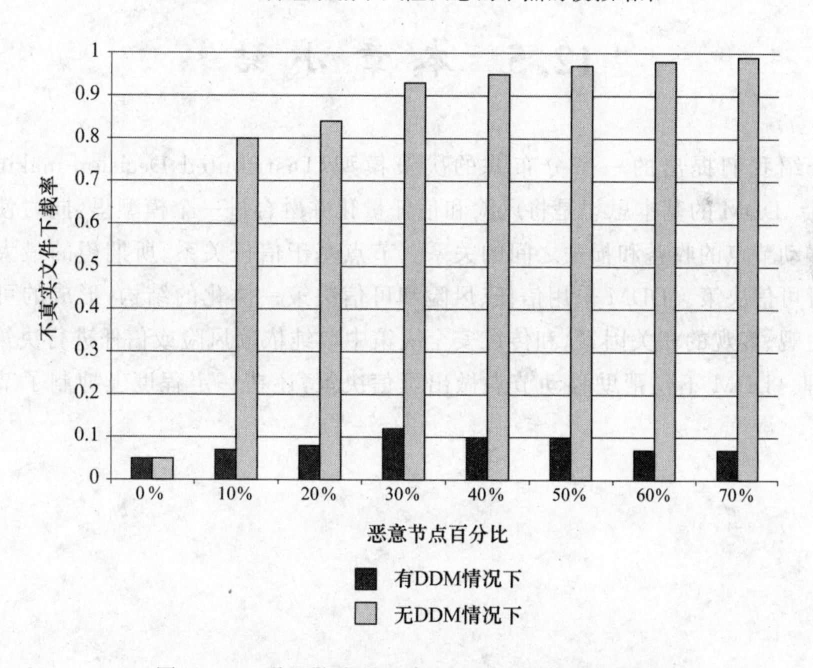

图 12-11　群组欺骗下风险中立的节点的模拟结果

(4) 与其他风险态度的节点相比，风险追求的节点具有最高的不真实文件的下载率。主要原因在于风险追求的节点趋向于追求最大的利益。因此它不会去考虑交互伙伴的信任度，只选择具有最大 U_i 的节点进行交互。对于它来说，高可信度的节点和恶意节点具有同等被选择作为交互伙伴的机会。

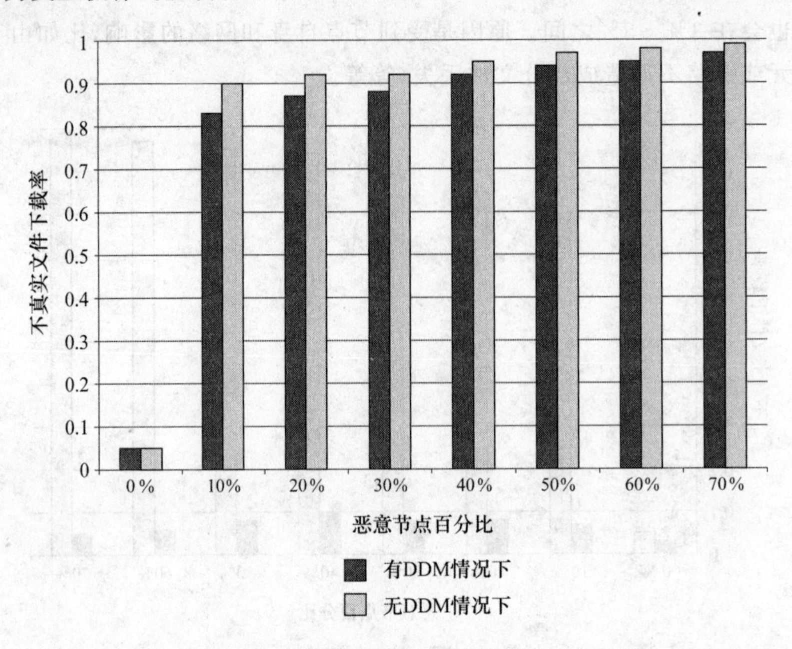

图 12-12　群组欺骗下风险追求的节点的模拟结果

通过以上实验可以证明 DDM 具有很强的抗攻击力，有效地阻止了节点的恶意行为。

12.5　本 章 小 结

本章介绍我们提出的一个分布式的决策模型（Distributed Decision-making Model，DDM）实例。DDM 的基本思想是将风险和信任量化并融合进一个模型里，同时使用效益函数来描述移动节点的收益和损失之间的关系。节点基于信任关系、所期望的最大效益和风险态度进行可信决策。DDM 采用信任、风险和可信决策一体化的结构，形成的可信决策综合体现了主观、客观的相关因素，和传统安全决策中单纯依赖风险或信任进行决策的方法相比更加合理。DDM 不仅帮助移动节点做出可信决策，还在一定程度上抑制了节点的恶意行为。

第13章　信任管理技术在隐私保护中的应用

在计算机领域，信任概念源于提升网络系统的安全机制，以弥补传统安全管理技术的不足，对安全进行加强或者辅助决策。隐私与交互过程中用户的信任和风险有关，信任可以控制隐私信息暴露的程度，风险分析可以评估用户愿意交互的期望利益值。网络环境中的隐私与信任的特点有着较强的相似性，因此，信任应用于安全领域有助于隐私信息的保护。

13.1　云环境下数据隐私性和安全性的问题

在拥有巨大资源优化空间的同时，云计算对用户数据的控制程度也比以往大得多。由于运算和存储都是在云端进行，用户数据也必须上传到云端，传统的企业内部数据保护，诸如物理隔离和访问权限控制等就不再适用了。因而，在云计算中，数据的隐私性与安全性问题一直是用户首要的忧虑，也是阻碍云计算技术普及的最大障碍。对于云计算的用户来说，外包了计算业务相当于放弃了对数据的绝对控制权，而目前用户唯一的保障就是和云服务商之间签订的服务协议。

13.1.1　来自云内部的威胁

云服务商作为服务的提供者，有保护用户数据隐私性与完整性的义务，但数据安全的最根本责任还是由用户自己承担的。一般情况下，云服务商会遵守协议约束，不主动破坏数据安全，并且尽可能防范来自内部的安全漏洞，包括在数据中心各楼层安装监控设备，记录操作日志，审查雇员的背景等。然而，这些措施只能增大攻击的难度，并不能完全阻止攻击的发生，而且，大多措施是在事后发现攻击，并不能挽回已发生的攻击造成的损失。

我们将来自云内部的攻击者分为两个级别，第一级 T1 是无特权的雇员，第二级 T2 是云计算平台管理员甚至是云服务商本身。对于 T1 级攻击者，他们能够通过以下手段破坏用户数据的隐私性与安全性。

(1) 云系统内部漏洞攻破权限审查，获得更高特权，通过云管理平台的特权接口访问用户数据。

(2) 运行间接的恶意攻击程序通过旁路通道获得部分运行时信息，如加密密钥等，并猜测其余内容。

对于 T2 级攻击者，他们已拥有最高的特权，能够访问任意的用户数据，包括使用嵌入恶意逻辑电路的硬件等。除了上述攻击手段，他们可以利用下面几种攻击方式：

(1) 物理接触获得存储介质,直接访问其中的数据。

(2) 侦听硬件如总线、内存等,获得运行时的动态信息。

(3) 使用恶意的硬件获得运行时的动态信息。

另外,操作人员的人为失误也可能导致用户数据的外泄。我们也将它归为 T1 级攻击。

13.1.2 来自云外部的威胁

与传统的企业级计算不同,云计算服务是通过因特网提供给用户的,因而云服务是始终在线的。由于这种特性,云计算平台必须面对来自网络的各种攻击。来自网络的攻击可能通过用户的虚拟机的网络接口进行入侵,攻破网络服务软件甚至操作系统。

另外,由于公共云是同时为多个用户提供服务的,来自不同组织的用户可能在一个云计算平台上共享计算资源,这为旁路攻击提供了可能。虚拟机监控器层的漏洞也使得虚拟机的越狱和对虚拟机监控器的渗透成为可能。安全漏洞维护网站 CVE 截至 2009 年 11 月收到的两大虚拟化系统 Xen 和 VMware 的漏洞分别达到了 26 个和 18 个。来自外部的攻击者可以通过对软件逻辑的破坏和入侵,达到与内部 T1 攻击者相近程度的威胁,但由于无法直接接触硬件,发动物理层面的攻击,外部攻击者无法达到内部 T2 级攻击者的威胁程度,因而我们将外部攻击威胁都归入 T1 级威胁。

13.2 信任和隐私

信任与隐私有着密不可分的关系,实体 A 对实体 B 的信任度评估结果越高,实体 A 对实体 B 隐私暴露的程度就越高。

13.2.1 信任和隐私的关系

网络环境中的隐私与信任有着密切的关系,实体之间信任关系的建立过程是双方不断交互产生的信息交换的过程,在该过程中,实体披露一定量的包含隐私的信息能够获取交互对方一定的信任;交互实体出于隐私保护的考虑,希望披露包含最少的隐私信息来建立信任关系,而有时实体为了快速建立信任以获取服务或更多的权限,宁愿牺牲隐私来换取信任。网络交互中的隐私和信任的关系是动态的,在不同的网络应用场景下,两者间的关系表现形式不同。

网络环境中,信任对隐私保护的作用主要体现以下几个方面。

(1) 满足个性化隐私量化需求

隐私量化是做出隐私披露决策的基础,将交互对方的信任程度作为个性化隐私量化方法的决策属性之一,有助于满足隐私多样性的保护需求。

(2) 辅助隐私披露决策

网络交互中,一方面,交互对方的可信性、网络环境的可信性等可以辅助生成隐私披露决策以及对隐私披露粒度进行控制,从而有效保护隐私;另一方面,根据实际网络应用场景并结合用户对建立信任、保护隐私优先级的选择，信任能够辅助生成交互策略，从而满足隐私保护的个性化需求。

(3) 辅助隐私保护模式选择

网络交互中的隐私保护模式多种多样，不同的隐私保护模式复杂度不同，根据交互对方的可信性、网络环境的可信性等能够辅助隐私保护模式的选择，从而在有效保护隐私的同时降低交互复杂度和通信代价，提高交互效率。

(4) 提高交互安全性

将未经隐私主体允许，泄露隐私信息给第三方作为反馈因素引入到信任评估之中，通过对信任的动态调整，能够有效减少后续交互的不确定性、降低风险，从而为后续网络交互提供安全、可信的交互决策，在提高交互安全性的同时加强对隐私的保护。

13.2.2　信任和隐私的特点

网络环境中隐私信息的主要特点表现在以下几个方面。

(1) 主观性。主观性是隐私信息的固有属性，表现在实体对隐私概念的内涵、外延、敏感程度等的认知受主观感受的影响。

(2) 动态性。动态性是网络环境赋予隐私的新特点，网络环境中的隐私信息不仅能够随时产生，而且能够动态产生变化。例如，用户的位置信息即时产生，并随时间动态发生着变化。

(3) 多样性。多样性是隐私信息的自然属性，网络环境中的隐私信息受社会、法律、心理等多种内、外因素的影响，呈现出多样性的特点。例如，在西方国家年龄被普遍认为敏感度较高，而在我国则敏感度较低。

(4) 上下文相关性。上下文相关性由网络的动态性和网络应用的多样性决定，在不同的网络应用场景下，隐私信息的敏感度等不同。例如，在基于位置的服务中，位置信息通常作为隐私需要被保护，而在无线 Mesh 网络的紧急救援应用中，位置信息则作为重要的救援信息供救援人员共享和使用。

信任是人类社会的一种自然属性，通常被作为一种主观直觉上的概念加以理解，很难形成统一的定义。D. Gambetta 等[123] 人认为，信任不是可以用理性的观点来衡量的，信任常常表现为一种经验，信任不仅与具体的环境和上下文相关，还可以分成多种不同的程度。Marsh[124] 首次系统地论述了信任的形式化问题，认为信任是"选择将自己交到其他人手里，由其他人的行为决定可以从一个情境中获得什么"，为信任在计算机领域的应用奠定了基础。Mayer 等[125] 人将信任定义为：基于组织内部成员之间互动后对彼此的认知和了解，一方期望另一方会执行对自身有重要意义的某种行动，而无须用监控等方式控制对方的行为，并愿意接受对方行动可能带来的伤害。McKnight 和 Chervany 综合比较了各学科、各年代对信任的定义，认为信任是一个多维度概念，把信任按其自身的重要属性、关系、联系和结构特征分为信任意向（Trusting Intention）、信任行为（Trusting Behavior）、信任信念（Trusting Beliefs）、系统信任（System Trust）、倾向信任（Dispositional Trust）和情景决策信任（Situational Decision to Trust）六种类型[126]。

根据对信任不同角度的理解，展现出的信任特点也不尽相同，我们认为在网络环境中，信任的特点主要表现在以下几个方面。

(1) 主观性。主观性是基于行为信任的固有属性，信任作为一个实体对另一个实体行为的一种主观期望，由于不同个体对同一事物的看法受个体喜好等因素影响而有所不同，使得信任呈现出主观性的特点。

(2) 动态性。动态性是由信任关系中实体的自然属性所决定，信任随着时间及其他环境因素的变化而变化。在网络交互中，信任的动态性表现为信任评估因素、方式、结果的动态变化和信任关系的动态变化。

(3) 特定环境下的可度量性。在特定环境下信任是可度量的，尽管信任的内、外在因素不断动态变化，但仍可以根据受信方的外在特征加以度量，即信任程度可以被衡量和表示。信任不仅可以用“信任/不信任”的二值属性表示，也可用一个特定区间的实数表示，或者可以用模糊变量、甚至一个概率来表示。

(4) 上下文相关性。信任是上下文相关的，在网络交互中，一个实体可能有多个角色，实体在电子医疗中对医生在医疗方面的信任不表示在电子商务中同样信任该医生。

(5) 不完全传递和非对称性。信任关系具有不完全传递性，即 A 信任 B，B 信任 C，不一定能得出结论 A 信任 C。只有在某些特定的约束条件下，信任才具有一定的传递性。信任推荐是典型的信任传递方式，一般情况下，信任会随着传递链路的增长而衰减。信任是非对称的，A 信任 B，不表示 B 也信任 A。

13.3 基于信任的隐私保护模型总体设计

基于信任的隐私保护模型为网络环境中的隐私信息提供了三道保护屏障。第一道屏障是隐私披露决策的防护，根据交互实体之间的信任以及实体的交互意愿动态生成隐私披露决策，防止不可信实体对隐私信息的获取；第二道屏障是隐私保护模式的防护，根据交互实体的可信性和网络交互环境的可信性动态选取隐私保护模式，防止推断隐私的泄露；第三道屏障是隐私泄露对披露决策和隐私保护模式反馈作用的防护，若交互对方未经允许泄露实体的隐私给第三方，通过反馈作用调整交互对方的信任以及隐私保护模式，以提高后续网络交互的安全性。

13.3.1 模型的结构

基于信任的隐私保护模型从隐私信息度量，到隐私披露决策和隐私保护模式的选取，再到泄露隐私信息源头的识别，对网络交互中的隐私信息提供个性化、多层次的动态保护。模型的整体结构如图 13-1 所示。基于信任的隐私保护模型由个性化隐私信息度量方法、隐私与信任的关系模型、基于信任的隐私保护模式、隐私泄露对信任的反馈作用和识别方法四个的模块组成，用以实现对网络交互中隐私披露和隐私保护模式选取的决策，并结合加密等信息安全技术最终实现对网络环境中隐私信息的保护功能。

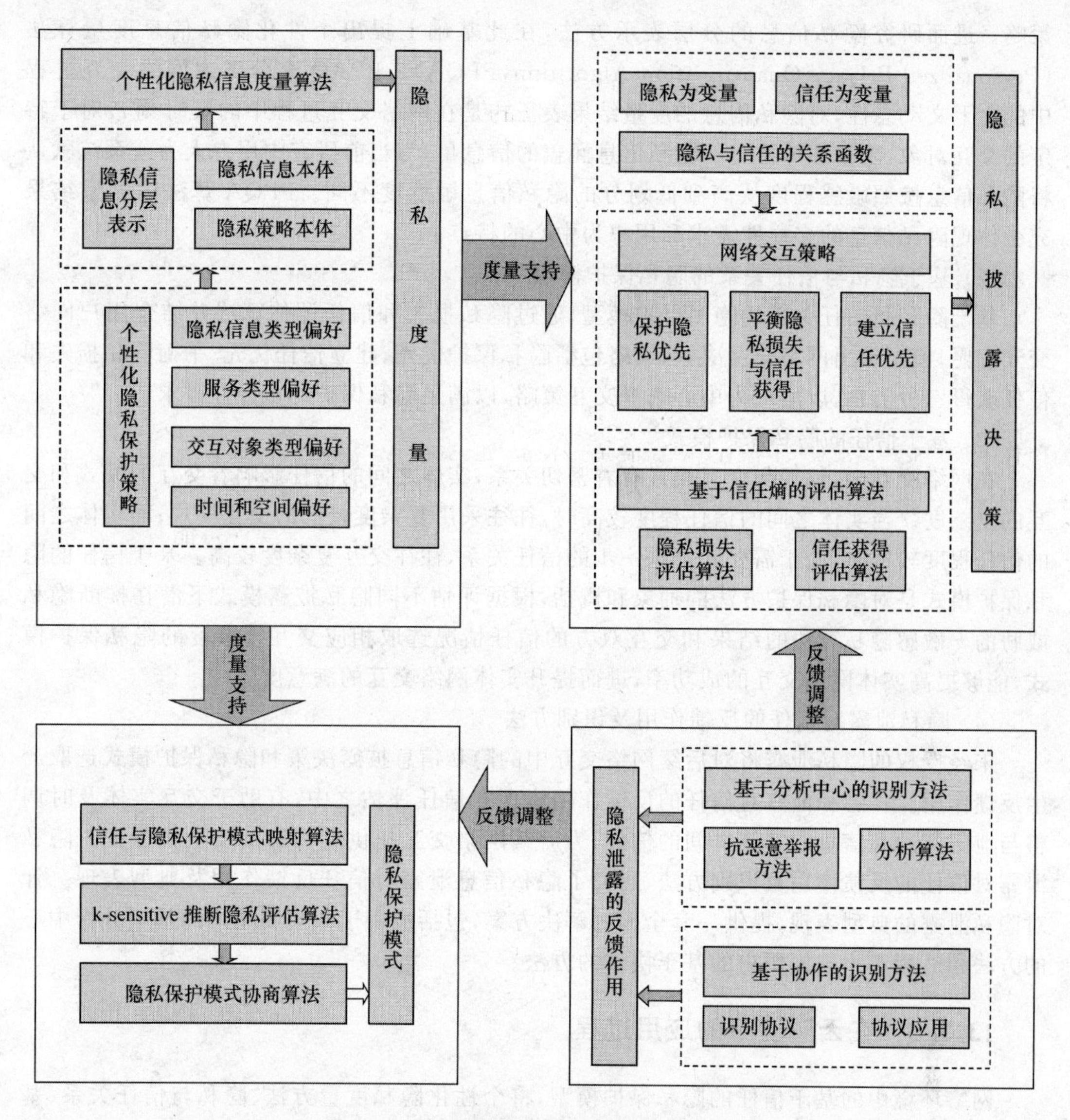

图 13-1　基于信任的隐私保护模型总体架构

13.3.2　隐私保护模型的原理

(1) 基于信任的个性化隐私信息度量

隐私度量为隐私披露决策和隐私保护模式的选取提供度量支持。由于隐私信息的多样性特点，不同实体对隐私信息概念的内涵和外延认知不同，不同实体对同一类别隐私信息的敏感度不同，同一类别的隐私信息在不同的上下文环境、不同信任度的实体交互过程中的敏感度也不尽相同。目前基于访问控制、分布式授权机制等方法中将隐私信息简单分级来表征隐私信息敏感度的方法不能满足网络环境中隐私保护的个性化、多样性需求。

基于信任的个性化隐私信息度量方法以个性化隐私保护策略、隐私信息分层表示、个性化隐私信息度量算法为基础。首先考虑用户的隐私偏好，并将隐私偏好形式化表示为隐私策略。进而研究隐私信息的分层表示方法，在此基础上提出个性化隐私信息度量算法(Personalized Privacy Quantification Algorithm，PPQA)。PPAQ充分考虑网络交互过程中的上下文动态性，对隐私信息的度量结果表征的是在网络交互过程中的某时刻t，对于特定的交互对象，隐私主体持有的隐私信息涵盖的信息量，与当前研究中用户人为或系统默认将隐私信息按照敏感程度从高到低划分的隐私信息敏感度不同。PPQA算法的度量结果充分体现隐私信息的多样性需求和用户为中心的特点。

(2) 基于隐私与信任关系的隐私保护模型

基于隐私与信任关系的隐私保护模型，通过隐私损失和信任评估算法并结合用户网络交互意愿，模型给出网络交互决策，策略包括隐私保护优先、建立信任优先、平衡隐私损失和信任获得三种类别，以用户为中心选择交互策略，以满足隐私保护的多样性需求。

(3) 基于信任的隐私保护模式

在网络交互中，信任与交互模式有着密切关系，实体之间的信任影响着交互的模式和交互的复杂度。当实体之间的信任程度较高时，往往采用复杂度较低的交互模式；而实体之间的信任程度较低时，由于需要建立进一步的信任关系，往往交互复杂度较高。基于信任的隐私保护模式是对隐私保护方法的抽象和概括，根据评估不同隐私披露模式下潜在推断隐私威胁的k敏感隐私算法的结果和交互双方的信任情况选取相应交互复杂度的隐私保护模式，能够提高实体网络交互的成功率，进而提升实体网络交互的满意度。

(4) 隐私泄露对信任的反馈作用及识别方法

未经授权的隐私泄露将对后续网络交互中的隐私信息披露决策和隐私保护模式选取产生反馈作用。将隐私泄露对信任的反馈作用体现在信任评估之中，有助于交互实体及时调整与泄露其隐私信息的实体之间的信任，为后续网络交互提供较可靠的安全性保证。隐私泄露对信任的反馈作用及识别方法，研究了隐私信息泄露对信任反馈作用及典型表现。针对隐私泄露的典型表现，提供一套全面的解决方案，包括适用于大规模用户的基于分析中心的方法和适用于小规模用户的基于协作的方法。

13.3.3 在云环境下的应用过程

网络环境中的基于信任的隐私保护模型，将个性化隐私度量方法、隐私与信任关系、基于信任的隐私保护模式、隐私泄露对信任的反馈作用及识别方法等关键技术有机融合在一起，形成一个个性化、多层次的隐私保护模型。将模型应用在网络环境之中，能够满足网络环境中的个性化隐私保护需求。

基于信任的隐私保护模型在网络环境中的应用流程包括以下步骤。

(1) 个性化隐私信息度量。用户可以自主设定包括对隐私信息类型、服务类型、交互对象类型、时间、空间在内的隐私偏好，模型根据隐私偏好、时间和空间约束、交互实体的信任关系和交互历史与隐私反馈的多个隐私度量属性，对隐私信息进行个性化量化度量。

(2) 隐私披露决策生成。模型将隐私偏好与多种形式的隐私保护策略一道进行抽象并统一形式化表示。根据形式化的隐私保护策略生成隐私策略本体和隐私信息本体，用于支持隐私度量和网络交互策略的选取。在网络交互过程中，通过对交互对方所请求的信息做出隐私损失评估和信任获得评估，根据评估结果并结合隐私与信任的关系函数以及用户的交互意愿、模型生成隐私披露决策。

(3) 隐私保护模式选取。在做出隐私披露决策之后,根据交互对方的信任、网络环境的可信性等信任评估结果,调用信任-隐私保护模式映射函数,结合 k 敏感推断隐私对候选的隐私保护模式带来的推断隐私风险评估,选取适用于交互场景的隐私保护模式。通过与交互对方的协商完成隐私保护模式的选取,进而采用交互双方协商的隐私保护模型进行网络交互。

(4) 隐私泄露对信任的反馈。在完成网络交互之后,如果实体通过隐私泄露识别方法发现交互对方未经允许将隐私信息泄露给第三方之后,模型通过隐私泄露对信任的反馈功能,对泄露隐私的交互实体的信任进行调整从而改变后续交互中的隐私披露决策,并在后续交互中对隐私保护模式进行调整,以保证后续网络交互的安全性。

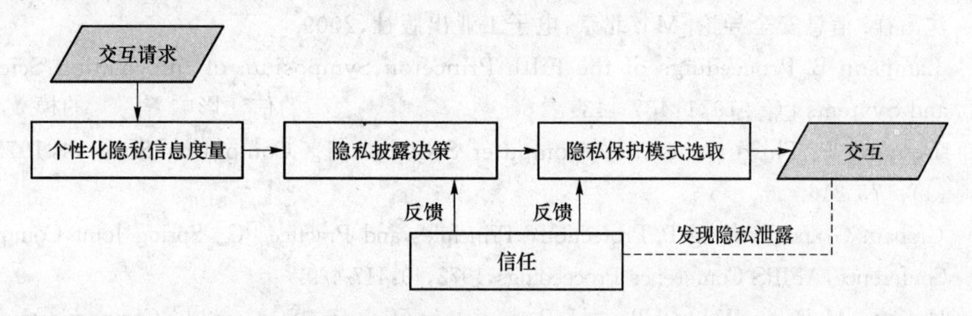

图 13-2　基于信任的隐私保护模型在网络环境中的应用

13.4　本 章 小 结

本章介绍了我们设计的网络环境中基于信任的隐私保护整体模型,首先提出了云环境下数据隐私性和安全性的问题,接着提出了模型的总体设计,并对模型的各个组成部分进行了介绍,最后给出了基于信任的隐私保护模型在网络环境中的应用方法。

参考文献

[1] Bishop M. Computer Security: Art and Science [M]. Pearson Education, Ltd, 2004.

[2] 沈昌祥.信息安全导论[M].北京:电子工业出版社,2009.

[3] Lampson B. Proceedings of the Fifth Princeton Symposium of Information Science and Systems [C]. 1971:437-443.

[4] Denning P. Third Generation Computer Systems [J]. Computing Surveys, 1971, 3 (4): 175-216.

[5] Graham G and Denning P. Protection—Principles and Practice [C] Spring Joint Computer Conference, AFIPS Conference Proceedings, 1972, 40: 417-429.

[6] Harrison M, Ruzzo W and Ullman J. Protection in Operating Systems [J]. Communications of the ACM, 1977, 19(8): 461-471.

[7] 马建峰,郭渊博.计算机系统安全[M].西安:西安电子科技大学出版社,2005.

[8] Merkow M, Breithaupt J.信息安全原理与实践[M].贺民,李波,译.北京:清华大学出版社,2008.

[9] Bell D, Lapadula L. Secure Computer Systems: Mathematical Foundations [R]. Technical Report MTR-2547, MITRE Corporation, Bedford, MA, 1973.

[10] Gollmann D.计算机安全[M].华蓓,蒋凡,译.北京:人民邮电出版社,2003.

[11] Canadian System Security Centre. The Canadian Trusted Computer Product Evaluation Criteria [S]. 1993, Version 3.0e.

[12] Lipner S. Non-Discretionary Controls for Commercial Applications [C]. Proc. 1982 Symposium on Privacy and Security, 1982: 2-10.

[13] Biba K. Integrity Considerations for Secure Computer Systems [R]. Technical Report MTR-3153, MITRE Corporation, Bedford, MA, 1977.

[14] Zhang X F, Sun Y F. Dynamic Enforcement of the Strict Integrity Policy in Biba's Model [J]. Journal of Computer Research and Development, 2005, 42(5): 746-754.

[15] Clark D, Wilson D. A Comparison of Commercial and Military Security Policies [C]. Proc. 1987 IEEE Symposium on Security and Privacy, 1987: 184-194.

[16] Brewer D, Nash M. The Chinese Wall Security Policy [C]. Proc. 1989 IEEE Symposium on Security and Privacy, 1989: 206-214.

[17] 杨霜英,徐旭东.医院信息管理系统安全运行的保障方法[J].中国医疗设备.2008,23 (4): 112-132.

[18] Anderson R. A Security Policy Model for Clinical Information Systems[C]. Proc.

IEEE Symposium on Security and Privacy,1996:34-48.
[19] Graubart R. On the need for a Third Form of Access Control [C]. Proc. 12th National Computer Security Conference,1989:296-304.
[20] 黄建,卿斯汉.基于角色的访问控制[J].计算机工程应用.2003,28:110-114.
[21] 张广泉.关于软件形式化方法[J].重庆师范大学学报(自然科学版).2002.6:162-166.
[22] Neumann P. Computer-Related Risks [R],Addison-Wesley,Reading,MA,1995.
[23] Royce W. Managing the Development of Large Software Systems [R]. WESTCON Technical Papers.1970,14:8.
[24] 沈昌祥.浅谈信息安全保障体系[J].信息网络安全.2001,1:1-10.
[25] Schamann J M. Automated Theorem Proving in Software Engineering [M]. Springer-Verlag,2001.
[26] Huth M,Ryan M. Logic in Computer Science: Modelling and Reasoning About Systems [M]. Cambridge University Press,Cambridge,UK,2000.
[27] Neumann P,Feiertag R,Robinson L,et al. Software Development and Proofs of Multi-Level Security [C]. Proc. 2nd International Conference on Software Engineering,1976:421-428.
[28] Feiertag R,Levitt K,Robinson L. Proving Multilevel Security of a System Design [C]. The 6th Symposium on Operating System Principles,1977:57-65.
[29] Jensen K,Wirth N. PASCAL: User Manual and Report [R],2nd Edition,Springer-Verlag,New York,NY,1974.
[30] Bonyun D. The Role of a Well-Defined Auditing Process in the Enforcement of Privacy Policy and Data Security [C]. Proc. IEEE Symposium on Security and Privacy,1981:19-26.
[31] Bellare M,Canetti R,Krawczyk H. Keyed Hash Functions and Message Authentication [C]. Proc. Advances in Cryptology,1996:1-15.
[32] Sun Microsystems,Inc. Installing,Administering,and Using the Basic Security Module [R]. Mountain View,CA,1992.
[33] Wee C. LAFS: A Logging and Auditing File System [C]. Proc. 11th Annual Computer Security Applications Conference,1995:231-240.
[34] Hoagland J,Wee C,Levitt K. Audit Log Analysis Using the Visual Audit Browser Toolkit [R]. Technical Report CSE-95-11, Department of Computer Science, University of California,Davis,CA,1995.
[35] USA Department of Defense. Trusted Computer System Evaluation Criteria [S]. DOD 5200.28-STD,1985.
[36] Canadian System Security Centre. The Canadian Trusted Computer Product Evaluation Criteria [S]. Version 3.0e,1993.
[37] Commission of the European Communities. Information Technology Security Evaluation Criteria [S]. Version 1.2,1991.
[38] National Institute of Standards and Technology and National Security Agency. Federal Criteria for Information Technology Security [S]. Version 1.0,1992.

[39] National Institute of Standards and Technology. Common Criteria for Information Technology Security Evaluation [S]. Part 1: Introduction and General Model, Version 2.1,CCIMB-99-031,1999.
[40] National Institute of Standards and Technology. Common Criteria for Information Technology Security Evaluation [S]. Part 2: Security Function Requirements, Version 2.1,CCIMB-99-031,1999.
[41] National Institute of Standards and Technology. Common Criteria for Information Technology Security Evaluation [S]. Part 3: Security Assurance Requirements, Version 2.1,CCIMB-99-031,1999.
[42] 贾铁军,等.网络安全技术及应用[M].北京:机械工业出版社,2009.
[43] 杜晔,张大伟,范艳芳.网络攻防技术教程:从原理到实践[M].武汉:武汉大学出版社,2008.
[44] 吴灏,等.网络攻防技术[M].北京:机械工业出版社,2009.
[45] 连一峰,王航.网络攻击原理与技术[M].北京:科学出版社,2004.
[46] 牛少彰,江为强.网络的攻击与防范:理论与实践[M].北京:北京邮电大学出版社,2006.
[47] 陈三堰,沈阳.网络攻防技术与实践[M].北京:科学出版社,2006.
[48] 梁亚声,等.计算机网络安全教程[M].北京:机械工业出版社,2008.
[49] 甘刚,等.网络攻击与防御[M].北京:清华大学出版社,2008.
[50] 《中华人民共和国计算机信息系统安全保护条例》[R].1994.
[51] 曹元大.入侵检测技术[M].北京:人民邮电出版社,2007.
[52] 蒋卫华.网络安全检测与协同控制技术[M].北京:机械工业出版社,2008.
[53] 许伟,廖明武,等.网络安全基础教程[M].北京:清华大学出版社,2009.
[54] Gambetta D. Can We Trust Trust [R]. Trust: Making and BreakingCooperative Relations. Oxford,Basil Blackwell,1998:213-237.
[55] Anderson J. C,Naru J A. A Model of Distributor. Firm and Manufacturer Working Relationships [J]. Journal of Marketing. 1990,54(1):42-58.
[56] Doney P M,Cannon J P,Mullen M R. Understanding the Influence of National Culture on the Development of Trust [J]. Academy of Management Review,1998, 23(3):601-620.
[57] Jøsang A,Ismail R,Boyd C. A Survey of Trust and Reputation Systems for Online Service Provision [J]. Decision Support Systems. 2007,43(2):618-644.
[58] Mui L,Mohtashemi M,Halberstadt A. Notions of Reputation in Multi-agent Systems: A Review [C]. The International Conference on Autonomous Agents and Multi-Agents Systems. Bologna,Italy:ACM,2002:280-287.
[59] Grandison T,Sloman M. A Survey of Trust in International Applications [J]. Communications Survey and Tutorials. 2000,3(4):1-16.
[60] Wang Y,Vassileva J. Bayesian Network-based Trust Model [C]. The IEEE International Conference on Web Intelligence. Canada:IEEE,2003:372-378.

[61] 唐文,陈钟.基于模糊集合理论的主观信任管理研究.软件学报[J].2003,8(14):1401-1408.

[62] 汪进,杨新,刘晓松.一种P2P分布式环境下的信任模型[J].计算机工程与应用,2003,7(10):55-57.

[63] Zhong Y,Lu Y,Bhargava B. Dynamic Trust Production Based on Interaction Sequence [R]. Dept. of Computer Sciences,Purdue University,Technical Report:CSD-TR 03-006,2003.

[64] 王小英,赵海,林涛,等.基于信任的普适计算服务选择模型[J].通信学报,2005,26(5):1-8.

[65] Luhmann N. Trust and Power [M]. IEEE,1979.

[66] Terzis S,Wagealla W,English C,et al. Deliverable 2.1:Preliminary Trust Formation Model [R]. 2004,http://www.dsg.cs.tcd.ie/uploads/category/243/190.pdf.

[67] Schneier B. Applied Cryptography [M]. 2nd ed. New York:John Wiley,1996.

[68] RFC I 422. Privacy enhancement for International electronic mail [R]. Part 2:Certificate-based Key Management,1992.

[69] Penman R. An overview of PKI trust Models [J]. IEEE network,1999,13(6):38-43.

[70] Yahalom R,Klein B,Beth T. Trust Relationships in Secure Systems-a Distributed Authentication Perspective[C]. The IEEE Symposium on Research in Security and Privacy. Oakland:IEEE,2003 :50-164.

[71] Jøsang A. The Right Type of Trust for Distributed Systems [C]. The workshop on New security paradigms. California:ACM,1996:119-131.

[72] Jøsang A,Knapskog S J A Metric for Trusted Systems[C]. The 21st National Security Conference. Austrian:Computer Society,2000:541-549.

[73] Jøsang A. The Consensus Operator for Combining Beliefs [J]. Artificial Intelligence Journal,2002,1(2):157-170.

[74] Chen R,Yeager W. Poblano:A Distributed Trust Model for P2P Networks [R]. Technical Report,TR-14-02-08,Palo Alto:Sun Microsystem,2002.

[75] Balfe S,Lakhani A D,Paterson K G. Trusted computing:Providing security for Peer-to-Peer networks [C]. The 5th IEEE International Conference on Peer-to-Peer Computing. Konstanz:2005,IEEE:117-124.

[76] Xiong L,Liu L. PeerTrust:Supporting Reputation-based Trust for Peer-to-Peer Electronic Communities [J]. IEEE Transaction on Knowledge Data Engineering,2004,16(7):843-857.

[77] 唐众,胡正国.SBN:一种新的Peer-to-Peer覆盖网络构造协议[J].航空学报,2003,124(9):447-451.

[78] Gnutella [R]. http://www.gnutella.com.

[79] Stoica I,Morris R,Karger D,et al. Chord:A Scalable Peer-to-peer Lookup Service for Internet Applications [C]. The Conference on Applications,Technologies,Architectures,and Protocols for Computer Communications. California:ACM,2001:

149-160.

[80] Ratnasamy S, Francis P, Handley M, et al. A Scalable Content-Addressable Network [C]. The Conference on Applications, Technologies, Architectures, and Protocols for Computer Communications. California: ACM, 2001: 161-172.

[81] Rowstron A, Druschel P. Pastry: Scalable, Decentralized Object Location and Routing for Large-scale Peer-to-Peer Systems [C]. The IFIP/ACM International Conference on Distributed Systems Platforms. Heidelberg, Germany: ACM, 2001: 329-350.

[82] Zhao B Y, Kubiatowicz J, Joseph A D. Tapestry: An Infrastructure for Fault-tolerant Wide-area Location and Routing [R]. Technical Report, No. UCB/CSD-01-1141, University of California Berkeley, 2001.

[83] Balfe S, Lakhani A D, Paterson K G. Trusted Computing: Providing Security for Peer-to-Peer Networks [C]. The 5th IEEE International Conference on Peer-to-Peer Computing. London, UK, IEEE, 2005: 117-124.

[84] Kindberg T, Sellen A, Geelhoed E. Security and Trust in Mobile Interactions: A Study of Users' Perceptions and Reasoning [C]. The Sixth International Conference on Ubiquitous Computing. Nottingham, England, Springer-Verlag, 2004: 196-213.

[85] Jonker C M, Schalken J J P, Theeuwes J, et al. Human Experiments in Trust Dynamics [C]. The 2nd International Conference on Trust Management. Oxford, UK, Springer-Verlag, 2004: 206-220.

[86] Rotten J B. A New Scale for The Measurement of Interpersonal Trust [J]. Journal of Personality, 1967, 35: 651-665.

[87] Rempel J K, Holmes J G. How do I Trust Thee? [J]. Psychology Today, 1986: 28-34.

[88] Behr R L. Nice Guys Finish Last-Sometimes [J]. Journal of Conflict Resolution. 1981, 25(2): 289-300.

[89] Zadeh L A. Review of Shafer's A Mathematical Theory of Evidence [J]. AI Magazine, 1984, 5: 81-83.

[90] Stephen M. Formalising trust as a computational concept [D]. PhD Thesis. Scotland University of Stirling, 1994.

[91] Jøsang A. A Logic for Uncertain Probabilities [J]. International Journal of Uncertainty. Fuzziness and Knowledge-Based Systems, 2001, 9(3): 279-311.

[92] Resnick P, Zeckhauser R, Friedman E, et al. Reputation systems [J]. Communications of the ACM. 2000, 43(12): 45-48.

[93] Jrasang A, Presti S L. Analysing the Relationship between Risk and Trust [C]. The Second International Conference on Trust Management. Oxford, UK: Springer-Verlag, 2004: 135-145.

[94] Khan K M, Malluhi Q. Establishing Trust in Cloud Computing [J]. IT Professional, 2010, 1: 20-27.

[95] Kim H, Lee H, Kim W, et al. A Trust Evaluation Model for QoS Guarantee in Cloud

Systems. Security and Communication Networks [J], International Journal of Grid and Distributed Computing, 2010, 1: 1-10.

[96] Canedo E D, Albuquerque R D O and Junior R T D S. Trust Model for File Sharing in Cloud Computing [C]. The Second International Conference on Cloud Computing, GRIDs, and Virtualization, USA: IEEE, 2011: 66-73.

[97] Abawajy J. Establishing Trust in Hybrid Cloud Computing Environments[C]. The IEEE 10th International Conference on Trust, Security and Privacy in Computing and Communications (TrustCom), USA, IEEE, 2011: 118-125.

[98] Firdhous M, Ghazali O, Vijaykumar P, et al. A Trust Computing Mechanism for Cloud Computing [C]. Pro. ITU Fully Networked Human Innovations for Future Networks and Services. USA, IEEE, 2011: 1-7.

[99] Pawar P S, Rajarajan M, Nair S K, et al. Trust Model for Optimized Cloud Services. The 6th IFTP International Conference on Trust Management, USA, IEEE, 2012: 99-112.

[100] Wang K, Li D Y. Trusted Cloud Computing with Secure Resources and Data Coloring [J]. IEEE Internet Computing, 2010, 2 (2): 14-22.

[101] Liu Y C, Ma Y T, Zhang H S, et al. A Method for Trust Management in Cloud Computing: Data Coloring by Cloud Watermarking [J], International Journal of Automation and Computing, 2011, 18(2): 280-285.

[102] Hada P S, Singh R, Meghwal M M. Security Agents: A Mobile Agent based Trust Model for Cloud Computing [J], International Journal of Computer Applications, 2011, 43(2). 12-15.

[103] Ramaswamy A, Balasubramanian A, Vijaykumar P, et al. A Mobile Agent based Approach of ensuring Trustworthiness in the Cloud [C]. The International Conference on Recent Trends in Information Technology, USA: ACM, 2011: 678-682.

[104] Ahmed M, Xiang Y. Trust Ticket Deployment: A Notion of a Data Owner's Trust in Cloud Computing [C]. The 2011IEEE 10th International Conference on Trust, Security and Privacy in Computing and Communications, USA, IEEE, 2011: 111-117.

[105] 荆琦,唐礼勇,陈钟.无线传感器网络中的信任管理.软件学报[J],2008,19(7):1716-1730.

[106] 官尚云,伍卫国,董小社,等.开放分布式环境中的信任管理综述[J].计算机科学,2010,37(3):22-35.

[107] Gang Y, Huaimin W, Dianxi S. Towards more controllable and practical delegation [C]. The Mathematical Methods, Models and Architectures for Computer Networks Security Workshop, St. Petersburg, Russia: Springer Verlag, 2005.

[108] 刘伟,蔡嘉勇,贺也平.一种基于信任度的自组安全互操作方法[J].软件学报,2007,18(8):1958-1967.

[109] 窦文,等.构造基于推荐的Peer-to-Peer环境下的Trust模型[J].软件学报,2004,15(4):571-583.

[110] 田春岐,邹仕洪,王文东,等.一种基于推荐证据的有效抗攻击P2P网络信任模型[J].计算机学报,2008,31(2):271-281.

[111] 朱峻茂,杨寿保,樊建平,等.Gird与P2P混合计算环境下基于推荐证据推理的信任模型[J].计算机研究与发展,2005,42(5):797-803.

[112] 王茜,杜瑾珺.一种P2P电子商务安全信任模型[J].计算机科学,2006,33(9):54-57.

[113] 张骞,张霞,文学志,等.Peer-to-Peer环境下多粒度Trust模型构造[J].软件学报,2006,17(1):96-107.

[114] 李小勇,桂小林.大规模分布式环境下动态信任模型研究[J].软件学报,2007,18(6):1510-1521.

[115] 常俊胜,王怀民,尹刚.一种P2P系统中基于时间帧的动态信任模型[J].计算机学报,2006,29(8):1301-1307.

[116] 冯登国,张敏,张妍,等.云计算安全研究[J].软件学报,2011,22(1):71-83.

[117] 邹德清,金海,羌卫中,等.云计算安全挑战与实践[J].中国计算机学会通讯,2011,7(12):55-62.

[118] Liu Y C, Ma Y T, Zhang H S, et al. A Method for Trust Management in Cloud Computing: Data Coloring by Cloud Watermarking [C], International Journal of Automation and Computing, USA: IEEE, 2011: 280-285.

[119] 高云璐,沈备军,孔华锋.基于SLA与用户评价的云计算信任模型[J].计算机工程,2012,38(7):28-30.

[120] 方恩光,吴卿.基于证据理论的云计算信任模型研究[J].计算机应用与软件,2012,29(4):68-70.

[121] 谢晓兰,刘亮,赵鹏.面向云计算基于双层激励和欺骗检测的信任模型[J].电子与信息学报,2012,34(4):812-817.

[122] 杜瑞忠,田俊峰,张焕国.基于信任和个性偏好的云服务选择模型.浙江大学学报[J],2013,47(1):53-61.

[123] GAMBETTA D. Can We Trust Trust? In Diego Gambetta, editor, Trust: Making and Breaking Cooperative Relations[R]. Basil Blackwell, Oxford, 1990: 213-237.

[124] MARSH S. Formalising Trust as a Computational Concept[D]. PhD Thesis: Scotland University of Stirling, 1994.

[125] SEHOORMAN F D, MAYER R C, DAVIS J H. An integrative model of organizational trust[J]. Academy of Management Review, 1995, 20(3): 709-734.

[126] MEKNIGHT D, CHERVANY N. The meanings of trust[J]. Trust in Cyber－Soeieties－LNAI, 2001, 2246: 27-54.